普通高等教育应用型本科规划教材

DIJI YU JICHU
地基与基础

庞传琴　主　编
菅秀文　代凤娟　副主编

人民交通出版社股份有限公司
北　京

内 容 提 要

本书是根据21世纪交通版高等学校教材(公路类)编审委员会制订的《地基与基础》课程教学大纲,并结合近年来本学科工程技术的发展和有关单位对教材编写的建议进行编写。本教材系统地讲述了道路、桥梁及人工构造物常用的各种类型地基和基础的设计原理、计算理论和方法以及施工技术。全书共分七章,包括绪论、地基、天然地基上的浅基础、桩基础、沉井基础、地基处理及特殊土地基。

本书为高等学校土木工程专业(道路工程、桥梁工程、公路隧道与岩土工程专业方向)教学用书,亦可供其他相关专业师生和从事地基与基础工程设计、施工的技术人员参考。

图书在版编目(CIP)数据

地基与基础/庞传琴主编. — 北京:人民交通出版社股份有限公司,2021.1
ISBN 978-7-114-16636-5

Ⅰ.①地… Ⅱ.①庞… Ⅲ.①地基—基础(工程)—高等职业教育—教材 Ⅳ.①TU47

中国版本图书馆 CIP 数据核字(2020)第 102211 号

普通高等教育应用型本科规划教材

书　　名:	地基与基础
著 作 者:	庞传琴
责任编辑:	崔　建
责任校对:	刘　芹
责任印制:	张　凯
出版发行:	人民交通出版社股份有限公司
地　　址:	(100011)北京市朝阳区安定门外外馆斜街3号
网　　址:	http://www.ccpcl.com.cn
销售电话:	(010)59757973
总 经 销:	人民交通出版社股份有限公司发行部
经　　销:	各地新华书店
印　　刷:	北京印匠彩色印刷有限公司
开　　本:	787×1092　1/16
印　　张:	17.5
字　　数:	426千
版　　次:	2021年1月　第1版
印　　次:	2021年1月　第1次印刷
书　　号:	ISBN 978-7-114-16636-5
定　　价:	39.00元

(有印刷、装订质量问题的图书由本公司负责调换)

前言

本教材是根据21世纪交通版高等学校教材（公路类）编审委员会制订的"地基与基础"课程教学大纲，并结合近年来本学科工程技术的发展和有关单位对教材编写的建议进行编写。在编写过程中主要参考了《公路桥涵地基与基础设计规范》（JTG 3363—2019）、《公路桥涵设计通用规范》（JTG D60—2015）和《公路钢筋混凝土及预应力混凝土桥涵设计规范》（JTG 3362—2018）等行业规范。

本书既重视基础理论和知识的阐述，也注意反映我国目前的工程实践，介绍基础工程学科的新进展、新技术和新工艺，并与我国现行的有关规范或规程等保持一致，力求将知识的传授与能力的培养相结合。全书共分七章，包括绪论、地基、天然地基上的浅基础、桩基础、沉井基础、地基处理及特殊土地基。本着以产出为导向的理念，每章都给出了必要的思考题，以检验学生的学习效果。

全书由庞传琴任主编，管秀文和代凤娟任副主编，王保群任主审。第一、五章由庞传琴编写，第二、三章由代凤娟编写，第四章由管秀文编写，第六章由涂向锋编写，第七章由刘金慧编写。

由于作者水平有限，不足之处在所难免，恳请读者提出批评和建议。

作 者
2020年2月

目 录

第一章 绪论 ·· 1
  第一节 概述 ·· 1
  第二节 基础工程设计和施工所需的资料及计算荷载的确定 ··············· 2
  第三节 基础工程设计计算应注意的事项 ··· 7
  第四节 基础工程学科发展概况 ··· 9

第二章 地基 ·· 11
  第一节 地基的类型 ··· 11
  第二节 桥涵地基 ··· 12
  第三节 地基承载力的确定 ··· 15
  第四节 地基沉降计算和稳定性分析 ··· 20
  思考题 ··· 23

第三章 天然地基上的浅基础 ··· 24
  第一节 天然地基上浅基础的类型、构造及适用条件 ··························· 24
  第二节 刚性扩大基础的初步设计 ··· 27
  第三节 地基与基础的验算 ··· 32
  第四节 刚性扩大基础施工 ··· 43
  第五节 板桩墙的计算 ··· 49
  第六节 埋置式桥台刚性扩大基础计算算例 ··· 59
  思考题 ··· 71

第四章 桩基础 ·· 73
  第一节 概述 ··· 73
  第二节 桩和桩基础的类型与构造 ··· 74
  第三节 桩基础的施工及质量检验 ··· 84
  第四节 单桩承载力 ··· 94
  第五节 单排桩基桩内力和位移计算 ··· 115
  第六节 "m"法弹性多排桩基桩内力与位移计算 ································· 133
  第七节 群桩基础的竖向分析及其验算 ··· 141
  第八节 承台的设计计算 ··· 145
  第九节 桩基础的设计 ··· 150
  思考题 ··· 157

第五章 沉井基础 … 158
- 第一节 概述 … 158
- 第二节 沉井的类型和构造 … 159
- 第三节 沉井的施工 … 164
- 第四节 沉井的设计与计算 … 169
- 第五节 地下连续墙 … 181
- 思考题 … 182

第六章 地基处理 … 184
- 第一节 概述 … 184
- 第二节 换土垫层法 … 189
- 第三节 排水固结法 … 193
- 第四节 挤(振)密法 … 201
- 第五节 化学固化法 … 214
- 第六节 土工合成材料加筋法 … 219
- 第七节 复合地基理论 … 224
- 思考题 … 228

第七章 特殊土地基 … 230
- 第一节 概述 … 230
- 第二节 软土地基 … 230
- 第三节 湿陷性黄土地基 … 233
- 第四节 膨胀土地基 … 239
- 第五节 山区地基及红黏土地基 … 244
- 第六节 冻土地基及盐渍土地基 … 250
- 思考题 … 254

附表 … 255

参考文献 … 273

第一章 绪 论

第一节 概 述

任何建筑物都建造在一定的地层上,建筑物的全部荷载都由它下面的地层来承担。受建筑物影响的那一部分地层称为地基,建筑物与地基接触的最下部分称为基础。以桥梁工程为例,如图 1-1 所示,桥梁由桥梁上部结构、桥梁下部结构以及附属结构组成,其中桥梁上部结构包括桥跨结构和支座系统,桥梁下部结构包括桥墩、桥台及其基础,附属结构包括引道、锥坡、导流护岸等调治结构物。地基与基础工程包括建筑物的地基与基础的设计与施工。

地基与基础如图 1-2 所示,在各种荷载作用下将产生附加应力和变形,为了保证建筑物的正常使用与安全,地基与基础必须具有足够的强度和稳定性,变形也应在允许范围之内。根据地层变化情况、上部结构的要求、荷载特点和施工技术水平,可采用不同类型的地基和基础。

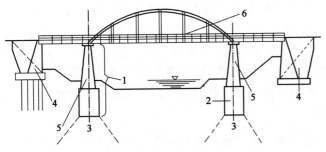

图 1-1 桥梁结构各部分立面示意图
1-下部结构;2-基础;3-地基;4-桥台;5-桥墩;6-上部结构

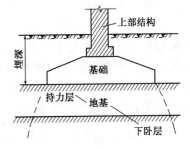

图 1-2 基础与地基示意图

地基可分为天然地基与人工地基。未经人工处理就可以满足设计要求的地基,称为天然地基。如果天然地层土质过于软弱或存在不良工程地质问题,需要经过人工加固或处理后才能修筑基础,这种地基称为人工地基。

基础根据埋置深度分为浅基础和深基础。通常将埋置深度较浅(一般在数米以内),且施工简单的基础称为浅基础;若浅层土质不良,需将基础置于较深的良好土层上,且施工较复杂时称为深基础。基础埋置在土层内深度虽较浅,但在水下部分较深,如深水中桥墩基础,称为深水基础,在设计和施工中有些问题需要作为深基础考虑。桥梁及各种人工构造物常用天然地基上的浅基础。当需设置深基础时,常采用桩基础或沉井基础,在我国公路桥梁应用最多的深基础是桩基础。目前我国公路建筑物基础大多采用混凝土或钢筋混凝土结构,少部分用钢结构。在石料丰富的地区,就地取材,也常用石砌基础。只有在特殊情况下(如抢修、建临时便桥),才采用木结构。

工程实践表明:建筑物地基与基础的设计和施工质量的优劣,对整个建筑物的质量和正常使用起着根本的作用。基础工程是隐蔽工程,如有缺陷,较难发现,也较难弥补和修复,而这些缺陷往往直接影响整个建筑物的使用甚至安全。基础工程的施工进度,往往影响整个建筑物的施工进度。基础工程的造价,通常在整个建筑物造价中占相当大的比例,尤其是在复杂的地质条件下或深水中修建基础更是如此。因此,对基础工程必须做到精心设计、精心施工。

地基与基础是一门比较年轻的学科,地基土又是自然历史的产物,复杂多变,因此,为使地基与基础工程问题得到切合实际的、合理和完善的解决,除需要丰富的理论知识外,还需要较多的工程实践知识。在学习时应注意理论联系实际,通过各个教学环节,紧密结合工程实践,才能提高对理论的认识,增强处理工程问题的能力。

第二节 基础工程设计和施工所需的资料及计算荷载的确定

地基与基础的设计方案、计算中有关参数的选用,都需要根据当地的地质条件、水文条件、上部结构形式、荷载特性、材料情况及施工要求等因素全面考虑。施工方案和方法也应该结合设计要求、现场地形、地质条件、施工技术设备、施工季节、气候和水文等情况来研究确定。因此,应在事前通过详细的调查研究,充分掌握必要的、符合实际情况的资料。本节对桥梁基础工程所需资料及计算荷载确定原则作简要介绍。

一、基础工程设计和施工需要的资料

桥梁的地基与基础在设计及施工开始之前,除了应掌握有关全桥的资料,包括上部结构形式、跨径、荷载、墩台结构等及国家颁布的桥梁设计和施工技术规范外,还应注意地质、水文资料的搜集和分析,重视土质和建筑材料的调查与试验。主要应掌握的地质、水文、地形等资料见表1-1,其中各项资料内容范围可根据桥梁工程规模、重要性及建桥地点工程地质、水文条件的具体情况和设计阶段确定取舍。资料取得的方法和具体规定可参阅工程地质、土质学与土力学及桥涵水文等有关教材和手册。

(一)桥位(包括桥头引道)平面图及拟建上部结构及墩台形式、总体构造及有关设计资料

大中型桥梁基础在进行初步设计时,应掌握经过实地测绘和调查取得的桥位地形、地貌、洪水泛滥线、河道主河槽和河床位置等资料及绘成的地形平面图,比例尺为1:500~1:5000,测绘范围应根据桥梁工程规模、重要性和河道情况而定。若桥址有不良工程地质现象,如滑坡、崩坍和泥石流等以及河道弯曲、主支流汇合、河岔、河心滩和活动沙洲等,均应在图上示出。

桥梁上部结构的形式、跨径和墩台的结构形式、高度、平面尺寸等对地基与基础设计方案的选择和具体的设计计算都有很大的制约作用,如超静定的上部结构对地基与基础的沉降有较严格的要求,上部结构、墩、台的永久作用、可变作用是地基与基础的主要荷载,除了特殊情况,基础工程的设计荷载标准、等级应与上部结构一致,因此应全面获得上部结构及墩台的总体设计资料、数据、设计等级、技术标准等。

(二)桥位工程地质勘测报告及桥位地质纵剖面图

对桥位地质构造进行工程评价的主要资料包括河谷的地质构造,桥位及附近地层的岩性,

如地质年代、成因、层序、分布规律及其工程性质(产状、构造、结构、岩层完整及破碎程度、风化程度等)以及覆盖层厚度和土层变化关系等资料,应说明建桥地点一定范围内各种不良工程现象或特殊地貌,如岩洞、冲沟、陡崖等的成因、分布范围、发展规律及其对工程的影响(小型桥梁及地质条件单一的地点勘测报告可以省略)。

(三) 地基土质调查试验报告

在进行施工详图及施工设计时,应掌握地基土层的类别及物理力学性质。在工程地质勘测时,应调查、钻(挖)取各层地基上足够数量的原状土(岩)样,用室内或原位试验方法得到各层土的物理力学指标,如粒径级配、塑性指数、液性指数、天然含水率、密度、孔隙比、抗剪强度指标、压缩特性、渗透性指标以及必要时的荷载试验、岩石抗压强度试验等的结果,并应将这些结果编制成表,在绘制成的土(岩)柱状剖面图中予以说明。

因为需要根据土质调查试验报告评定各土层的强度和稳定性,报告中应有各层土的颜色、结构、密实度和状态等的描述资料,对岩石还应包括有关风化、节理、裂隙和胶结质等情况的说明。地基土质调查资料还应包括地下水及其随季节升降的高程,在冰冻地区应掌握土层的冻结深度、冻融情况及有关冻土力学数据。

如地基内遇到湿陷性黄土、多年冻土、软黏土、含大量有机质土或膨胀土、盐碱土时,对这些土层的特性还应有专门的试验资料,如湿陷性指标、冻土强度、可溶盐和有机质含量等。

(四) 河流水文调查资料

设计桥梁墩台的基础,要有通过计算和调查取得的比较可靠的设计冲刷深度数据,并了解设计洪水频率的最高洪水位、低水位和常年水位及流量、流速、流向变化情况,河流的下蚀、侵蚀和河床的稳定性,架桥地点河槽、河滩、阶地淹没情况,并应注意搜集河流变迁情况和水利设施及规划。在沿海地点应了解潮汐、潮流有关资料及对桥梁的影响关系,还应有河水及地下水侵蚀的核验资料,见表1-1。

基础工程有关设计和施工需要的地质、水文、地形及现场各种调查资料　　　表1-1

资料种类	资料主要内容	资料用途
1. 桥位平面图(或桥址地形图)	(1) 桥位地形 (2) 桥位附近地貌、地物 (3) 不良工程地质现象的分布位置 (4) 桥位与两端路线平面关系 (5) 桥位与河道平面关系	(1) 桥位的选择、下部结构位置的研究 (2) 施工现场的布置 (3) 地质概况的辅助资料 (4) 河岸冲刷及水流方向改变的估计 (5) 墩台、基础防护构造物的布置
2. 桥位工程地质勘测报告及工程地质纵剖面图	(1) 桥位地质勘测调查资料包括河床地层分层土(岩)类及岩性,层面高程,钻孔位置及钻孔柱状图 (2) 地质、地史资料的说明 (3) 不良工程地质现象及特殊地貌的调查勘测资料	(1) 桥位、下部结构位置的选定 (2) 地基持力层的选定 (3) 墩台高度、结构形式的选定 (4) 墩台、基础防护构造物的布置

续上表

资料种类	资料主要内容	资料用途
3.地基土质调查试验报告	(1)钻孔资料 (2)覆盖层及地基土(岩)层状生成分布情况 (3)分层土(岩)层状生成分布情况 (4)荷载试验报告 (5)地下水位调查	(1)分析和掌握地基土层的产状 (2)地基持力层及基础埋置深度的研究与确定 (3)地基各土层强度及有关计算参数的选定 (4)基础类型和构造的确定 (5)基础下沉量的计算
4.河流水文调查报告	(1)桥位附近河道纵横断面图 (2)有关流速、流量、水位调查资料 (3)各种冲刷深度的计算资料 (4)通航等级、漂浮物、流冰调查资料	(1)根据冲刷要求确定基础的埋置深度 (2)桥墩身水平作用力计算 (3)施工季节、施工方法的研究
5.其他调查资料	地震	(1)地震记录 (2)震害调查	(1)确定抗震设计强度 (2)抗震设计方法和抗震措施的确定 (3)地基土振动液化和岸坡滑移的分析研究
	建筑材料	(1)就地可采取、供应的建筑材料种类、数量、规格、质量、运距等 (2)当地工业加工能力、运输条件有关资料 (3)工程用水调查	(1)下部结构采用材料种类的确定 (2)就地供应材料的计算和计划安排
	气象	(1)当地气象台有关气温变化、降水量、风向风力等记录资料 (2)实地调查采访记录	(1)气温变化的确定 (2)基础埋置深度的确定 (3)风压的确定 (4)施工季节和方法的确定
	附近桥梁的调查	(1)附近桥梁结构形式、设计计算书、图纸、现状 (2)地质、地基土(岩)性质 (3)河道变动、冲刷、淤积情况 (4)运营情况及墩台变形情况	(1)掌握架桥地点地质、地基土情况 (2)基础埋置深度的参考 (3)河道冲刷和改道情况的参考
	施工调查资料		(1)施工方法及施工适宜季节的确定 (2)工程用地的布置 (3)工程材料、设备供应、运输方案的拟订 (4)工程动力及临时设备的规划 (5)施工临时结构的规划

二、作用的确定

在桥梁墩台上的永久作用(恒载)包括结构物的自重、土重及土的自重产生的侧向压力、水的浮力、预应力结构中的预应力、超静定结构中因混凝土收缩徐变和基础变位而产生的影响力;基本可变作用(活载)有汽车荷载、汽车冲击力、离心力、汽车引起的土侧压力、人群荷载、平板挂车或履带车荷载引起的土侧压力；其他可变作用有风力、汽车制动力、流水压力、冰压力、支座摩阻力，在超静定结构中还需考虑温度变化的影响力；偶然作用有船只或漂流物撞击力，施工荷载和地震力。这些作用通过基础传给地基。按照各种作用的特性及出现的概率不同，在设计计算时，应根据可能同时出现的作用效应进行组合。作用效应组合的种类，在桥梁通用规范里有具体规定。

(一) 作用的分类及代表值

1. 作用的分类

作用的分类见表1-2。

作用的分类与名称　　　　表1-2

编号	作用分类	作用名称
1	永久作用	结构重力（包括结构附加重力）
2		预加力
3		土的重力
4		土侧压力
5		混凝土收缩及徐变作用
6		水的浮力
7		基础变位作用
8	可变作用	汽车荷载
9		汽车冲击力
10		汽车离心力
11		汽车引起的土侧压力
12		人群荷载
13		汽车制动力
14		风力
15		流水压力
16		冰压力
17		温度作用（均匀温度和梯度温度）
18		支座摩阻力
19		波浪力
20	偶然作用	地震作用
21		船舶或漂流物的撞击作用
22		汽车撞击作用

2. 作用的代表值

作用代表值指结构或结构构件设计时，针对不同设计目的所采用的各种作用规定值，它包括作用标准值、准永久值和频遇值等。

作用标准值指结构或结构构件设计时，采用的各种作用的基本代表值。其值可根据作用在设计基准期内最大值概率分布的某一分位值确定。

作用准永久值指结构或构件按正常使用极限状态长期效应组合设计时,采用的另一种可变作用代表值,其值可根据在足够长观测期内作用任意时点概率分布的0.5(或略高于0.5)分位值确定。

作用频遇值指结构或构件按正常使用极限状态短期效应组合设计时,采用的一种可变作用代表值,其值可根据在足够长观测期限内作用任意时点概率分布的0.95分位值确定。

(二)作用效应组合与极限状态设计

1. 作用效应组合

作用效应指结构对所受作用的反应,如弯矩、扭矩、位移等。作用效应设计值,指作用标准值效应与作用分项系数的乘积。为了保证结构的可靠性,需要确定同时作用在结构上有几种作用,以及各种作用同时出现标准值的概率大小,因此当结构承受两种或两种以上的可变作用时,应考虑多种作用效应的相互叠加,即作用效应组合,并计入作用效应组合系数,显然,它是一个小于1.0的系数。

2. 极限状态设计

承载能力极限状态设计。承载能力极限状态指对应于桥涵结构或其构件达到最大承载能力或出现不适于继续承载的变形或变位状态。基础结构自身承载力及稳定性应采用作用效应基本组合和偶然组合进行验算。承载力验算时作用效应组合中各效应的分项系数、结构重要性系数及效应组合系数按规范规定取值;稳定性验算时,各项系数均取为1.0。

正常使用极限状态设计。正常使用极限状态指对应于桥涵结构或其构件达到正常使用或耐久性的某项限值的状态。当基础结构需要进行正常使用极限状态设计时,应根据不同的设计要求,采用作用短期效应组合和作用长期效应组合两种效应组合。

(三)地基与基础工程相关验算

1. 地基竖向承载力验算

(1)采用作用的频遇组合和偶然组合,作用组合表达式中的频遇值系数和准永久值系数均应取1.0,汽车荷载应计入冲击系数。

(2)承力特征值乘以相应的抗力系数应大于相应的组合效应。

2. 基础结构稳定性验算

基础结构的稳定性可按式(1-1)进行计算:

$$\frac{s_{bk}}{\gamma_0 s_{sk}} \geq k \tag{1-1}$$

式中:γ_0——结构重要性系数,取$\gamma_0 = 1.0$;

s_{sk}——使基础结构失稳的作用标准值的组合效应,按基本组合和偶然组合最大组合值计算,表达式中的作用分项系数、频遇值系数和准永久值系数均取1.0;

s_{bk}——使基础结构稳定的作用标准值组合效应,按基本组合和偶然组合最小组合值计算,表达式中的作用分项系数、频遇值系数和准永久值系数均取1.0;

k——基础结构稳定安全系数。

此外,基础结构还应进行耐久性设计。对某些地质条件,还要验算地基的稳定性。

3. 基础沉降验算

计算基础沉降时,基础底面的作用效应应采用正常使用极限状态下准永久组合效应,考虑的永久作用不包括混凝土收缩及徐变作用、基础变位作用,可变作用仅指汽车荷载和人群荷载。基础沉降计算值应不大于规定的容许值。

为保证地基与基础满足在强度、稳定性和变形方面的要求,应根据建筑物所在地区的各种条件和结构特性,按其可能出现的最不利作用效应组合情况进行验算。所谓"最不利作用效应组合",就是指组合起来的作用,应产生相应的最大力学效能,如用容许应力法设计时产生的最大应力;滑动稳定验算时产生最小滑动安全系数等。因此,不同的验算内容将由不同的最不利作用效应组合控制设计,应分别考虑。

一般说来,不经过计算是较难判断哪一种作用效应组合最为不利,必须用分析的方法,对各种可能的最不利作用效应组合进行计算后,才能得到最后的结论。由于活载(车辆荷载)的排列位置在纵横方向都是可变的,它将影响着各支座传递给墩台及基础的支座反力的分配数值,以及台后由车辆荷载引起的土侧压力大小等,因此车辆荷载的排列位置往往对确定最不利作用效应组合起着支配作用,对于不同验算项目(强度、偏心距及稳定性等),可能各有其相应的最不利作用效应组合,应分别进行验算。

此外,许多可变作用其作用方向在水平投影面上常可以分解为纵桥向和横桥向,因此一般也需按此两个方向进行地基与基础的计算,并考虑其最不利作用效应组合,比较出最不利者来控制设计。桥梁的地基与基础大多数情况下为纵桥向控制设计,但对有较大横桥向水平力(风力、船只撞击力和水压力等)作用时,也需进行横桥向计算,可能为横桥向控制设计。

第三节 基础工程设计计算应注意的事项

一、基础工程设计计算的原则

地基与基础工程设计计算的目的是设计一个安全、经济和可行的地基及基础,以保证结构物的安全和正常使用。因此,基础工程设计计算的基本原则是:

(1)基础底面的压力小于地基的容许承载力。
(2)地基及基础的变形值小于建筑物要求的沉降值。
(3)地基及基础的整体稳定性有足够保证。
(4)基础本身的强度、耐久性满足要求。

地基与基础方案的确定主要取决于地基土层的工程性质与水文地质条件、荷载特性、上部结构的结构形式及使用要求,以及材料的供应和施工技术等因素。方案选择的原则是:力求使用上安全可靠、施工技术上简便可行和经济上合理。因此,必要时应作不同方案的比较,从中选出较为合理的设计方案和施工方案。

二、考虑地基、基础、墩台及上部结构整体作用

建筑物是一个整体,地基、基础、墩台和上部结构是共同工作且相互影响的,地基的任何变形都必定引起基础、墩台和上部结构的变形;不同类型的基础会影响上部结构的受力和工作;上部结构的力学特征也必然对基础的类型与地基的强度、变形和稳定条件提出相应的要求,地

基和基础的不均匀沉降对于超静定的上部结构影响较大,因为较小的基础沉降差就能引起上部结构产生较大的内力。同时,恰当的上部结构、墩台结构形式也具有调整地基基础受力条件、改善位移情况的能力。因此,基础工程应紧密结合上部结构、墩台特性和要求进行;上部结构的设计也应充分考虑地基的特点,把整个结构物作为一个整体,考虑其整体作用和各个组成部分的共同作用。全面分析建筑物整体和各组成部分的设计可行性、安全和经济性;把强度、变形和稳定紧密地与现场条件、施工条件结合起来全面分析、综合考虑。

三、基础工程极限状态设计

应用可靠度理论进行工程结构设计是当前国际上一种共同发展的趋势,结构可靠度理论的研究,起源于对结构设计、施工和使用中存在的安全性、适用性、耐久性的不确定的认识。可靠性分析设计又称概率极限状态设计。可靠性含义就是指系统在规定的时间内,在规定的条件下完成预定功能的概率。系统不能完成预定功能的概率即是失效概率。这种以统计分析确定的失效概率来度量系统可靠性的方法即为概率极限状态设计方法。

在20世纪80年代,我国在建筑结构工程领域开始逐步全面引入概率极限状态设计原则,1984年颁布的国家标准《建筑结构设计统一标准》(GB J68—84)采用了概率极限状态设计方法,以分项系数描述的设计表达式代替原来的用总安全系数描述的设计表达式。根据统一标准的规定,一批结构设计规范都做了相应的修订,如《公路钢筋混凝土及预应力混凝土桥涵设计规范》(JTJ 023—85)也采用了以分项系数描述的设计表达式。1999年6月建设部批准颁布了推荐性国家标准《公路工程可靠度设计统一标准》,2001年11月建设部又颁布了《建筑结构可靠度设计统一标准》(GB 50068—2001)。然而,我国现行的地基基础设计规范,除个别的已采用概率极限状态设计方法(如1995年7月颁布的《建筑桩基技术规范》JGJ 94—94)外,桥涵地基基础设计规范等均还未采用极限状态设计,这就产生了地基基础设计与上部结构设计在荷载计算、材料强度、结构安全度等方面不协调的情况。

由于地基土是在漫长的地质年代中形成的,是大自然的产物,其性质十分复杂,不仅不同地点的土性可以差别很大,即使同一地点,同一土层的土,其性质也随位置发生变化。所以地基土具有比任何人工材料大得多的变异性,它的复杂性质不仅难以人为控制,而且要清楚地认识它也很不容易。在进行地基可靠性研究的过程中,取样、代表性样品选择、试验、成果整理分析等各个环节都有可能带来一系列的不确定性,增加测试数据的变异性,从而影响到最终分析结果。地基土因位置不同引起的固有可变性,样品测值与真实土性参数值之间的差异性,以及有限数量所造成的误差等,从而构成了地基土材料特性变异的主要来源。这种变异性比一般人工材料的变异性大。因此,地基可靠性分析的精度,在很大程度上取决于土性参数统计分析的精度。如何恰当地对地基土性参数进行概率统计分析,是基础工程最重要的问题。

基础工程极限状态设计与结构极限状态设计相比还具有物理和几何方面的特点。

地基是一个半无限体,与板梁柱组成的结构体系完全不同。在结构工程中,可靠性研究的第一步先解决单构件的可靠度问题,目前列入规范的也仅仅是这一步,至于结构体系的系统可靠度分析还处在研究阶段,还没有成熟到可以用于设计标准的程度。地基设计与结构设计不同的地方在于无论是地基稳定和强度问题或者是变形问题,求解的都是整个地基的综合响应。地基的可靠性研究无法区分构件与体系,从一开始就必须考虑半无限体的连续介质,或者至少是一个大范围连续体。显然,这样的验算不论是从计算模型还是涉及的参数方面都比单构件的可靠性分析复杂得多。

在结构设计时,所验算的截面尺寸与材料试样尺寸之比并不是很大。但在地基问题中却不然,地基受力影响范围的体积与土样体积之比非常大。这就引起了两方面的问题:一是小尺寸的试件如何代表实际工程的性状;二是由于地基的范围大,决定地基性状的因素不仅是一点土的特性,而是取决于一定空间范围内平均土层的特性。这是结构工程与基础工程在可靠度分析方面最基本的区别所在。

我国基础工程可靠度研究始于 20 世纪 80 年代初,虽然起步较晚,但发展很快,研究涉及的课题范围较广,有些课题的研究成果,已达国际先进水平。但由于研究对象的复杂性,基础工程的可靠度研究落后于上部结构可靠度的研究,而且要将基础工程可靠度研究成果纳入设计规范,进入实用阶段,还需要做大量的工作。国外有些国家已建立了地基按半经验半概率的分项系数极限状态标准。在我国,随着结构设计使用了极限状态设计方法,在地基设计中采用极限状态设计工作也已提到议事日程上了。

第四节 基础工程学科发展概况

基础工程与其他技术学科一样,是人类在长期的生产实践中不断发展起来的,在世界各文明古国数千年前的建筑活动中,就有很多关于基础工程的工艺技术成就,但由于受当时社会生产力和技术条件的限制,在相当长的时期内发展很缓慢,仅停留在经验积累的感性认识阶段。国外在 18 世纪产业革命以后,城建、水利、道路建筑规模的扩大促使人们对基础工程的重视与研究,对有关问题开始寻求理论上的解答。此阶段在作为本学科的理论基础的土力学方面,如土压力理论、土的渗透理论等有局部的突破,基础工程也随着工业技术的发展而得到新的发展,如 19 世纪中叶利用气压沉箱法修建深水基础。20 世纪 20 年代,基础工程有比较系统、比较完整的专著问世,1936 年召开第一届国际土力学与基础工程会议后,土力学与基础工程作为一门独立的学科取得不断的发展。20 世纪 50 年代起,现代科学新成就的渗入,使基础工程技术与理论得到更进一步的发展与充实,成为一门较成熟的独立的现代学科。

我国是一个具有悠久历史的文明古国,我国古代劳动人民在基础工程方面,也早就表现出高超的技艺和创造才能。例如,远在 1300 多年前隋朝时所修建的赵州安济石拱桥,不仅在建筑结构上有独特的技艺,而且在地基基础的处理上也非常合理,该桥桥台坐落在较浅的密实粗砂土层上,沉降很小,现反算其基底压力,为 500~600kPa,与现行的各设计规范中所采用的该土层容许承载力的数值(550kPa)极为接近。

由于我国封建社会历时漫长,本学科和其他科学技术一样,长期陷于停滞状况,落后于同时代的工业发达国家。直至 1937 年在桥梁工程先驱茅以升的组织下,才开始自己设计和修建了我国第一座现代大型桥梁——杭州钱塘江大桥。桥址处地表水深十余米,基础采用 $17.4m \times 11.1m \times 6m$ 的气压沉箱,有 6 个墩的基础直接沉至岩石上,有 9 个墩先打长 30m 的木桩,而沉箱设于桩顶上。这就开创了我国深水基础的先河,并缩小了我国桥梁深水基础施工技术与西方的差距。但自 1937 年以后的近十余年内,由于内外战乱频繁,我国桥梁技术又一度陷于停滞状态,不论是公路还是铁路,遇江必堵、逢河必渡,在长江、黄河上没有一座现代化的大桥。中华人民共和国成立后,在中国共产党的领导下,社会主义大规模的经济建设事业飞速发展,促进了本学科在我国的迅速发展,并取得了辉煌的成就。1957 年,长江上第一座大桥——武汉长江大桥建成通车,才实现了中国桥梁工作者"天堑变通途"的梦想。这座桥首先采用新型基础结构管柱基础,克服水深 40m 的施工困难,使我国桥梁深水基础技术得到很大发展。南京长江大桥的建成标志我国在桥梁深水基础方面的技术已经达到了当时的世界先进水平。2018年10月24日开通运营的港珠澳大桥是集隧—岛—桥于一体的跨海集群工程，是世界上第一个在外海建造的最大、最难的桥梁。它全长55km，其中海中部分主体工程总长约29.6km，包括22.9km的桥梁段和6.7km长的岛隧工程，也就是西人工岛、东人工岛和5664m长的海底隧道。港珠澳大桥是中国交通建设史上技术最复杂、施工难度最大、工程规模最庞大的桥梁，设计使用年限首次采用120年标准。在大桥的研究和建设过程中，我国科研人员攻克了大量技术难题，一系列新材料、新技术应运而生，在多个领域填补了我国行业标准和国家标准的空白，诸多施工工艺及标准达到国际领先水平。

国外近年来基础工程发展也较快，一些国家采用了概率极限状态设计方法。将高强度预应力混凝土应用于基础工程，基础结构向薄壁、空心、大直径发展，采用的管柱直径达6m，沉井直径达80m（水深60m），并以大口径磨削机对基岩进行处理，在水深流速较大处采用水上自升式平台进行沉桩（管柱）施工等。

基础工程既是一项古老的工程技术，又是一门年轻的应用科学，发展至今在设计理论和施工技术及测试工作中都存在不少有待进一步完善解决的问题。随着祖国现代化建设，大型和重型建筑物的发展将对基础工程提出更高的要求，我国基础工程科学技术可着重开展以下工作：开展地基的强度、变形特性的基本理论研究，进一步开展各类基础形式设计理论和施工方法的研究。

关于桥梁基础工程发展前景，在大江大河和沿海修建规模更大的桥梁势在必行。这些工程中会遇到许多新的技术难题，需要进一步学习各国已有的深水基础的先进成果和技术，并结合我国实际情况和具体桥梁工程进行认真分析、研究，保证我国桥梁深水基础的技术水平持续发展。

另外，随着国际经济区域的建立和全球海洋资源的新开发，要求铺建跨洲、跨国的大通道，也给全世界跨海桥梁的建设提供了更大发展空间。

第二章 地　　基

第一节　地基的类型

任何建筑物都建造在一定的地层(土层或岩层)上,通常把直接承受建筑物荷载影响的地层(土层或岩层)称为地基。地基承担基础传来的荷载,需要有足够的承载力和稳定性,且要避免出现过大的变形。

地基通常可分为天然地基和人工地基。地基土在保持自然形成的土质结构和特性的情况下,不需要进行人工加固即可满足设计要求,这样的地基称为天然地基,如图 2-1a)所示。当地基土的土质较差,只能经过人工加固处理后才能作为持力层使用的地基称为人工地基,如图 2-1b)所示。也有局部地区的地基土土质比较特殊,如湿陷性黄土、多年冻土、压缩性强的软土等,这些地基均需做特殊的设计与施工,这种地基称为特殊地基。软土地基在进行人工处理时,在地基中设置由砂、碎石、石灰土、水泥土、混凝土等构成加固桩柱体(也称增强体),与桩间土一起共同承受外荷载。这类由两种不同强度的介质组成的人工地基,称为复合地基。

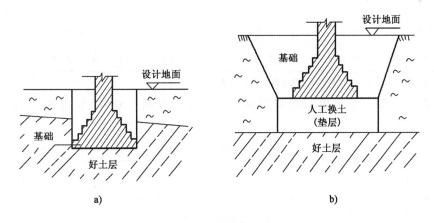

图 2-1　地基的类型

当土层的地质状况较好,承载力较强时,可以采用天然地基;而在地质状况不佳的条件下,如坡地、沙地或淤泥地质,或虽然土质较好但上部荷载过大时,为使地基具有足够的承载能力,则要采用人工地基。

人工地基一般是在基础工程施工以前,根据地基土的类别、加固深度、上部结构要求、周围环境条件、材料来源、施工工期、施工技术与设备条件进行地基处理方案选择、设计,力求达到方法先进、经济合理的目的。

第二节 桥涵地基

一、桥涵地基的分类

公路桥涵地基的岩土分为岩石、碎石土、砂土、粉土、黏性土和特殊性岩土。

1. 岩石

岩石为颗粒间连接牢固、呈整体或具有节理裂隙的地质体。作为公路桥涵地基,除应确定岩石的地质名称外,还应按《公路桥涵地基与基础设计规范》(JTG 3363—2019)规定划分其坚硬程度、完整程度、节理发育程度、软化程度和特殊性岩石。

岩石的坚硬程度应根据岩块的饱和单轴抗压强度标准值 f_{rk} 按表2-1分为坚硬岩、较硬岩、较软岩、软岩和极软岩5个等级。当缺乏有关试验数据或不能进行该项试验时,可按《公路桥涵地基与基础设计规范》(JTG 3363—2019)附录表 A.0.1-1 定性分级。

岩石坚硬程度分级　　　　　表2-1

坚硬程度类别	坚硬岩	较硬岩	较软岩	软岩	极软岩
饱和单轴抗压强度标准值 f_{rk}(MPa)	$f_{rk}>60$	$60 \geq f_{rk}>30$	$30 \geq f_{rk}>15$	$15 \geq f_{rk}>5$	$f_{rk} \leq 5$

岩体完整程度根据完整性指数按表2-2分为完整、较完整、较破碎、破碎和极破碎5个等级。当缺乏有关试验数据时,可按《公路桥涵地基与基础设计规范》(JTG 3363—2019)附录表 A.0.1-1 定性分级。

岩体完整程度划分表　　　　　表2-2

完整程度等级	完整	较完整	较破碎	破碎	极破碎
完整性指数	>0.75	(0.55,0.75]	(0.35,0.55]	(0.15,0.35]	≤0.15

注:完整性指数为岩体纵波波速与岩块纵波波速之比的平方。

岩体节理发育程度根据节理间距按表2-3分为节理不发育、节理发育、节理很发育3类。

岩体节理发育程度的分类　　　　　表2-3

程度	节理不发育	节理发育	节理很发育
节理间距(mm)	>400	(200,400]	≤200

注:节理是指岩体破裂面两侧岩层无明显位移的裂缝或裂隙。

岩石按软化系数可分为软化岩石和不软化岩石,当软化系数等于或小于0.75时,应定为软化岩石;当软化系数大于0.75时,定为不软化岩石。

当岩石具有特殊成分、特殊结构或特殊性质时,应定为特殊性岩石,如易溶性岩石、膨胀性岩石、崩解性岩石、盐渍化岩石等。

2. 碎石土

碎石土为粒径大于2mm的颗粒含量超过总质量50%的土。碎石土可按表2-4分为漂石、块石、卵石、碎石、圆砾和角砾6类。

碎石土的分类   表2-4

土 的 名 称	颗 粒 形 状	粒 组 含 量
漂石	圆形及亚圆形为主	粒径大于200mm的颗粒含量超过总质量的50%
块石	棱角形为主	
卵石	圆形及亚圆形为主	粒径大于20mm的颗粒含量超过总质量的50%
碎石	棱角形为主	
圆砾	圆形及亚圆形为主	粒径大于2mm的颗粒含量超过总质量的50%
角砾	棱角形为主	

注：碎石土分类时应根据粒组含量从大到小以最先符合者确定。

碎石土的密实度，可根据重型动力触探锤击数 $N_{63.5}$ 按表2-5分为松散、稍密、中密、密实4级。当缺乏有关试验数据时，碎石土平均粒径大于50mm或最大粒径大于100mm时，按《公路桥涵地基与基础设计规范》(JTG 3363—2019)附录表A.0.2鉴别其密实度。

碎石土的密实度   表2-5

锤击数 $N_{63.5}$	密实度	锤击数 $N_{63.5}$	密实度
$N_{63.5} \leq 5$	松散	$10 < N_{63.5} \leq 20$	中密
$5 < N_{63.5} \leq 10$	稍密	$N_{63.5} > 20$	密实

注：1. 本表适用于平均粒径小于或等于50mm且最大粒径不超过100mm的卵石、碎石、圆砾、角砾。
2. $N_{63.5}$ 为经修正后锤击数的平均值。

3. 砂土

砂土为粒径大于2mm的颗粒含量不超过总质量50%、粒径大于0.075mm的颗粒超过总质量50%的土。砂土可按表2-6分为砾砂、粗砂、中砂、细砂和粉砂5类。

砂土的分类   表2-6

土 的 名 称	粒 组 含 量
砾砂	粒径大于2mm的颗粒含量占总质量的25%～50%
粗砂	粒径大于0.5mm的颗粒含量超过总质量的50%
中砂	粒径大于0.25mm的颗粒含量超过总质量的50%
细砂	粒径大于0.075mm的颗粒含量超过总质量的85%
粉砂	粒径大于0.075mm的颗粒含量超过总质量的50%

砂土的密实度可根据标准贯入锤击数按表2-7分为松散、稍密、中密、密实4级。

砂土的密实度   表2-7

标准贯入锤击数 N	密 实 度	标准贯入锤击数 N	密 实 度
$N \leq 10$	松散	$15 < N \leq 30$	中密
$10 < N \leq 15$	稍密	$N > 30$	密实

4. 粉土

粉土为塑性指数 $I_p \leq 10$ 且粒径大于0.075mm的颗粒含量不超过总质量50%的土。粉土的密实度应根据孔隙比 e 划分为密实、中密和稍密；其湿度应根据天然含水率 w(%)划分为稍湿、湿、很湿。密实度和湿度的划分应分别符合表2-8和表2-9的规定。

粉土的密实度分类　　　　　　　　　　　表 2-8

孔隙比 e	密　实　度	孔隙比 e	密　实　度
$e<0.75$	密实	$e>0.9$	稍密
$0.75 \leqslant e \leqslant 0.9$	中密		

粉土的湿度分类　　　　　　　　　　　表 2-9

天然含水率 $w(\%)$	湿　　度	天然含水率 $w(\%)$	湿　　度
$w<20$	稍湿	$w>30$	很湿
$20 \leqslant w \leqslant 30$	湿		

5. 黏性土

黏性土为塑性指数 $I_P>10$ 且粒径大于 0.075mm 的颗粒含量不超过总质量 50% 的土。黏性土根据塑性指数按表 2-10 分为黏土和粉质黏土。

黏性土的分类　　　　　　　　　　　表 2-10

塑性指数 I_P	土 的 名 称	塑性指数 I_P	土 的 名 称
$I_P>17$	黏土	$10<I_P \leqslant 17$	粉质黏土

注：液限和塑限分别按 76g 锥试验确定。

黏性土的软硬状态可根据液性指数 I_L 按表 2-11 分为坚硬、硬塑、可塑、软塑、流塑 5 种状态。

黏性土按液性指数 I_L 划分状态　　　　　　　　　　　表 2-11

液性指数 I_L	状　态	液性指数 I_L	状　态
$I_L \leqslant 0$	坚硬	$0.75<I_L \leqslant 1$	软塑
$0<I_L \leqslant 0.25$	硬塑	$I_L>1$	流塑
$0.25<I_L \leqslant 0.75$	可塑	—	

黏性土可根据沉积年代按表 2-12 分为老黏性土、一般黏性土和新近沉积黏性土。

黏性土的沉积年代分类　　　　　　　　　　　表 2-12

沉 积 年 底	土 的 分 类	沉 积 年 底	土 的 分 类
第四纪晚更新世(Q_3)及以前	老黏性土	第四纪全新世(Q_4)以后	新近沉积黏性土
第四纪全新世(Q_4)	一般黏性土		

6. 特殊性岩土

特殊性岩土是具有一些特殊成分、结构和性质的区域性土，包括软土、膨胀土、湿陷性土、红黏土、冻土、盐渍土和填土等。

1）软土

软土为滨海、湖沼、谷地、河滩等处天然含水率高、天然孔隙比大、抗剪强度低的细粒土，其鉴别指标应符合表 2-13 的规定，包括淤泥、淤泥质土、泥炭、泥炭质土等。

软土地基鉴别指标 表2-13

指标名称	天然含水率 $w(\%)$	天然孔隙比 e	直剪内摩擦角 φ	十字板剪切强度 C_u	压缩系数 $a_{1-2}(\text{MPa}^{-1})$
指标值	≥35 或液限	≥1.0	宜小于5°	<35kPa	宜大于0.5

淤泥为在静水或缓慢的流水环境中沉积,并经生物化学作用形成,其天然含水率大于液限、天然孔隙比大于或等于1.5的黏性土。

天然含水率大于液限而天然孔隙比小于1.5但大于或等于1.0的黏性土或粉土为淤泥土。

2)膨胀土

膨胀土为土中黏粒成分主要由亲水性矿物组成,同时具有显著的吸水膨胀和失水收缩特性,其自由膨胀率大于或等于40%的黏性土。

3)湿陷性土

湿陷性土为浸水后产生附加沉降,其湿陷系数大于或等于0.015的土。

4)红黏土

红黏土为碳酸盐岩系的岩石经红土化作用形成的高塑性黏土,其液限一般大于50。红黏土经再搬运后仍保留其基本特征且其液限大于45的土为次生红黏土。

5)冻土

冻土为温度为0℃或负温,含有冰且与土颗粒呈胶结状态的土。

6)盐渍土

盐渍土为土中易溶盐含量大于0.3%,并具有溶陷、盐胀、腐蚀等工程特性的土。

7)填土

填土根据其组成和成因,可分为素填土、压实填土、杂填土、冲填土。

素填土为由碎石土、砂土、粉土、黏性土等组成的填土。经过压实或夯实的素填土为压实填土。杂填土为含有建筑垃圾、工业废料、生活垃圾等杂物的填土。冲填土为由水力冲填泥沙形成的填土。

二、地基岩土工程特性指标确定

(1)岩土的工程特性可采用抗压强度、抗剪强度、压缩性、湿陷性、动力触探锤击数、静力触探探头阻力、载荷试验承载力、地基承载力、侧摩阻力、端阻力等特性指标描述。

(2)地基及岩土的工程特性指标的代表值可采用平均值、标准值或特征值。岩土强度指标应取标准值,压缩性指标应取平均值,地基承载力指标应取特征值。

(3)土的浅层平板载荷试验和深层平板载荷试验应分别符合《公路桥涵地基与基础设计规范》(JTG 3363—2019)附录B、C的规定;岩基的载荷试验应符合《公路桥涵地基与基础设计规范》(JTG 3363—2019)附录D的规定。

(4)土的压缩模量、压缩系数、变形模量等压缩性指标可采用室内压缩试验、原位浅层或深层平板载荷试验、旁压试验等确定。

第三节 地基承载力的确定

桥涵地基承载力的验算应以修正后的地基承载力特征值 f_a 乘以地基承载力抗力系数 γ_R

控制。修正后的地基承载力特征值 f_a 应基于地基承载力特征值 f_{a0}，根据基础基底埋深、宽度及地基土的类别进行修正。

地基承载力特征值是指在保证地基土稳定的条件下，地基单位面积上所能承受的最大应力。地基承载力特征值 f_{a0} 宜由载荷试验或其他原位测试方法实测取得，其值不应大于地基极限承载力的 1/2。对中小桥、涵洞，当受现场条件限制或开展载荷试验和其他原位测试确有困难时，也可按《公路桥涵地基与基础设计规范》(JTG 3363—2019) 第 4.3.3 条有关规定确定。

按照《公路桥涵地基与基础设计规范》(JTG 3363—2019) 提供的经验公式和数据来确定地基承载力特征值的步骤和方法如下。

一、确定地基岩土的名称

根据 2.2 节判别地基岩土的类别。

二、地基承载力特征值的确定

根据岩土类别、状态、物理力学特性指标及工程经验确定地基承载力特征值 f_{a0}，按表 2-14 ~ 表 2-20 的规定进行。

(1) 一般岩石地基可根据强度等级、节理按表 2-14 确定其地基承载力特征值 f_{a0}。对于复杂的岩层(如溶洞、断层、软弱夹层、易溶岩石、软化岩石等)应按各项因素综合确定。

岩石地基承载力特征值 f_{a0}（单位：kPa） 表 2-14

坚硬程度	节理发育程度		
	节理不发育	节理发育	节理很发育
坚硬岩、较硬岩	>3000	3000 ~ 2000	2000 ~ 1500
较软岩	3000 ~ 1500	1500 ~ 1000	1000 ~ 800
软岩	1200 ~ 1000	1000 ~ 800	800 ~ 500
极软岩	500 ~ 400	400 ~ 300	300 ~ 200

(2) 碎石土地基可根据其类别和密实程度按表 2-15 确定其地基承载力特征值 f_{a0}。

碎石土地基承载力特征值 f_{a0}（单位：kPa） 表 2-15

土 名	密实程度			
	密实	中密	稍密	松散
卵石	1200 ~ 1000	1000 ~ 650	650 ~ 500	500 ~ 300
碎石	1000 ~ 800	800 ~ 550	550 ~ 400	400 ~ 200
圆砾	800 ~ 600	600 ~ 400	400 ~ 300	300 ~ 200
角砾	700 ~ 500	500 ~ 400	400 ~ 300	300 ~ 200

注：1. 由硬质岩组成，填充砂土者取高值；由软质岩组成，填充黏性土者取低值。
    2. 半胶结的碎石土按密实的同类土提高 10% ~ 30%。
    3. 松散的碎石土在天然河床中很少遇见，需特别注意鉴定。
    4. 漂石、块石参考卵石、碎石取值并适当提高。

(3) 砂土地基可根据土的密实度和水位情况按表 2-16 确定其地基承载力特征值 f_{a0}。

砂土地基承载力特征值 f_{a0}（单位：kPa）　　　表 2-16

土　名	湿　度	密实程度			
		密实	中密	稍密	松散
砾砂、粗砂	与湿度无关	550	430	370	200
中砂	与湿度无关	450	370	330	150
细砂	水上	350	270	230	100
	水下	300	210	190	—
粉砂	水上	300	210	190	—
	水下	200	110	90	—

（4）粉土地基可根据土的天然孔隙比 e 和天然含水率 $w(\%)$ 按表 2-17 确定其承载力特征值 f_{a0}。

粉土地基承载力特征值 f_{a0}（单位：kPa）　　　表 2-17

e	$w(\%)$					
	10	15	20	25	30	35
0.5	400	380	355	—	—	—
0.6	300	290	280	270	—	—
0.7	250	235	225	215	205	—
0.8	200	190	180	170	165	—
0.9	160	150	145	140	130	125

（5）老黏性土地基可根据压缩模量 E_s 按表 2-18 确定其地基承载力特征值 f_{a0}。

老黏性土地基承载力特征值 f_{a0}　　　表 2-18

E_s(MPa)	10	15	20	25	30	35	40
f_{a0}(kPa)	380	430	470	510	550	580	620

注：当老黏性土 E_s 小于 10MPa 时，地基承载力特征值 f_{a0} 按一般黏性土（表 2-19）确定。

（6）一般黏性土可根据液性指数 I_L 和天然孔隙比 e 按表 2-19 确定其地基承载力特征值 f_{a0}。

一般黏性土地基承载力特征值 f_{a0}（单位：kPa）　　　表 2-19

e	I_L												
	0	0.1	0.2	0.3	0.4	0.5	0.6	0.7	0.8	0.9	1	1.1	1.2
0.5	450	440	430	420	400	380	350	310	270	240	220	—	—
0.6	420	410	400	380	360	340	310	280	250	220	200	180	—
0.7	400	370	350	330	310	290	270	240	220	190	170	160	150
0.8	380	330	300	280	260	240	230	210	180	160	150	140	130
0.9	320	280	260	240	220	210	190	180	160	140	130	120	100
1.0	250	230	220	210	190	170	160	150	140	120	110	—	—
1.1	—	—	160	150	140	130	120	110	100	90	—	—	—

注：1. 土中含有粒径大于 2mm 的颗粒质量超过总质量 30% 以上者，f_{a0} 可适当提高。

2. 当 $e<0.5$ 时，取 $e=0.5$；当 $I_L<0$ 时，取 $I_L=0$。此外，超过表列范围的一般黏性土 $f_{a0}=57.22E_s^{0.57}$。

3. 一般黏性土地基承载力特征值 f_{a0} 取值大于 300kPa 时，应有原位测试数据做依据。

（7）新近沉积黏性土地基可根据液性指数 I_L 和天然孔隙比 e 按表 2-20 确定其地基承载力特征值 f_{a0}。

新近沉积黏性土地基承载力特征值 f_{a0}（单位：kPa） 表 2-20

e	I_L		
	≤0.25	0.75	1.25
≤0.8	140	120	100
0.9	130	110	90
1.0	120	100	80
1.1	110	90	—

三、地基承载力特征值的修正

1. 一般土质地基承载力特征值的修正

当基础宽度大于 2m 或埋置深度大于 3m 时，从载荷试验或其他原位测试、经验值等方法确定的地基承载力特征值，尚应按式(2-1)进行修正。当基础位于水中不透水地层上时，f_a 可按平均常水位至一般冲刷线的水深按 10kPa/m 提高。

$$f_a = f_{a0} + k_1 \gamma_1 (b - 2) + k_2 \gamma_2 (h - 3) \tag{2-1}$$

式中：f_a——修正后的地基承载力特征值(kPa)；

b——基础底面的最小边宽(m)，当 $b<2$m 时，取 $b=2$m，当 $b>10$m 时，取 $b=10$m；

h——基底埋置深度(m)，从自然地面起算，有水流冲刷时自一般冲刷线起算，当 $h<3$m 时，取 $h=3$m，当 $h/b>4$ 时，取 $h=4b$；

k_1、k_2——分别为基底宽度修正系数、深度修正系数，根据基底持力层土的类别按表 2-21 确定；

γ_1——基底持力层土的天然重度(kN/m³)，若持力层在水面以下且为透水者，应取浮重度；

γ_2——基底以上土层的加权平均重度(kN/m³)，换算时若持力层在水面以下，且不透水时，不论基底以上土的透水性质如何，一律取饱和重度。当透水时，水中部分土层则应取浮重度。

地基土承载力宽度、深度修正系数 k_1、k_2 表 2-21

系数	黏性土			粉土	砂 土								碎 石 土			
	老黏性土	一般黏性土		新近沉积黏性土	—	粉砂		细砂		中砂		砾砂、粗砂		碎石、圆砾、角砾		卵石	
		$I_L \geq 0.5$	$I_L < 0.5$			中密	密实	中密	密实	中密	密实	中密	密实	中密	密实	中密	密实
k_1	0	0	0	0	0	1.0	1.2	1.5	2.0	2.0	3.0	3.0	4.0	3.0	4.0	3.0	4.0
k_2	2.5	1.5	2.5	1.0	1.5	2.0	2.5	3.0	4.0	4.0	5.5	5.0	6.0	5.0	6.0	6.0	10.0

注：1. 对稍密和松散状态的砂、碎石土，k_1、k_2 值可采用表列中密值的 50%。
2. 强风化和全风化的岩石，可参照所风化成的相应土类取值，其他状态下的岩石不修正。

2. 软土地基承载力应按下列规定确定

(1) 软土地基承载力特征值 f_{a0} 应由载荷试验或其他原位测试取得。载荷试验和原位测试确有困难时，对于中小桥、涵洞基底未经处理的软土地基修正后的地基承载力特征值 f_a 可采用下列两种方法确定：

①根据原状土天然含水量 w，按表 2-22 确定软土地基承载力特征值 f_{a0}，然后按式(2-2)计算修正后的地基承载力特征值 f_a：

$$f_a = f_{a0} + \gamma_2 h \tag{2-2}$$

式中:γ_2、h 意义同式(2-1)。

软土地基承载力特征值 f_{a0} 表 2-22

天然含水率 $w(\%)$	36	40	45	50	55	65	75
$f_{a0}(\text{kPa})$	100	90	80	70	60	50	40

②根据原状土强度指标确定软土地基修正后的地基承载力特征值 f_a:

$$f_a = \frac{5.14}{m} k_p C_u + \gamma_2 h \tag{2-3}$$

$$k_p = \left(1 + 0.2\frac{b}{l}\right)\left(1 - \frac{0.4H}{blC_u}\right) \tag{2-4}$$

式中:m——抗力修正系数,可视软土灵敏度及基础长宽比等因素选用 1.5~2.5;

C_u——地基土不排水抗剪强度标准值(kPa);

k_p——系数;

H——由作用(标准值)引起的水平力(kN);

b——基础宽度(m),有偏心作用时,取 $b - 2e_b$,e_b 为偏心作用在宽度方向的偏心距;

l——垂直于 b 边的基础长度(m),有偏心作用时,取 $l - 2e_l$,e_l 为偏心作用在长度方向的偏心距。

其他符号同式(2-1)。

(2)经排水固结方法处理的软土地基,其承载力特征值 f_{a0} 应通过载荷试验或其他原位测试方法确定;经复合地基方法处理的软土地基,其承载力特征值应通过载荷试验确定;然后按式(2-2)计算修正后的软土地基地基承载力特征值 f_a。

四、地基承载力抗力系数 γ_R 的确定

地基承载力抗力系数 γ_R 应根据地基受荷阶段及受荷情况,按表 2-23 取值。

地基承载力抗力系数 γ_R 表 2-23

受荷阶段	作用组合或地基条件		$f_a(\text{kPa})$	γ_R
使用阶段	频遇组合	永久作用与可变作用组合	≥150	1.25
			<150	1.00
		仅计结构重力、预加力、土的重力、土侧压力和汽车荷载、人群荷载	—	1.00
	偶然组合		≥150	1.25
			<150	1.00
	多年压实未遭破坏的非岩石旧桥基		≥150	1.5
			<150	1.25
	岩石旧桥基		—	1.00
施工阶段	不承受单向推力		—	1.25
	承受单向推力		—	1.5

注:表中 f_a 为修正后的地基承载力特征值。

第四节 地基沉降计算和稳定性分析

一、地基沉降计算

地基变形在其表面形成的垂直变形量称为建筑物的沉降量。在外荷载作用下地基土层被压缩,达到稳定时基础底面的沉降量称为地基最终沉降量。

计算最终沉降量可以判断建筑物建成后将产生的地基变形,判断是否超出允许的范围,以便在建筑物设计、施工时,为采取相应的工程措施提供科学的依据,保证建筑物的安全。

计算地基最终沉降量的方法有多种。目前一般采用分层总和法和《公路桥涵地基与基础设计规范》(JTG 3363—2019)推荐的方法。

1. 分层总和法

分层总和法是指将地基沉降计算深度内的土层按土质和应力变化情况划分为若干分层,分别计算各分层的压缩量,然后求其总和得出地基最终沉降量(图2-2)。

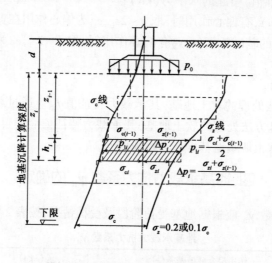

图2-2 分层总和法计算地基最终沉降量

1)基本假定

(1)一般取基底中心点下地基附加应力来计算各分层土的竖向压缩量。

(2)地基是均质、各向同性的半无限线性变形体,可按弹性理论计算土中附加应力。

(3)在压力作用下,地基土不产生侧向变形,可采用侧限条件下的压缩性指标。

(4)只计算固结沉降,不计瞬时沉降和次固结沉降。

2)计算步骤

(1)地基土分层。

成层土的层面(不同土层的压缩性及重度不同)及地下水面(水面上、下土的有效重度不同)是通常的分层界面,分层厚度一般不宜大于$0.4b$(b为基底宽度)。

(2)计算各分层界面处土自重应力。

土自重应力应从天然然地面起算。

(3)计算各分层界面处基底中心下竖向附加应力。

(4)确定地基沉降计算深度(或压缩层厚度)。

一般取地基附加应力等于自重应力的20%,深度处作为沉降计算深度的限值;若在该深度以下为高压缩性土,则应取地基附加应力等于自重应力的10%深度处作为沉降计算深度的限位。

(5)计算各分层土的压缩量。

$$\Delta s_i = \frac{\Delta e_i}{1 + e_{1i}} h_i = \frac{e_{1i} - e_{2i}}{1 + e_{1i}} h_i \tag{2-5}$$

或与压缩性系数公式联立,可得:

$$\Delta s_i = \frac{\alpha_i (p_{2i} - p_{1i})}{1 + e_{1i}} h_i \tag{2-6}$$

式中:h_i——第i分层土的厚度;

e_{1i}——第i层土在建筑物建造前,土的压缩曲线上第i分层土顶面、底面自重应力平均值p_{1i}对应的孔隙比,其中p_{1i}可按式(2-7)计算:

$$p_{1i} = \frac{\sigma_{c(i-1)} + \sigma_{ci}}{2} \tag{2-7}$$

其中:e_{2i}——第i层土在建筑物建造后,土的压缩曲线上第i分层土自重应力平均值p_{1i}与第i分层土附加应力平均值Δp_i 和p_{2i}之和对应的孔隙,其中Δp_i和p_{2i}比分别按如下计算:

$$\Delta p_i = \frac{\sigma_{z(i-1)} + \sigma_{zi}}{2} \tag{2-8}$$

$$p_{2i} = p_{1i} + \Delta p_i \tag{2-9}$$

(6)叠加计算基础的平均沉降量。

$$s_i = \sum_{i=1}^{n} \Delta s_i \tag{2-10}$$

式中:n——沉降计算深度范围内的分层数。

2. 规范法

墩台基础的最终沉降量,采用了《公路桥涵地基与基础设计规范》(JTG 3363—2019)规定的计算方法,沉降计算的规范法是一种简化了的分层总和法。

1)计算公式

计算地基变形时,地基内的应力分布,可采用各向同性均质线性变形体理论。最终变形量按下式进行计算:

$$s = \psi_s s_0 = \psi_s \sum_{i=1}^{n} \frac{p_0}{E_{si}} (z_i \alpha_i - z_{i-1} \alpha_{i-1}) \tag{2-11}$$

$$p_0 = p - \gamma h \tag{2-12}$$

式中:s——地基最终沉降量(mm);

s_0——按分层总和法计算的地基沉降量(mm);

ψ_s——沉降计算经验系数,根据地区沉降观测资料及经验确定,缺少沉降观测资料及经验数据时,可参照《公路桥涵地基与基础设计规范》(JTG 3363—2019)的5.3.5条确定;

n——地基沉降计算深度范围内所划分的土层数(图2-3);

p_0——对应于作用的准永久组合时基础底面处附加压应力(kPa);

E_{si}——基础底面下第 i 层土的压缩模量(MPa),应取土的"自重压应力"至"土的自重压应力与附加压应力之和"的压应力段计算;

z_i、z_{i-1}——基础底面至第 i 层土、第 $i-1$ 层土底面的距离(m);

$\bar{\alpha}_i$、$\bar{\alpha}_{i-1}$——基础底面计算点至第 i 层土、第 $i-1$ 层土底面范围内平均附加压应力系数;

p——基底压应力(kPa),当 $z/b>1$ 时,p 采用基底平均压应力,$z/b\leq1$ 时,p 按压应力图形采用距最大压应力点 $b/3\sim b/4$ 处的压应力(对梯形图形前后端压应力差值较大时,可采用上述 $b/4$ 处的压应力值,反之,则采用上述 $b/3$ 处压应力值),以上 b 为矩形基底宽度;

h——基底埋置深度(m),当基础受水流冲刷时,从一般冲刷线算起,当不受水流冲刷时,从天然地面算起,如位于挖方内,则由开挖后地面算起;

γ——h 内土的重度(kN/m³),基底为透水地基时水位以下取浮重度。

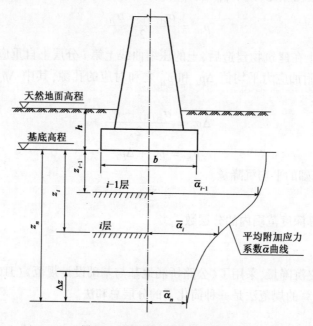

图 2-3 基底沉降计算分层示意图

2)计算深度

地基沉降计算时设定计算深度 z_n,在 z_n 以上取 Δz 厚度(见表 2-24),其沉降量应符合下列公式:

$$\Delta s_n \leq 0.025 \sum_{i=1}^{n} \Delta s_i \tag{2-13}$$

式中:Δs_n——在计算深度底面向上取厚度为 Δz 的土层的计算沉降量(mm),Δz 见图 2-3 并按表 2-24 采用;

Δs_i——在计算深度范围内,第 i 层土的计算沉降量。

已确定的计算深度下面,如仍有较软土层时,应继续计算。

Δz 值 表 2-24

基底宽度 b(m)	$b\leq2$	$2<b\leq4$	$4<b\leq8$	$b>8$
Δz(m)	0.3	0.6	0.8	1.0

当无相邻荷载影响且基底宽度在 1~30m 范围内时,基底中心的地基沉降计算深度 z_n 也可按下列简化公式计算:

$$z_n = b(2.5 - 0.4\ln b) \tag{2-14}$$

式中:b——基础宽度(m)。

在计算深度范围内存在基岩时,z_n 可取至基岩表面;当存在较厚的坚硬黏土层,其孔隙比小于 0.5、压缩模量大于 50MPa,或存在较厚的密实砂卵石层,其压缩模量大于 80MPa 时,z_n 可取至该土层表面。

二、地基稳定性因素分析

地基稳定性是指地基岩土体在承受建筑荷载条件下的沉降变形、深层滑动等对工程建设安全稳定的影响程度,主要表征参数有容许承载力、安全系数等。

影响地基稳定性的因素较多,主要是建筑物荷载的大小和性质、岩、土体的类型及其空间分布,地下水的状况以及地质灾害情况等。房屋、桥梁等建筑物对地基施加的是铅直荷载,水坝对地基施加的是倾斜荷载。当建筑物修建在斜坡上时,其荷载方向与斜坡面斜交。同样质量的地基,能承受较大的铅直荷载,但不能抵抗过大的倾斜荷载。相对易变形岩、土体的过量压缩,膨胀性岩、土体的膨胀隆起等,均可使建筑物产生不容许的变形。黏土、有机土等在荷载作用下容易产生剪切破坏。松软地层中地下水位下降、地下洞室的开挖及邻近建筑物的施工,可能引起地面和地基沉降。地震时,细粒土的液化可以导致地基失效。开挖洞室、废旧矿坑、喀斯特洞穴等,可能导致地表和地基塌陷。相反,当不存在地质灾害、地基均质、岩、土体质量好时,地基的稳定性就好。

思 考 题

1. 地基有哪些类型?它们的运用范围及条件是什么?
2. 地基承载力确定的方法有哪些?规范法确定地基承载力的步骤是什么?
3. 地基(基础)沉降计算包括哪些步骤?
4. 如何确定地基沉降的计算深度?

第三章 天然地基上的浅基础

天然地基上的基础,由于埋置深度不同,采用的施工方法、基础结构形式和设计计算方法也不相同,通常可分为浅基础和深基础两类。浅基础埋入地层深度较浅,施工一般采用敞开挖基坑修筑基础的方法,故亦称为明挖基础。浅基础在设计计算时,可以忽略基础侧面土体对基础的影响,基础结构形式和施工方法也较简单。深基础埋入地层较深,结构形式和施工方法较浅基础复杂,在设计计算时需考虑基础侧面土体的影响。在深水中修筑基础有时也可以采用深水围堰清除覆盖层,按浅基础形式将基础直接放在基岩上,但施工方法较复杂。

天然地基浅基础由于埋深浅,结构形式简单,施工方法简便,造价也较低,因此是建筑物最常用的基础类型之一。

第一节 天然地基上浅基础的类型、构造及适用条件

一、浅基础常用类型及适用条件

天然地基浅基础根据受力条件及构造可分为刚性基础(也称无筋扩展基础)和柔性基础(钢筋混凝土扩展基础)两大类。基础在外力(包括基础自重)作用下,基底的地基反力为 p,此时基础的悬出部分[图 3-1b)],a-a 断面左端,相当于承受着强度为 p 的均布荷载的悬臂梁,在荷载作用下,a-a 断面将产生弯曲拉应力和剪应力。当基础圬工具有足够的截面使材料的容许应力大于由地基反力产生的弯曲拉应力和剪应力时,a-a 断面不会出现裂缝。这时,基础内不需配置受力钢筋,这种基础称为刚性基础[图 3-1b)]。它是桥梁、涵洞和房屋等建筑物常用的基础类型。其形式有:刚性扩大基础[图 3-1b)]及图 3-2,单独柱下刚性基础[图 3-3a)、d)]、条形基础(图 3-4)等。

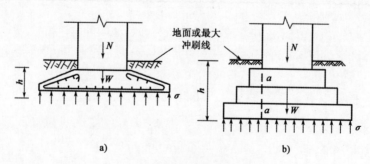

图 3-1 基础类型
a)钢筋混凝土扩展基础;b)刚性基础

建筑物基础在一般情况下均砌筑在土中或水下,所以要求各种基础类型所用材料要有良好的耐久性和较高的强度。刚性基础常用的材料有混凝土、粗料石和片石。混凝土是修筑基

础最常用的材料,它的优点是强度高、耐久性好,可浇筑成任意形状的砌体,混凝土强度等级一般不宜小于C15。对于大体积混凝土基础,为了节约水泥用量,可掺入不多于砌体体积25%的片石(称片石混凝土),但片石的强度等级不应低于MU25,也不应低于混凝土的强度等级。采用粗料石砌筑桥、涵和挡墙等基础时,要求石料外形大致方整,厚度20~30cm,宽度和长度分别为厚度的1.0~1.5倍和2.5~4.0倍,石料强度等级不应小于MU25,砌筑时应错缝,一般采用M5水泥砂浆。片石常用于小桥涵基础,石料厚度不小于15cm,强度不小于MU25,一般采用M5或M2.5砂浆砌筑。

刚性基础的特点为稳定性好、施工简便、能承受较大的荷载,所以只要地基强度能满足要求,它是桥梁和涵洞等结构首先考虑的基础形式。它的主要缺点是自重大,并且当持力层为软弱土时,由于扩大基础面积有一定限制,需要对地基进行处理或加固后才能采用,否则会因所受的荷载压力超过地基强度而影响建筑物的正常使用。所以对于荷载大或上部结构对沉降差较敏感的建筑物,当持力层的土质较差又较厚时,刚性基础作为浅基础是不适宜的。

基础在基底反力作用下,在 a-a 断面产生弯曲拉应力和剪应力若超过了基础圬工材料的强度极限值,为了防止基础在 a-a 断面开裂甚至断裂,可将刚性基础尺寸重新设计,并在基础中配置足够数量的钢筋,这种基础称为柔性基础(钢筋混凝土扩展基础)[图3-1a)]。柔性基础主要是用钢筋混凝土浇筑,常见的形式有柱下扩展基础、十字形和条形基础(图3-5)、筏板及箱形基础(图3-6、图3-7),其整体性能较好,抗弯刚度较大,如筏板和箱形基础,在外力作用下只产生均匀沉降或整体倾斜,这样对上部结构产生的附加应力较小,基本上消除了由于地基沉降不均匀引起的建筑物损坏。因此,在土质较差的地基上修建高层建筑物时,采用这种基础形式是适宜的。但上述基础形式,特别是箱形基础,钢筋和水泥的用量较大,施工技术的要求也较高,采用这种基础形式应与其他基础方案(如采用桩基础等)比较后再确定。

二、浅基础的构造

(一)刚性扩大基础(图3-2)

由于地基强度一般较墩台或墙柱圬工的强度低,因而需要将基础平面尺寸扩大以满足地基强度要求,这种刚性基础又称刚性扩大基础,如图3-2所示。其平面形状常为矩形,其每边扩大的尺寸最小为0.20~0.50m,视土质、基础厚度、埋置深度和施工方法而定。作为刚性基础,每边扩大的最大尺寸应受到材料刚性角的限制。当基础较厚时,可在纵横两个剖面上都做成台阶形,以减少基础自重,节省材料。它是桥涵及其他建筑物常用的基础形式。

(二)单独和联合基础(图3-3)

单独基础是立柱式桥墩和房屋建筑常用的基础形式之一。它的纵横剖面均可砌筑成台阶式[图3-3a)、b)、d)],但柱下单独基础用石或砖砌筑时,则在柱子与基础之间用混凝土墩连接。个别情况下柱下基础

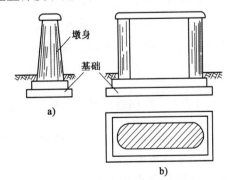

图3-2 刚性扩大基础

用钢筋混凝土浇筑时,其剖面也可浇筑成锥形[图3-3c)]。

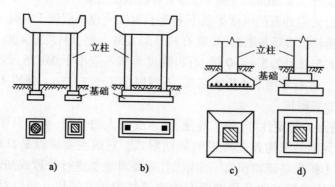

图3-3 单独和联合基础

(三)条形基础(图3-4)

条形基础是指基础长度远大于其宽度的一种基础形式。条形基础分为墙下和柱下条形基础,墙下条形基础是挡土墙下或涵洞下常用的基础形式。其横剖面可以是矩形或将一侧筑成台阶形。如挡土墙很长,为了避免在沿墙长方向因沉降不匀而开裂,可根据土质和地形予以分段,设置沉降缝。有时为了增强桥柱下基础的承载能力,将同一排若干个柱子的基础联合起来,也就成为柱下条形基础(图3-5)。其构造与倒置的T形截面梁相类似,在沿柱子的排列方向的剖面可以是等截面的,也可以如图那样在柱位处加腋。在桥梁基础中,一般是做成刚性基础,个别的也可做成柔性基础。

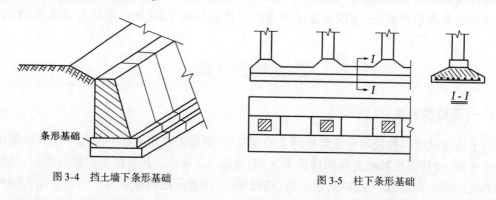

图3-4 挡土墙下条形基础　　　　　图3-5 柱下条形基础

如地基土很软,基础在宽度方向需进一步扩大面积,同时又要求基础具有空间的刚度来调整不均匀沉降时,可在柱下纵、横两个方向均设置条形基础,成为十字形基础。这是房屋建筑常用的基础形式,也是一种交叉条形基础。

(四)筏板和箱形基础(图3-6、图3-7)

筏板和箱形基础都是房屋建筑常用的基础形式。

当立柱或承重墙传来的荷载较大,地基土质软弱又不均匀,采用单独或条形基础均不能满足地基承载力或沉降的要求时,可采用筏板式钢筋混凝土基础。这样既扩大了基底面积又增加了基础的整体性,又避免建筑物局部发生不均匀沉降。

筏板基础在构造上类似于倒置的钢筋混凝土楼盖,它可以分为平板式(图3-6a)和梁板式(图3-6b)。平板式常用于柱荷载较小而且柱子排列较均匀和间距也较小的情况。

为增大基础刚度,可将基础做成由钢筋混凝土顶板、底板及纵横隔墙组成的箱形基础(图3-7),它的刚度远大于筏板基础,而且基础顶板和底板间的空间常可利用作地下室。它适用于地基较软弱、土层厚、建筑物对不均匀沉降较敏感或荷载较大而基础建筑面积不太大的高层建筑。

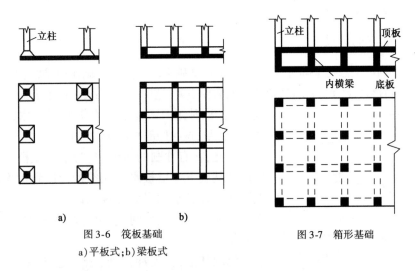

图3-6 筏板基础
a)平板式;b)梁板式

图3-7 箱形基础

以上仅对较常见的浅基础的构造做了概括的介绍,在实践中必须因地制宜地选用。有时还必须另行设计基础的形式,如在非岩石地基上修筑拱桥桥台基础时,为了增加基底的抗滑能力,基底在顺桥方向剖面做成齿坎状或斜面等。

第二节 刚性扩大基础的初步设计

一、基础埋置深度的确定

确定基础的埋置深度是地基基础设计中的重要步骤,它涉及建筑物建成后的牢固、稳定及正常使用问题。在确定基础埋置深度时,必须考虑把基础设置在变形较小,而强度又比较大的持力层上,以保证地基强度满足要求,而且不致产生过大的沉降或沉降差。此外,还要使基础有足够的埋置深度,以保证基础的稳定性,确保基础的安全。确定基础的埋置深度时,必须综合考虑地基的地质和地形条件、河流的冲刷程度、当地的冻结深度、上部结构形式以及保证持力层稳定所需的最小埋深和施工技术条件、造价等因素。对于某一具体工程而言,往往是其中一两种因素起决定性作用,所以在设计时,必须从实际出发,抓住主要因素进行分析研究,确定合理的埋置深度。

(一)地基的地质条件

地质条件是确定基础埋置深度的重要因素之一。覆盖土层较薄(包括风化岩层)的岩石地基,一般应清除覆盖土和风化层后,将基础直接修建在新鲜岩面上;如果岩石的风化层很厚,难以全部清除时,基础放在风化层中的埋置深度应根据其风化程度、冲刷深度及相应的容许承载力来确定。如过岩层表面倾斜时,不得将基础的一部分置于岩层上,而另一部分则置于土层上,以防基础因不均匀沉降而发生倾斜甚至断裂。在陡峭山坡上修建桥台时,还应注意岩体的稳定性。

当基础埋置在非岩石地基上,如受压层范围内为均质土,基础埋置深度除满足冲刷、冻胀等要求外,可根据荷载大小,由地基土的承载能力和沉降特性来确定(同时考虑基础需要的最小埋深)。当地质条件较复杂,如地层为多层土组成等,或对大中型桥梁及其他建筑物基础持力层的选定,应通过较详细计算或方案比较后确定。

(二)河流的冲刷深度

在有水流的河床上修建基础时,要考虑洪水对基础下地基土的冲刷作用,洪水水流越急,流量越大,洪水的冲刷越大,整个河床面被洪水冲刷后要下降,这叫一般冲刷,被冲下去的深度叫一般冲刷深度。同时,由于桥墩的阻水作用,使洪水在桥墩四周冲出一个深坑,这叫局部冲刷(图3-8)。

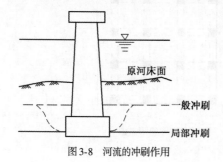

图3-8 河流的冲刷作用

因此,在有冲刷的河流中,为了防止桥梁墩、台基础四周和基底下土层被水流掏空冲走以致倒塌,基础必须埋置在设计洪水的最大冲刷线以下不小于1m。特别是在山区和丘陵地区的河流,更应注意考虑季节性洪水的冲刷作用。

涵洞基础,在无冲刷处(岩石地基除外),应设在地面或河床底以下埋深不小于1m处;如有冲刷,基底埋深应在局部冲刷线以下不小于1m;如河床上有铺砌层时,基础底面宜设置在铺砌层顶面以下不小于1m。

基础在设计洪水冲刷总深度以下的最小埋置深度不应是一个定值,它与河床地层的抗冲刷能力、计算设计流量的可靠性、选用计算冲刷深度的方法、桥梁的重要性和破坏后修复的难易程度等因素有关。因此,对于非岩石河床桥梁墩台基础的基底在设计洪水冲刷总深度以下的最小埋置深度,参照表3-1采用。

桥梁墩台基础基底最小埋置深度　　　　表3-1

桥梁类型	总冲刷深度(m)				
	0	5	10	15	20
大桥、中桥、小桥(不铺砌)	1.5	2.0	2.5	3.0	3.5
特大桥	2.0	2.5	3.0	3.5	4.0

注:总冲刷深度为自河床面算起的河床自然演变冲刷、一般冲刷与局部冲刷深度之和。

在计算冲刷深度时,尚应考虑其他可能产生的不利因素,如因水利规划使河道变迁,水文资料不足或河床为变迁性和不稳定河段等时,表3-1所列数值应适当加大。

修筑在覆盖土层较薄的岩石地基上,河床冲刷又较严重的大桥桥墩基础,基础应置于新鲜岩面或弱风化层中并有足够埋深,以保证其稳定性。也可用其他锚固等措施,使基础与岩层能连成整体,以保证整个基础的稳定性。如风化层较厚,在满足冲刷深度要求下,一般桥梁的基础可设置在风化层内。此时,地基各项条件均按非岩石考虑。

位于河槽的桥台,当其最大冲刷深度小于桥墩总冲刷深度时,桥台基底的埋深应与桥墩基底相同。当桥台位于河滩时,对河槽摆动不稳定河流,桥台基底高程应与桥墩基底高程相同,在稳定河流上,桥台基底高程可按照桥台冲刷结果确定。

(三) 当地的冻结深度

在寒冷地区,应该考虑由于季节性的冰冻和融化对地基土引起的冻胀影响。

对于冻胀性土,如土温在较长时间内保持在冻结温度以下,水分能从未冻结土层不断地向冻结区迁移,引起地基的冻胀和隆起,这些都可能使基础遭受损坏。为了保证建筑物不受地基土季节性冻胀的影响,除地基为非冻胀性土外,基础底面应埋置在天然最大冻结线以下一定深度。《公路桥涵地基与基础设计规范》(JTG 3363—2019)规定,上部为超静定结构的桥涵基础,其地基为冻胀土层时,基底应埋入冻结线以下不少于0.25m。对静定结构的基础,一般也按此要求,但在冻结较深的地区,为了减少基础埋深,有些类别的冻土经计算后也可将基底置于最大冻结线以上。冻土有关的计算方法详见本书第七章中的冻土部分。

(四) 上部结构形式

上部结构的形式不同,对基础产生的位移要求也不同。对中、小跨度简支梁桥来说,这项因素对确定基础的埋置深度影响不大。但对超静定结构即使基础发生较小的不均匀沉降,也会使内力产生一定变化。例如,对拱桥桥台,为了减少可能产生的水平位移和沉降差值,有时需将基础设置在埋藏较深的坚实土层上。

(五) 当地的地形条件

当墩台、挡土墙等结构位于较陡的土坡上,在确定基础埋深时,还应考虑土坡连同结构物基础一起滑动的稳定性。由于在确定地基容许承载力时,一般是按地面为水平的情况下确定的,因而当地基为倾斜土坡时,应结合实际情况,予以适当折减并采取以下措施。

若基础位于较陡的岩体上,可将基础做成台阶形,但要注意岩体的稳定性。基础前缘至岩层坡面间必须留有适当的安全距离,其数值与持力层岩石(或土)的类别及斜坡坡度等因素有关。根据挡土墙设计要求,基础前缘至斜坡面间的安全距离 l 及基础嵌入地基中的深度 h 与持力层岩石(或土)类的关系见表3-2,在设计桥梁基础时也可作参考。但具体应用时,因桥梁基础承受荷载比较大,而且受力较复杂,采用表列 l 值宜适当增大,必要时应降低地基承载力特征值,以防止邻近边缘部分地基下沉过大。

斜坡上基础埋深与持力层土类关系(单位:m)　　　　表3-2

持力层土类	h	l	示意图
较完整的坚硬岩石	0.25	0.25~0.50	
一般岩石(如砂页岩互层等)	0.60	0.60~1.50	
松软岩石(如千枚岩等)	1.00	1.00~2.00	
砂类砾石及土层	≥1.00	1.50~2.50	

(六) 保证持力层稳定所需的最小埋置深度

地表土在温度和湿度的影响下,会产生一定的风化作用,其性质是不稳定的。加上人类和动物的活动以及植物的生长作用,也会破坏地表土层的结构,影响其强度和稳定,所以一般地表土不宜作为持力层。为了保证地基和基础的稳定性,基础的埋置深度(除岩石地基外)应在天然地面或无冲刷河底以下不小于1m。

除此以外,在确定基础埋置深度时,还应考虑相邻建筑物的影响,如新建筑物基础比原有建筑物基础深,则施工挖土有可能影响原有基础的稳定。施工技术条件(施工设备、排水条件、支撑要求等)及经济分析等对基础埋深也有一定影响,这些因素也应考虑。

上述影响基础埋深的因素不仅适用于天然地基上的浅基础,有些因素也适用于其他类型的基础(如沉井基础)。

现举一简例来说明如何较合理地确定基础埋置深度和选择持力层。

某河流的水文资料和土层分布及其地基承载力特征值如图3-9所示。

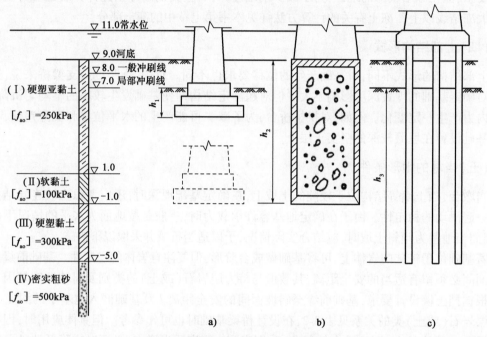

图3-9 基础埋深的不同方案(高程单位:m)
a)第一方案;b)第二方案;c)第三方案

根据水文地质资料,如施工技术条件有充分保证,由于基础修建在常年有水的河中(上部为静定结构),因而对上述因素(三)至(六)可以排除。从土质条件来看,土层(Ⅰ)、(Ⅳ)均可作为持力层,所以第一方案采用浅基础,只需根据最大冲刷线确定其最小埋置深度,即在最大冲刷线以下 $h_1 = 2m$,然后验算土层(Ⅰ)(Ⅱ)的承载力是否满足要求。如这一方案不能通过,就应按土质条件将基底设置在土层(Ⅲ)上,但埋深 h_2 达8m以上,若仍采用浅基础大开挖施工方案则要考虑技术上的可能性和经济上的合理性,这时也可考虑沉井基础(第二方案)或桩基础。如荷载大,要求基础埋得更深时,则可考虑第三方案采用桩基础,将桩底设置在土层(Ⅳ)中。采用这一方案时,可以避免水下施工,给施工带来便利。

二、刚性扩大基础尺寸的拟定

拟定基础尺寸也是基础设计的重要内容之一,尺寸拟定恰当,可以减少重复设计工作。主要根据基础埋置深度确定基础平面尺寸和基础分层厚度。所拟定的基础尺寸,应是在可能的最不利荷载组合的条件下,能保证基础本身有足够的结构强度,并能使地基与基础的承载力和稳定性均能满足规定要求,并且是经济合理的。

基础厚度:应根据墩、台身结构形式,荷载大小,选用的基础材料等因素来确定。基底高程应按基础埋深的要求确定。水中基础顶面一般不高于最低水位,在季节性流水的河流或旱地上的桥梁墩、台基础,则不宜高出地面,以防碰损。这样,基础厚度可按上述要求所确定的基础底面和顶面高程求得。在一般情况下,大、中桥墩、台混凝土基础厚度在 1.0~2.0m。

基础平面尺寸:基础平面形式一般应考虑墩、台身底面的形状而确定,基础平面形状常用矩形。基础底面长宽尺寸与高度有以下的关系式:

$$\left.\begin{array}{ll}\text{长度(横桥向)} & a = l + 2H\tan\alpha \\ \text{宽度(顺桥向)} & b = d + 2H\tan\alpha\end{array}\right\} \quad (3\text{-}1)$$

式中:l——墩、台身底截面长度(m);
d——墩、台身底截面宽度(m);
H——基础高度(m);
α——墩、台身底截面边缘至基础边缘线与垂线间的夹角。

基础剖面尺寸:刚性扩大基础的剖面形式一般做成矩形或台阶形,如图3-10所示。自墩、台身底边缘至基顶边缘距离 c_1 称为襟边,其作用一方面是扩大基底面积增加基础承载力,同时也便于调整基础施工时在平面尺寸上可能发生的误差,也为了支立墩、台身模板的需要,其值应视基底面积的要求、基础厚度及施工方法而定。桥梁墩台基础襟边最小值为 20~30cm。

基础较厚(超过1m以上)时,可将基础的剖面浇砌成台阶形,如图3-10所示。

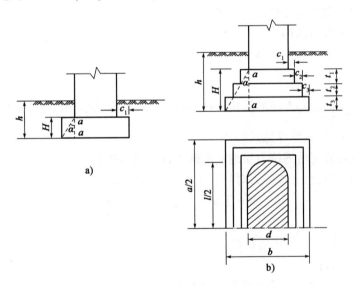

图 3-10 刚性扩大基础剖面、平面图

基础悬出总长度(包括襟边与台阶宽度之和):应使悬出部分在基底反力作用下,在 $a\text{-}a$ 截面(图3-10b)所产生的弯曲拉力和剪应力不超过基础圬工的强度限值。所以满足上述要求时,就可得到自墩台身边缘处的垂线与基底边缘的连线间的最大夹角 α_{max},称为刚性角。在设计时,应使每个台阶宽度 c_i 与厚度 t_i 保持在一定比例内,使其夹角 $\alpha_i \leq \alpha_{max}$,这时可认为属刚性基础,不必对基础进行弯曲拉应力和剪应力的强度验算,在基础中也可不设置受力钢筋。刚性角 α_{max} 的数值是与基础所用的圬工材料强度有关。根据试验,常用的基础材料的刚性角 α_{max} 值可按下面提供的数值取用:

砖、片石、块石、粗料石砌体,当用 M5 以下砂浆砌筑时,$\alpha_{max}\leqslant 30°$。
砖、片石、块石、粗料石砌体,当用 M5 以上砂浆砌筑时,$\alpha_{max}\leqslant 35°$。
混凝土浇筑时 $\alpha_{max}\leqslant 40°$。

基础每层台阶高度 t_i 通常为 0.50~1.00m,在一般情况下各层台阶宜采用相同厚度。

第三节 地基与基础的验算

一、地基承载力验算

地基承载力验算包括持力层强度验算、软弱下卧层强度验算。

(一)持力层强度验算

持力层是指直接与基底相接触的土层,持力层承载力验算要求荷载在基底产生的地基应力不超过持力层的修正后的地基承载力特征值。实践中多采用简化方法,即按材料力学偏心受压公式进行计算。由于浅基础埋置深度小,在计算中可不计基础四周土的摩阻力和弹性抗力的作用,其计算式为:

$$p_{\min}^{\max} = \frac{N}{A} \pm \frac{M}{W} \leqslant \gamma_R f_a \tag{3-2}$$

式中:γ_R——地基承载力特征值抗力系数;

p——基底压应力(kPa);

N——基底以上竖向荷载(kN);

A——基础底面面积(m^2);

W——基础底面偏心方向的面积抵抗矩(m^3),对矩形基础,$W = \frac{1}{6}ab^2 = \rho A$,$\rho$ 为基底核心半径,其计算见式(3-10);

f_a——基底处修正后的持力层地基承载力特征值(kPa);

M——作用于墩、台上各外力对基底重心轴的弯矩(kN·m)。

$$M = \sum H_i h_i + \sum P_i e_i = N \cdot e_0$$

其中:H_i——水平力;

h_i——水平作用点至基底的距离;

P_i——竖向分力;

e_i——竖向力 P_i 作用点至基底形心的偏心距;

e_0——合力偏心距,其计算见式(3-9);

式(3-2)可改写为:

$$p_{\min}^{\max} = \frac{N}{A} \pm \frac{N \cdot e_0}{\rho \cdot A} = \frac{N}{A}\left(1 \pm \frac{e_0}{\rho}\right) \leqslant \gamma_R f_a \tag{3-3}$$

从式(3-3)分析可知:

当 $e_0 = 0$ 时,基底压力均匀分布,压应力分布图为矩形[图3-11a]。

当 $e_0 < \rho$ 时,$1 - \frac{e_0}{\rho} > 0$,基底压应力分布图为梯形[图3-11b]。

当 $e_0 = \rho$ 时，$1 - \dfrac{e_0}{\rho} = 0$，这时 $p_{\min} = 0$，基底压应力分布图为三角形[图 3-11c)]。

当 $e_0 > \rho$ 时，$1 - \dfrac{e_0}{\rho} < 0$，则 $p_{\min} < 0$，说明基底一侧出现了拉应力，整个基底面积上部分受拉。

此时若持力层为非岩石地基，则基底与土之间不能承受拉应力；若持力层为岩石地基，除非基础混凝土浇筑在岩石地基上，有些基底也不能承受拉应力。因此，需考虑基底应力重分布并假定全部荷载由受压部分承担及基底压应力仍按三角形分布[图 3-11d)]。受压分布宽度为 b'，则从三角形分布压力合力作用点及静力平衡条件可得：

$$\left. \begin{array}{l} K = \dfrac{1}{3}b' = \dfrac{b}{2} - e_0 \\ b' = 3 \times \left(\dfrac{b}{2} - e_0\right) \end{array} \right\} \quad (3\text{-}4)$$

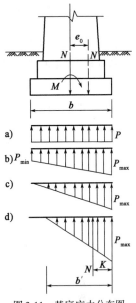

图 3-11 基底应力分布图

$$\left. \begin{array}{l} N = \dfrac{1}{2}ab'p_{\max} = \dfrac{1}{2}a \times 3 \times \left(\dfrac{b}{2} - e_0\right)p_{\max} \\ p_{\max} = \dfrac{2N}{3a\left(\dfrac{b}{2} - e_0\right)} \end{array} \right\} \quad (3\text{-}5)$$

对公路桥梁，通常基础横向长度比顺桥向宽度大得多，同时上部结构在横桥向布置常是对称的，故一般由顺桥向控制基底应力计算。但对通航河流或河流中有漂流物时，应计算船舶撞击力或漂流物撞击力在横桥向产生的基底应力，并与顺桥向基底应力比较，取其大者控制设计。

在曲线上的桥梁，除顺桥向引起的力矩 M_x 外，尚有离心力（横桥向水平力）在横桥向产生的力矩 M_y；若桥面上活载考虑横向分布的偏心作用时，则偏心竖向力对基底两个方向中心轴均有偏心距（图 3-12），并产生偏心距 $M_x = N \cdot e_x$，$M_y = N \cdot e_y$。故对于曲线桥，计算基底应力时，应按式(3-6)计算：

$$p_{\min}^{\max} = \dfrac{N}{A} \pm \dfrac{M_x}{W_x} \pm \dfrac{M_y}{W_y} \leqslant \gamma_R f_a \quad (3\text{-}6)$$

式中：M_x、M_y——分别为外力对基底顺桥向中心轴和横桥向中心轴之力矩；

W_x、W_y——分别为基底偏心方向边缘对 x、y 轴面积抵抗矩。

对式(3-2)和式(3-6)中的 N 值及 M（或 M_x、M_y）值，应按能产生最大竖向 $N_{\max}$ 的最不利荷载组合与此相对应的 M 值，和能产生最大力矩 $M_{\max}$ 时的最不利荷载组合与此相对应的 N 值，分别进行基底应力计算，取其大者控制设计。

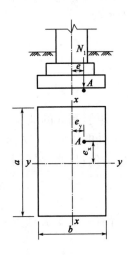

图 3-12 偏心竖直力作用在任意点

(二)软弱下卧层承载力验算

当受压层范围内地基为多层土(主要指地基承载力有差异而言)组成,且持力层以下有软弱下卧层(指容许承载力小于持力层容许承载力的土层),这时还应验算软弱下卧层的承载力,验算时先计算软弱下卧层顶面 A(在基底形心轴下)的应力(包括自重应力及附加力)不得大于该处修正后的地基土承载力特征值(图3-13)。

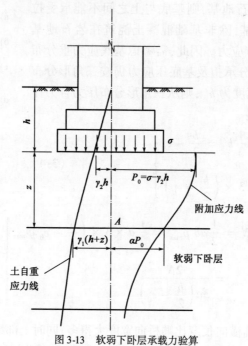

图3-13 软弱下卧层承载力验算

$$p_z = \gamma_1(h + z) + \alpha(p - \gamma_2 h) \leq \gamma_R f_a \tag{3-7}$$

式中:p_z——软土层或软弱地基的压应力;

h——基底或桩端处的埋置深度(m),当基础受水流冲刷时,由一般冲刷线算起;当不受水流冲刷时,由天然地面算起;如位于挖方内,则由开挖后地面算起;

z——从基底或桩基桩端处到软土层或软弱地基顶面的距离(m);

γ_1——深度$(h+z)$范围内各土层的换算重度(kN/m^3);

γ_2——深度h范围内各土层的换算重度(kN/m^3);

α——土中附加压应力系数,可按土力学教材或规范提供系数表查用;

p——基底压应力(kPa),当$z/b>1$时,p采用基底平均压应力,b为矩形基底的宽度;当$z/b \leq 1$时,p为基底压应力图形距最大压应力点$b/3 \sim b/4$处的压应力(对梯形图形前后端压应力差值较大时,可采用上述$b/4$点处的压应力值;反之,采用上述$b/3$处压应力值);

f_a——修正后的软土层或软弱地基顶面土的承载力特征值。

当软弱下卧层为压缩性高而且较厚的软黏土,或当上部结构对基础沉降有一定要求时,除承载力应满足上述要求外,还应验算包括软弱下卧层的基础沉降量。

(三)桥台路基填土及锥坡对桥台基底压应力影响的计算

修建在黏土地基上的桥台,当台后路基填土高度大于5m时,验算地基土压应力与变形,应考虑桥头路基填土及锥坡土重对桥台基底平面(包括群桩桩尖平面)产生的附加竖向压应力。对于软土地基上的桥梁,如相邻墩台的距离小于5m时,尚应考虑邻近墩台对软土地基所引起的附加竖向压应力。

台背路基填土对桥台基底或桩端平面处原地基土上产生的附加应力 p_1,按式(3-8)计算(图3-14)。

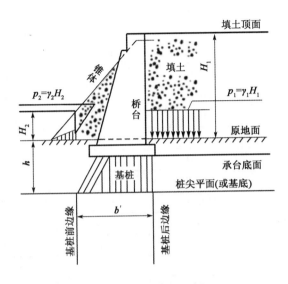

图3-14 台背填土与锥坡对桥台基底附加压应力计算图

b'-基底(或桩尖平面处)的前、后边缘的基础长度(m);h-原地面至基底或桩端平面处的深度(m),即基础埋置深度

$$p_1 = \alpha_1 \gamma_1 H_1 \tag{3-8}$$

对于埋置式桥台,由于台前锥体对基底或桩端平面处地基前边缘引起的附加压力 p_2。

$$p_2 = \alpha_2 \gamma_2 H_2 \tag{3-9}$$

式中:p_1——台背路基填土的压力(kPa);

γ_1——路基填土的天然密度(kN/m³);

H_1——台背路基填土的高度(m);

p_2——台前锥体填土压力(kPa);

γ_2——锥体填土的天然密度(kN/m³);

H_2——基底(或桩尖平面处)的前边缘上的填土锥体高度(m);

α_1、α_2——附加竖向压应力系数(表3-3、表3-4)。

系 数 α_1　　　　　　　　表3-3

基础埋置深度 h (m)	填土高度 H_1 (m)	系数 α_1（对于桥台边缘）			
		后边缘	前边缘,基底平面的基础长度为 b'		
			5m	10m	15m
5	5	0.44	0.07	0.01	0
	10	0.47	0.09	0.02	0
	20	0.48	0.11	0.04	0.01

续上表

基础埋置深度 h (m)	填土高度 H_1 (m)	系数 α_1（对于桥台边缘）			
		后边缘	前边缘,当基底平面的基础长度为 b'		
			5m	10m	15m
10	5	0.33	0.13	0.05	0.02
	10	0.40	0.17	0.06	0.02
	20	0.45	0.19	0.08	0.03
15	5	0.26	0.15	0.08	0.04
	10	0.33	0.19	0.10	0.05
	20	0.41	0.24	0.14	0.07
20	5	0.20	0.13	0.08	0.04
	10	0.28	0.18	0.10	0.06
	20	0.37	0.24	0.16	0.09
25	5	0.17	0.12	0.08	0.05
	10	0.24	0.17	0.12	0.08
	20	0.33	0.24	0.17	0.10
30	5	0.15	0.11	0.08	0.06
	10	0.21	0.16	0.12	0.08
	20	0.31	0.24	0.18	0.12

系 数 α_2 表3-4

基础埋置深度 h(m)	系数 α_2,当台背路基埋土高度为 H_1(m)	
	10	20
5	0.4	0.5
10	0.3	0.4
15	0.2	0.3
20	0.1	0.2
25	0	0.1
30	0	0

二、基底合力偏心距验算

墩、台基础的设计计算,必须控制基底合力偏心距,其目的是尽可能地使基底应力分布比较均匀,以免基底两侧应力相差过大,使基础产生较大的不均匀沉降,墩、台发生倾斜,影响正常使用。若使合力通过基底中心,虽然可得均匀的应力,但这样做既不经济,也不可行。所以在设计时,根据《公路桥涵地基与基础设计规范》(JTG 3363—2019),按以下原则掌握。

对于非岩石地基,以不出现拉应力为原则:当墩、台仅受恒载作用时,基底合力偏心距 e_0 应分别不大于基底核心半径 ρ 的0.1倍(桥墩)和0.75倍(桥台);当墩、台受荷载承受作用标准值组合或偶然作用标准值组合,一般只要求基底偏心距 e_0 不超过核心半径 ρ 即可。

对于修建在岩石地基上的基础:可以允许出现拉应力,根据岩石的强度,合力偏心距 e_0 最大可为基底核心半径的1.2~1.5倍,以保证必要的安全储备(具体规定可参阅有关桥涵设计规范)。

其中,基底以上外力合力作用点对基底形心轴的偏心距按式(3-10)计算:

$$e_0 = \frac{\sum M}{N} \tag{3-10}$$

式中:$\sum M$——作用于墩台的水平力和竖向力对基底形心轴的弯矩;
N——作用在基底的合力的竖向分力。

墩、台基础基底截面核心半径 ρ 按式(3-11)计算:

$$\rho = \frac{W}{A} \tag{3-11}$$

式中:A——基底截面积。

当外力合力作用点不在基底两个对称轴中任一对称轴上,或当基底截面为不对称时,可直接按式(3-12)求 e_0 与 ρ 的比值,使其满足规定的要求:

$$\frac{e_0}{\rho} = 1 - \frac{p_{\min}}{N/A} \tag{3-12}$$

式中符号意义同前,但要注意 N 和 $p_{\min}$ 应在同一种荷载组合情况下求得。在验算基底偏心距时,应采用计算基底应力相同的最不利荷载组合。

三、基础稳定性和地基稳定性验算

在基础设计计算时,必须保证基础本身具有足够的稳定性。基础稳定性验算包括基础倾覆稳定性验算和基础滑动稳定性验算。此外,对某些土质条件下的桥台、挡土墙还要验算地基的稳定性,以防桥台、挡土墙下地基的滑动。

(一) 基础稳定性验算

1. 基础倾覆稳定性验算

基础倾覆或倾斜除了地基的强度和变形原因外,往往发生在承受较大的单向水平推力而其合力作用点又离基础底面的距离较高的结构物上,如挡土墙或高桥台受侧向土压力作用,大跨度拱桥在施工中墩、台受到不平衡的推力,以及在多孔拱桥中一孔被毁等。此时在单向恒载推力作用下,均可能引起墩、台连同基础的倾覆和倾斜。

理论和实践证明,基础倾覆稳定性与合力的偏心距有关。合力偏心距越大,则基础抗倾覆的安全储备越小,如图3-15所示。因此,在设计时,可以用限制合力偏心距 e_0 来保证基础的倾覆稳定性。

设基底截面重心至压力最大一边的边缘的距离为 s(荷载作用在重心轴上的矩形基础 $s = b/2$),见图3-15,外力合力偏心距 e_0,则两者的比值 k_0 可反映基础倾覆稳定性的安全度。k_0 称为抗倾覆稳定系数,即:

$$k_0 = \frac{s}{e_0} \tag{3-13}$$

式中:k_0——墩台基础抗倾覆稳定性系数;
s——在截面重心至合力作用点的延长线上,自截面重心至验算倾覆轴的距离(m);
e_0——所有外力的合力 R 在验算截面的作用点对基底重心轴的偏心距。

$$e_0 = \frac{\sum P_i e_i + \sum H_i h_i}{\sum P_i}$$

式中：P_i——不考虑其分项系数和组合系数的作用标准值组合或偶然作用(地震除外)标准值组合引起的竖向力(kN)；

e_i——竖向力P_i对验算截面重心的力臂(m)；

H_i——不考虑其分项系数和组合系数的作用标准值组合或偶然作用标准值组合引起的水平力(kN)；

h_i——水平力对验算截面的力臂(m)。

注：(1)弯矩应视其绕验算截面重心轴的不同方向取正负号；
(2)对于矩形凹缺的多边形基础，其倾覆轴应取基底截面的外包线。

如外力合力不作用在形心轴上(图3-15b)或基底截面有一个方向为不对称，而合力又不作用在形心轴上(图3-15c)，基底压力最大一边的边缘线应是外包线[图3-15b)、c)]中的I-I线，s值应是通过形心与合力作用点的连线并延长与外包线相交点至形心的距离。

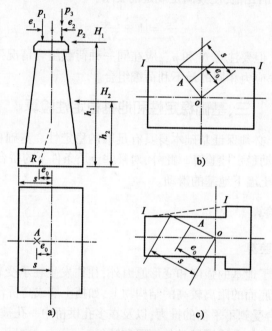

图 3-15 基础倾覆稳定性计算

不同的荷载组合，在不同的设计规范中，对抗倾覆稳定系数k_0的容许值均有不同要求，见表3-5。

墩台基础抗倾覆稳定性系数限值　　　　　表3-5

作用组合		稳定性系数限值
使用阶段	反计永久作用(不计混凝土收缩及徐变、浮力)和汽车、人群的标准值效应组合	1.5
	各种作用(不包括地震作用)的标准值效应组合	1.3
	施工阶段作用的标准值效应组合	1.2

2. 基础滑动稳定性验算

基础在水平推力作用下沿基础底面滑动的可能性即基础抗滑动安全度的大小，可用基底与土之间的摩擦阻力和水平推力的比值k_c来表示，k_c称为抗滑动稳定系数，即：

$$k_c = \frac{\mu \sum P_i + \sum H_{iP}}{\sum H_{ia}} \tag{3-14}$$

式中:k_c——桥涵墩台基础的抗滑动稳定性系数;

$\sum P_i$——竖向力总和;

$\sum H_{iP}$——抗滑稳定水平力总和;

$\sum H_{ia}$——滑动水平力总和;

μ——基础底面与地基土之间的摩擦系数通过试验确定,当缺少实际资料时,可参照表3-6采用。

注:$\sum H_{iP}$ 和 $\sum H_{ia}$ 分别为两个相对方向的各自水平力总和,绝对值较大者为滑动水平力 $\sum H_{ia}$,另一为抗滑稳定力 $\sum H_{iP}$;$\mu \sum P_i$ 为抗滑动稳定力。

基底摩擦系数 μ 表3-6

地基土分类	μ	地基土分类	μ
黏土(流塑—坚硬)、粉土	0.25~0.35	软岩(极软岩—较软岩)	0.40~0.60
砂土(粉砂—砾砂)	0.30~0.40	硬岩(较硬岩、坚硬岩)	0.60、0.70
碎石土(松散—密实)	0.40~0.50		

验算桥台基础的滑动稳定性时,如台前填土保证不受冲刷,可同时考虑计入与台后土压力方向相反的台前土压力,其数值可按主动或静止土压力进行计算。

按式(3-14)求得的抗滑动稳定性系数 k_c 值,必须大于规范规定的设计限值,不同的作用组合,对墩台基础抗滑动稳定性系数 k_c 的限值均有不同要求,见表3-7。

墩台基础抗滑动稳定性系数 k_c 限值 表3-7

作用组合		稳定性系数限值
使用阶段	反计永久作用(不计混凝土收缩及徐变、浮力)和汽车、人群的标准值效应组合	1.3
	各种作用(不包括地震作用)的标准值效应组合	1.2
施工阶段作用的标准值效应组合		1.2

修建在非岩石地基上的拱桥桥台基础,在拱的水平推力和力矩作用下,基础可能向路堤方向滑移或转动,此项水平位移和转动还与台后土抗力的大小有关。

(二) 地基稳定性验算

位于软土地基上较高的桥台需验算桥台沿滑裂曲面滑动的稳定性,基底下地基如在不深处有软弱夹层时,在台后土推力作用下,基础也有可能沿软弱夹层土Ⅱ的层面滑动[图3-16a)];在较陡的土质斜坡上的桥台、挡土墙也有滑动的可能[图3-16b)]。

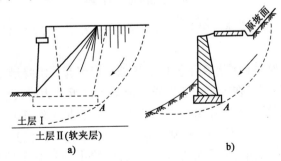

图3-16 地基稳定性验算稳定

这种地基稳定性验算方法可按土坡稳定分析方法,即用圆弧滑动面法来进行验算。在验算时一般假定滑动面通过填土一侧基础剖面角点 A[图 3-16b)],但在计算滑动力矩时,应计入桥台上作用的外荷载(包括上部结构自重和活载等)以及桥台和基础自重的影响,然后求出系数满足规定的要求值。

(三)提高地基与基础稳定性措施

当地基与基础的稳定性验算不满足设计规定的要求时,必须采取设计措施,如梁桥桥台后土压力引起的倾覆力矩比较大,基础的抗倾覆稳定性不能满足要求时,可将台身做成不对称的形式(图 3-17 所示后倾形式),这样可以增加台身自重所产生的抗倾覆力矩,达到提高抗倾覆的安全度。如果采用这种外形,则在砌筑台身时,应及时在台后填土并夯实,以防台身向后倾覆和转动;也可在台后一定长度范围内填碎石、干砌片石或填石灰土,以增大填料的内摩擦角减小土压力,达到减小倾覆力矩提高抗倾覆安全度的目的。

拱桥桥台,由于拱脚水平推力作用下,基础的滑动稳定性不能满足要求时,可以在基底四周做成如图 3-18a)的齿槛,这样,由基底与土间的摩擦滑动变为土的剪切破坏,从而提高了基础的抗滑力,如仅受单向水平推力时,也可将基底设计成如图 3-18b)所示的倾斜形,以减小滑动力,同时增加在斜面上的压力。由图可见滑动力随 α 角的增大而减小。从安全考虑,α 角不宜大于 10°,同时要保持基底以下土层在施工时不受扰动。

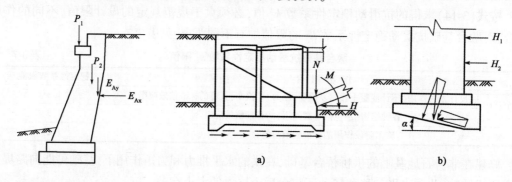

图 3-17　基础抗倾覆措施　　　　图 3-18　基础抗滑动措施

当高填土的桥台基础或土坡上的挡墙地基可能出现滑动或在土坡上出现裂缝时,可以增加基础的埋置深度或改用桩基础,提高墩台基础下地基的稳定性,或者在土坡上设置地面排水系统,拦截和引走滑坡体以外的地表水,以减少因渗水而引起土坡滑动的不稳定因素。

四、基础沉降验算

基础的沉降验算包括沉降量,相邻基础沉降差,基础由于地基不均匀沉降而发生的倾斜等。

基础的沉降主要由竖向荷载作用下土层的压缩变形引起。沉降量过大将影响结构物的正常使用和安全,应加以限制。在确定一般土质的地基容许承载力时,已考虑这一变形的因素,所以修建在一般土质条件下的中、小型桥梁的基础,只要满足了地基的强度要求,地基(基础)的沉降也就满足要求。但对于下列情况,则必须验算基础的沉降,使其不大于规定的容许值。

(1)修建在地质情况复杂、地层分布不均或强度较小的软黏土地基及湿陷性黄土上的基础。

(2)修建在非岩石地基上的拱桥、连续梁桥等超静定结构的基础。

(3)当相邻基础下地基土强度有显著不同或相邻跨度相差悬殊而必须考虑其沉降差时。

(4)对于跨线桥、跨线渡槽要保证桥(或槽)下净空高度时。

(5)桥梁改建或拓宽。

一般地基土的沉降可根据第二章的相关内容计算。对软土、冻土、湿陷性黄土可参本教材第七章。

计算基础沉降时,传至基础底面的作用效应应按正常使用极限状态下作用长期效应组合采用。该组合仅为直接施加结构上的永久作用标准值(不包括混凝土收缩及徐变作用、基础变位作用)和可变作用准永久值(仅指汽车荷载和人群荷载)引起的效应。

《公路桥涵地基与基础设计规范》(JTG 3363—2019)规定墩台的沉降(mm)应满足以下要求:

(1)相邻墩台间不均匀沉降差值(不包括施工中的沉降),不应使桥面形成大于2‰的附加纵坡(折角)。

(2)超静定结构桥梁墩台间不均匀沉降差值,还应满足结构的受力要求。

五、钢筋混凝土扩展基础计算要点

钢筋混凝土的柱下条形基础、筏板基础及箱形基础多数修建在高层房屋下面,公路结构物较少采用。钢筋混凝土扩展基础在外荷载作用下的内力分析与计算涉及上部结构和地基的共同工作,目前尚无统一的设计与计算方法。现仅介绍在实践中某些简化计算方法的要点。

在分析内力以前,先要确定基底压力分布。这在梁板式基础计算理论中是尚待进一步解决的问题。柱下条形基础基底反力的分布,较精确的解为弹性地基梁法,即将该条形基础视为梁,其全长由一连续的弹性基础所承担,并采用文克尔假定,认为地基梁发生挠曲时,每一点处连续分布反力强度与该点的沉降成正比,以地基系数表示其间的关系,梁在各柱之间的各部承受弹性地基的连续分布反力。由材料力学中梁的挠曲变形与外荷载的微分关系,建立弹地基梁的微分方程,由梁的某些点的已知条件可以解出梁的弹性挠曲方程,从而求得梁在任截面处的挠度、斜率、弯矩和剪力。由于计算理论本身有一定的局限性和解题的烦琐复杂,国内外学者虽提出了许多改进方法,但计算工作量仍很大,而且计算中需用土的力学指标也不够准确,影响计算结果,因此中小型工程常采用简化计算方法。在简化计算中,一般假定基底反力分布是按直线变化,当基础上作用着偏心荷载时,仍可按式(3-2)求基底两侧的最大和最小应力。

在基础内力分析中,柱下条形基础常用的简化方法之一是倒梁法。这种方法将地基反力作为基础梁(条形基础)上的荷载,将柱子视为基础梁的支座,将基础梁视为一倒置的连续梁进行计算,求得基础控制截面的弯矩和剪力,以此验算截面强度和配置受力钢筋,如图 3-19 所示。

由于未考虑基础梁挠度与地基变形协调条件,且采用了地基反力直线分布假定,所以求得的支座反力往往不等于柱子传来的压力,即反力不平衡。为此,需要进行反力调整,即将柱荷载 F_i 和相应支座反力 R_i 的差值均匀地分配在该支座两侧各 1/3 跨度范围内,再解此连续梁的内力,并将计算结果进行叠加。重复上述步骤,直至满意为止。一般经过一次调整就能满足设计精度的要求(不平衡力不超过荷载的20%)。

如图 3-19 所示,倒梁法把柱子看作基础梁的不动支座,即认为上部结构是绝对刚性的。由于计算中不涉及变形,不能满足变形协调条件,计算结果存在一定的误差。经验表明,倒梁

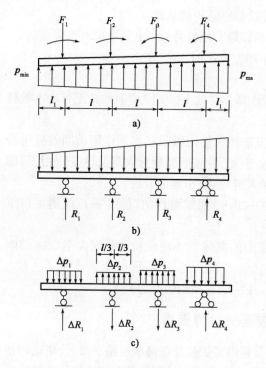

法较适合于地基比较均匀,上部结构刚度较好,荷载分布较均匀且条形基础梁的高度大于1/6柱距的情况。

筏板基础简化计算是将筏板基础看作一倒置的平面楼盖,将基础板下地基反力作为作用在筏板基础上的荷载,然后如同平面楼盖那样,分别进行板、次梁及主梁的内力计算。

箱形基础的内力分析,应根据上部结构的刚度大小采用不同的计算方法。顶板与底板在土反力、水压力、上部结构传来的荷载等的作用下,整个箱形基础将发生弯曲,称为整体弯曲;与此同时,顶板受到直接作用在它上面的荷载后,也将产生弯曲,称为局部弯曲;同样,底板受到土压力与水压力后,也将产生局部弯曲。将上述两种弯曲计算的内力叠加,即可进行顶板、底板配筋设计。

图 3-19 倒梁法计算简图

[例题 3-1] 某条形基础,其长度尺寸及立柱荷载如图 3-20 所示,设置在粉质黏土层上,基础埋深 $h = 1.5\text{m}$,土的天然重度 $\gamma = 20\text{kN/m}^3$,地基的承载力特征值 $[f_{a0}] = 150\text{kPa}$,试确定条形基础宽度并计算其内力。

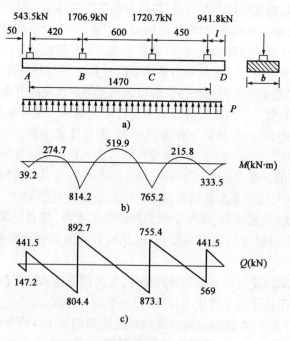

图 3-20 条形基础算例(尺寸单位:cm)

解:

(1)确定基底宽度。

从图 3-20 求各柱压力的合力作用点离柱 A 形心的距离为:

$$x = \frac{941.8 \times 14.7 + 1720.7 \times 10.2 + 1706.9 \times 4.2}{941.8 + 1720.7 + 1706.9 + 543.5} = \frac{38564.58}{4912.9} = 7.85(\text{m})$$

根据构造需要基础伸出 A 点 0.5m。假定要求荷载的合力通过基础的核心,则基础伸出 D 点以外的距离为:

$$l = 2(x + 0.5) - (14.7 + 0.5) = 16.7 - 15.2 = 1.5(\text{m})$$

基础的总长度为:

$$L = 14.7 + 0.5 + 1.5 = 16.7(\text{m})$$

根据地基承载力特征值需要的基底面积为:

$$A = \frac{941.8 + 1720.7 + 1706.9 + 543.5}{150 - 1.5 \times 20} = \frac{4912.9}{120} = 40.94(\text{m}^2)$$

需要的基础宽度为:

$$b = \frac{40.94}{16.7} = 2.45 \approx 2.5(\text{m})$$

按《公路桥涵地基与基础设计规范》(JTG 3363—2019)规定,基础宽度 $b > 2\text{m}$,粉质黏土地基承载力宽度修正系数 $k_1 = 0$,承载力特征值不予修正提高。

(2)内力计算。

由于荷载的合力通过基础的形心,故地基反力为均布,则沿基础每米长度上的净反力为:

$$p \cdot b = \frac{4912.9}{16.7} = 294.2(\text{kN/m})$$

条形基础相当于作用着分布荷载为 294.2kN/m 的三跨连续梁,算得的正、负弯矩及剪力值如图 3-20b)、c)所示。

第四节 刚性扩大基础施工

刚性扩大基础的施工可采用明挖的方法进行基坑开挖,开挖工作应尽量在枯水或少雨季节进行,且不宜间断。基坑挖至基底设计高程应立即对基底土质及坑底情况进行检验,验收合格后应尽快修筑基础,不得将基坑暴露过久。基坑可用机械或人工开挖,接近基底设计高程应留 30cm 高度由人工开挖,以免破坏基底土的结构。基坑开挖过程中要注意排水,基坑尺寸要比基底尺寸每边大 $0.5 \sim 1.0\text{m}$,以方便设置排水沟及立模板和砌筑工作。基坑开挖时根据土质及开挖深度对坑壁予以围护或不围护,围护的方式有多种多样。水中开挖基坑还需先修筑防水围堰。

一、旱地上基坑开挖及围护

(一)无围护基坑

适用于基坑较浅,地下水位较低或渗水量较少,不影响坑壁稳定的情况,此时可将坑壁挖成竖直或斜坡形。竖直坑壁只适宜在岩石地基或基坑较浅又无地下水的硬黏土中采用。在一般土质条件下开挖基坑时,应采用放坡开挖的方法。基坑深度在 5m 以内,施工期较短,地下水在基底以下,且土的湿度接近最佳含水率,土质构造又较均匀时,基坑坡度可参考表 3-8 选用。

无围护基坑坑壁坡度 表 3-8

坑壁土类别	坑壁坡度		
	基坑顶缘无荷载	基坑顶缘有静载	基坑顶缘有动载
砂类土	1∶1	1∶1.25	1∶1.5
碎卵石类土	1∶0.75	1∶1	1∶1.25
亚砂土	1∶0.67	1∶0.75	1∶1
亚黏土、黏土	1∶0.33	1∶0.5	1∶0.75
极软岩	1∶0.25	1∶0.33	1∶0.67
软质岩	1∶0	1∶0.1	1∶0.25
硬质岩	1∶0	1∶0	1∶0

如地基土的湿度较大可能引起坑壁坍塌时，坑壁坡度应适当放缓。基坑顶缘有动荷载时，基坑顶缘与动荷载之间至少应留 1m 宽的护道。如地质水文条件较差，应增宽护道或采取加固等措施，以增加边坡的稳定性。基坑深度大于 5m 时，可将坑壁坡度适当放缓或加设平台。

(二) 有围护基坑

当基坑较深，土质条件较差，地下水影响较大或放坡开挖对临近建筑有影响时，应对坑壁进行围护。目前护壁方法很多，选择护壁的方法与开挖深度、土质条件及地下水位高低、施工技术条件、材料供应等有密切关系，现仅就目前常用的方法介绍如下。

1. 板桩墙支护

板桩是在基坑开挖前先垂直打入土中至坑底以下一定深度，然后边挖边设支撑，开挖基坑过程中始终是在板桩支护下进行。

板桩材料有木板桩、钢筋混凝土板桩和钢板桩三种。木板桩易于加工，但我国除林区以外现已很少采用。钢筋混凝土板桩耐久性好，但制造复杂且重量大，防渗性能差，修建桥梁基础也很少采用。钢板桩由于板薄，强度又大，能穿过较坚硬土层，锁口紧密，不易漏水，还可以焊接接长并能重复使用，且断面形式较多(图 3-21)，可适应不同形状基坑。上述这些特点使钢板桩应用较广泛，但价格较贵。

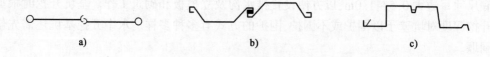

图 3-21 钢板桩断面形式

板桩墙分无支撑式[图 3-22a)]、支撑式和锚撑式[图 3-22d)]。无支撑式板桩墙由于墙身位移较大，仅适用于基坑较浅的情况，且要求板桩有足够的入土深度，以保持板桩墙的稳定。支撑式板桩墙按设置支撑的层数可分为单支撑板桩墙[图 3-22b)]和多支撑板桩墙[图 3-22c)]。由于板桩墙多应用于较深基坑的开挖，故多支撑板桩墙应用较多。

2. 喷射混凝土护壁

喷射混凝土护壁，宜用于土质较稳定，渗水量不大，深度小于 10m，直径为 6～12m 的圆形基坑。对于有流砂或淤泥夹层的土质，也有使用成功的实例。

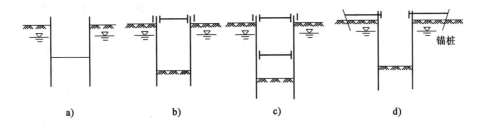

图 3-22 板桩墙支护

喷射混凝土护壁的基本原理是以高压空气为动力,将搅拌均匀的砂、石、水泥和速凝剂干料,由喷射机经输料管吹送到喷枪,在通过喷枪的瞬间,加入高压水进行混合,自喷嘴射出,喷射在坑壁,形成环形混凝土护壁结构,以承受土压力。

采用喷射混凝土护壁时,根据土质和渗水等情况坑壁可以接近陡立或稍有坡度,每开挖一层喷护一层,每层高度为1m左右,土层不稳定时应酌减;渗水较大时不宜超过0.5m。

混凝土的喷射顺序,对无水、少量渗水坑壁可由下向上一环一环进行,对渗水较大坑壁,喷护应由上向下进行,以防新喷的混凝土被水冲流;对有集中渗出股水的基坑,可从无水或水小处开始,逐步向水大处喷护,最后用竹管将集中的股水引出。喷射作业应沿坑周分若干区段进行,区段长度一般不超过6m。

喷射混凝土厚度主要取决于地质条件、渗水量大小、基坑直径和基坑深度等因素。根据实践经验,对于不同土层,可取下列数值:一般黏性土、砂土和碎卵石类土层,如无渗水,厚度为 3~8cm;如有少量渗水,厚度为 5~10cm;对稳定性较差的土,如淤泥、粉砂等,如无渗水,厚度为 10~15cm;如有少量渗水,厚度为 15 cm;当有大量渗水时,厚度为 15~20cm。喷射厚度一般可以参考表3-9。

喷护厚度(单位:cm) 表 3-9

地 质 类 别	基坑渗水情况	
	无渗水	少量渗水
砂(夹层)	10~15	15
砂黏土	5~8	8~10
砂黏土 卵石土 砂夹卵石	3~5	5~8

一次喷射是否能达到规定的厚度,主要取决于混凝土与土之间的黏结力和渗水量大小。如一次喷射达不到规定的厚度,则应在混凝土终凝后再补喷,直至达到规定厚度为止。喷射的混凝土应当早强、速凝,有较高的不透水性,且其干料应能顺利通过喷射机。

水泥应用硬化快、早期强度高、保水性能较好的硅酸盐水泥或普通水泥,其强度等级不宜低于32.5级;粗集料最大粒径要严格控制在喷射机允许范围;细集料宜用中砂,应严格控制其含水率在4%~6%。当含水率小于4%时混合料易胶结,堵塞管路,或使喷射效果显著降低;当含水率大于6%时,混合料容易在喷射过程中离析,从而降低混凝土强度,并产生大量粉尘污染环境,危害工人健康。混凝土水灰比为 0.4~0.5,水泥与集料比为1:4~1:5,速凝剂掺量为水泥用量的 2%~4%，掺入后停放时间不应超过 20min。混凝土初凝时间宜大于 5min，终凝时间不大于 10min。

经过对喷射混凝土试件进行抗压试验，7d 后其抗压强度一般达 13700kPa，最高达 26300kPa。

3. 混凝土围圈护壁

喷射混凝土护壁要求有熟练的技术工人和专门设备，对混凝土用料的要求也较严，用于超过 10m 的深基坑尚无成熟经验，因而有其局限性。混凝土围圈护壁则适应性较强，可以按一般混凝土施工，基坑深度可达 15~20m，除流砂及呈流塑状态黏土外，可适用于其他各种土类。

混凝土围圈护壁也是用混凝土环形结构承受土压力，但其混凝土壁是现场浇筑的普通混凝土，壁厚较喷射混凝土大，一般为 15~30cm，也可按土压力作用下环形结构计算。

采用混凝土围圈护壁时，基坑自上而下分层垂直开挖，开挖一层后随即灌注一层混凝土壁。为防止已浇筑的围圈混凝土施工时因失去支承而下坠，顶层混凝土应一次整体浇筑，以下各层均间隔开挖和浇筑，并将上下层混凝土纵向接缝错开，如图3-23所示。开挖面应均匀分布对称施工，及时浇筑混凝土壁支护，每层坑壁无混凝土壁支护总长度应不大于周长的一半。分层高度以垂直开挖面不坍塌为原则，一般顶层高 2m 左右，以下每层高 1~1.5m。

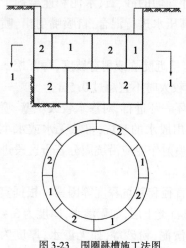

图3-23　围圈跳槽施工法图

围圈混凝土应紧贴坑壁浇筑，不用外模，内模可做成圆形或多边形。施工中注意使层、段间各接缝密贴，防止其间夹泥土和有浮浆等而影响围圈的整体性。围圈混凝土一般采用 C15 早强混凝土。为使基坑开挖和支护工作连续不间断地进行，一般在围圈混凝土抗压强度到达 2500kPa 强度时，即可拆除模板，承受土压力。与喷射混凝土护壁一样，要防止地面水流入基坑，要避免在坑顶周围土的破坏棱体范围内有不均匀附加荷载。

目前也有采用混凝土预制块分层砌筑来代替就地浇筑的混凝土围圈，它的优点是可以省去现场混凝土浇筑和养护时间，使开挖与支护砌筑连续不间断进行，且围圈混凝土质量容易得到保证。

此外，在软弱土层中的较深基坑以深层搅拌桩、粉体喷射搅拌桩、旋喷桩等按密排或格框形布置成连续墙以形成支挡结构代替板桩墙等。其多用于市政工程、工业与民用建筑工程，在桥梁工程中也有应用成功的案例。其设计原理和施工请参阅第五章及第六章有关内容。在一些基础工程施工中，对局部坑壁的围护也常因地制宜就地取材采用多种灵活的围护方法，在浅基坑中，当地下水影响不大时，也可使用木挡板支撑（路桥施工除在特定条件下，现较少采用）。

二、基 坑 排 水

基坑如在地下水位以下，随着基坑的下挖，渗水将不断涌集基坑，因此施工过程中必须不断地排水，以保持基坑的干燥，便于基坑挖土和基础的砌筑与养护。目前常用的基坑排水方法有表面排水和井点法降低地下水位两种。

(一)表面排水法

表面排水法是在基坑整个开挖过程及基础砌筑和养护期间,在基坑四周开挖集水沟汇集坑壁及基底的渗水,并引向一个或数个比集水沟挖得更深一些的集水坑。集水沟和集水坑应设在基础范围以外,在基坑每次下挖以前,必须先挖沟和坑,集水坑的深度应大于抽水机吸水龙头的高度,在吸水龙头上套竹筐围护,以防土石堵塞龙头。

这种排水方法设备简单、费用低,一般土质条件下均可采用。但当地基土为饱和粉细砂土等黏聚力较小的细粒土层时,由于抽水会引起流砂现象,造成基坑的破坏和坍塌,因此当基坑为这类土时,应避免采用表面排水法。

(二)井点法降低地下水位

对粉质土、粉砂类土等如采用表面排水极易引起流砂现象,影响基坑稳定,此时可采用井点法降低地下水位排水。井点的布置应随基坑形状与大小、土质、地下水位高低与流向、降水深度等要求而定。根据使用设备的不同,主要有轻型井点、喷射井点、电渗井点和深井泵井点等多种类型,可根据土的渗透系数,要求降低水位的深度及工程特点选用。

轻型井点降水布置如图 3-24 所示,即在基坑开挖前预先在基坑四周打入(或沉入)若干根井管,井管下端 1.5m 左右为滤管,上面钻有若干直径约 2mm 的滤孔,外面用过滤层包扎起来。各个井管用集水管连接并抽水。由于使井管两侧一定范围内的水位逐渐下降,各井管相互影响形成了一个连续的疏干区。在整个施工过程中保持不断抽水,以保证在基坑开挖和基础砌筑的整个过程中基坑始终保持着无水状态。

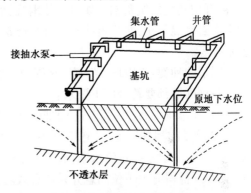

图 3-24 轻型井点降水布置图

该法降低地下水的特点是井管范围内的地下水不从基坑的四周边缘和底面流出,而是以相反的方向流向井管,因而可以避免发生流砂和边坡坍塌现象,且由于流水压力对土层还有一定的压密作用。在滤管部分包有铜丝过滤网,以免带走过多的土粒而引起土层潜蚀现象。

井点法降低地下水位适用于渗透系数为 0.1~80m/d 的砂土。对于渗透系数小于 0.1m/d 的淤泥、软黏土等则效果较差,需要采用电渗井点排水或其他方法。

根据经验如四周井管间距为 0.6~1.2m,集水管总长不超过 120m,井管的位置在基坑边缘外 0.2m 左右,在基坑中央地下水位可以下降 4~4.5m。用井点降低地下水位的理论计算方法较多,若井管竖直打到不透水层,根据水力学原理,当抽水量大于渗水量时,水位下降,在土内形成漏斗状(图 3-25)。若在一定时间后抽水量不变,水面下降坡度也保持不变,则离井管任意距离 x 处的水头高 y 可用式(3-15)表示:

$$y^2 = H^2 - \frac{q}{\pi K}\ln\frac{R}{x} \tag{3-15}$$

式中:K——土层的渗透系数(m/s),由室内试验或野外抽水试验求得;

H——原地下水位至不透水层的距离(m);

q——单位时间内的抽水量(m^3/s);

R——井的影响半径(m),通过观察孔测得。

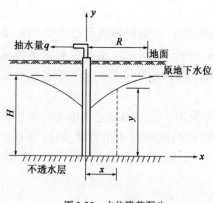

图 3-25 水位降落漏斗

应用上式时,要考虑其他井管的相互影响,近似地认为在井点系统多井抽水的情况,其水头下降可以叠加,即:

$$y^2 = H^2 - \sum \left(\frac{q_i}{\pi K} \ln \frac{R_i}{x_i} \right) \quad (3\text{-}16)$$

在采用井点法降低地下水位时,应将滤管尽可能设置在透水性较好的土层中,同时还应注意到在四周水位下降的范围内对邻近建筑物的影响,因为由于水位下降,土自重应力的增加可能引起邻近结构物的附加沉降。

三、水中刚性扩大基础修筑时的围堰工程

在水中修筑桥梁基础时,开挖基坑前需在基坑周围先修筑一道防水围堰,把围堰内水排干后,再开挖基坑修筑基础。如排水较困难,也可在围堰内进行水下挖土,挖至预定高程后先灌注水下封底混凝土,然后再抽干水继续修筑基础。在围堰内不但可以修筑浅基础,也可以修筑桩基础等。

围堰的种类:土围堰、草(麻)袋围堰、钢板桩围堰、双壁钢围堰和地下连续墙围堰等。

各种围堰都要符合以下要求:

(1)围堰顶面高程应高出施工期间中可能出现的最高水位0.5m以上,有风浪时应适当加高。

(2)修筑围堰将压缩河道断面,使流速增大引起冲刷,或堵塞河道影响通航,因此要求河道断面压缩一般不超过流水断面面积的30%。对两边河岸河堤或下游建筑物有可能造成危害时,必须征得有关单位同意并采取有效防护措施。

(3)围堰内尺寸应满足基础施工要求,留有适当工作面积,由基坑边缘至堰脚距离一般不少于1m。

(4)围堰结构应能承受施工期间产生的土压力、水压力以及其他可能发生的荷载,满足强度和稳定要求。围堰应具有良好的防渗性能。

(一)土围堰和草袋围堰

在水深较浅(2m以内),流速缓慢,河床渗水较小的河流中修筑基础可采用土围堰(图3-26)或草袋围堰(图3-27)。

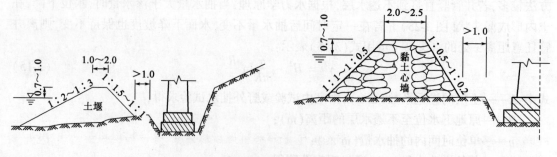

图 3-26 土围堰(尺寸单位:m)　　　　图 3-27 草袋围堰(尺寸单位:m)

土围堰用黏性土填筑,无黏性土时,也可用砂土类填筑,但须加宽堰身以加大渗流长度,砂土颗粒越大堰身越要加厚。围堰断面应根据使用土质条件,渗水程度及水压力作用下的稳定确定。若堰外流速较大时,可在外侧用草袋柴排防护。

此外,还可以用竹笼片石围堰和木笼片石围堰做水中围堰,其结构由内外二层装片石的竹(木)笼中间填黏土心墙组成。黏土心墙厚度不应小于2m。为避免片石笼对基坑顶部压力过大,并为必要时变更基坑边坡留有余地,片石笼围堰内侧一般应距基坑顶缘3m以上。

(二) 钢板桩围堰

当水较深时,可采用钢板桩围堰。修建水中桥梁基础常使用单层钢板桩围堰,其支撑(一般为万能杆件构架,也采用浮箱拼装)和导向(由槽钢组成内外导环)系统的框架结构称"围图"或"围笼"(图3-28)。

(三) 双壁钢围堰

在深水中修建桥梁基础还可以采用双壁钢围堰。双壁钢围堰一般做成圆形结构,它本身实际上是个浮式钢沉井。井壁钢壳由有加劲肋的内外壁板和若干层水平钢桁架组成,中空的井壁提供的浮力可使围堰在水中自浮,使双壁钢围堰在漂浮状态下分层接高下沉。在两壁之间设

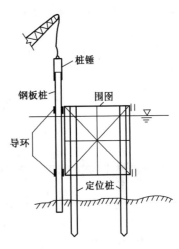

图3-28 围图法打钢板桩

数道竖向隔舱板将圆形井壁等分为若干个互不连通的密封隔舱,利用向隔舱不等高灌水来控制双壁围堰下沉及调整下沉时的倾斜。井壁底部设置刃脚以利切土下沉。如需将围堰穿过覆盖层下沉到岩层而岩面高差又较大时,可做成高低刃脚密贴岩面。双壁围堰内外壁板间距一般为1.2~1.4m,这就使围堰刚度很大,围堰内无需设支撑系统。

(四) 地下连续墙围堰法

地下连续墙是近几十年来伴随着钻孔灌注桩施工技术在地下工程和基础工程施工中发展起来的一项新技术,它既可是结构物基础的一部分,也可在修筑施工中起围堰支护基坑的作用,目前已在修建桥梁基础中得到应用。关于地下连续墙的介绍详见第五章。

第五节 板桩墙的计算

在基坑开挖时,坑壁常用板桩予以支撑,板桩也用作水中桥梁墩台施工时的围堰结构。

板桩墙的作用是挡住基坑四周的土体,防止土体下滑和防止水从坑壁周围渗入或从坑底上涌,避免渗水过大或形成流砂而影响基坑开挖。它主要承受土压力和水压力,因此,板桩墙本身也是挡土墙,但又非一般刚性挡墙,它在承受水平压力时是弹性变形较大的柔性结构。它的受力条件与板桩墙的支撑方式、支撑的构造、板桩和支撑的施工方法以及板桩入土深度密切相关,需要进行专门的设计计算。

板桩墙计算内容应包括:板桩墙侧向压力计算;确定板桩插入土中深度的计算,以确保板桩墙有足够的稳定性;计算板桩墙截面内力,验算板桩墙材料强度,确定板桩截面尺寸;板桩支撑(锚撑)的计算;基坑稳定性验算;水下混凝土封底计算。

一、侧向压力计算

作用于板桩墙的外力主要来自坑壁土压力和水压力,或坑顶其他荷载(如挖、运土机械等)所引起的侧向压力。

板桩墙土压力计算比较复杂,因为板桩柔度大,在土压力作用下将发生弯曲变形,此种变形又反过来影响土压力的大小与分布,二者密切相关、相互影响,因此板桩墙上土压力主要取决于土的性质和板桩墙在施工和使用期间的变形情况。由于它大多是临时结构物,因此常采用比较粗略的近似计算,即不考虑板桩墙的实际变形,仍沿用古典土压力理论计算作用于板桩墙上的土压力。一般用朗金理论来计算不同深度 z 处每延米宽度内的主、被动土压力强度 p_a、p_p(kPa):

$$\left. \begin{array}{l} p_a = \gamma z \tan^2\left(45° - \dfrac{\varphi}{2}\right) = \gamma z K_a \\ p_p = \gamma z \tan^2\left(45° + \dfrac{\varphi}{2}\right) = \gamma z K_p \end{array} \right\} \quad (3\text{-}17)$$

对于黏性土,式(3-17)中的内摩擦角 φ 用等代内摩擦角 φ_e 代入,其值可参照表3-10取用。

等代内摩擦角 φ_e　　　　　　表3-10

土的类别	土的潮湿度 S_r(饱和度)		
	$0 < S_r \leq 0.5$（稍湿）	$0.5 < S_r \leq 0.8$（很湿）	$0.8 < S_r \leq 1$（饱和）
黏性土	40°~45°	30°~35°	20°~25°

如有地下水或地面水时,还应根据土的透水性质和施工方法来考虑计算静水压力对板桩的作用。当土层为透水性土时,则在计算土压力时,土重取浮重度,并考虑全部静水压力;当水下土层为不透水的黏性土层,且打板桩时不会使打桩后的土松动而使水进入土中时,计算土压力不考虑水的浮力取饱和重度,而土面以上水深作为均布的超载作用考虑。

二、悬臂式板桩墙的计算

图3-29所示的悬臂式板桩墙,因板桩不设支撑,故墙身位移较大,通常可用于挡土高度不大的临时性支撑结构。

悬臂式板桩墙的破坏一般是板桩绕桩底端 b 点以上的某点 o 转动。这样在转动点 o 以上的墙身前侧以及 o 点以下的墙身后侧,将产生被动抵抗力,在相应的另一侧产生主动土压力。由于精确地确定土压力的分布规律困难,一般近似地假定土压力的分布图形如图3-29所示。墙身前侧是被动土压力(bcd),其合力为 E_{P1},并考虑有一定的安全系数 K(一般取 $K=2$);在墙身后方为主动土压力(abe),合力为 E_a。另外在桩下端还作用有被动土压力 E_{P2},由于 E_{P2} 的作用位置不易确定,计算时假定作用在桩端 b 点。考虑到 E_{P2} 的实际作用位置应在桩端以上一段距离,因此,在最后求得板桩的入土深度 t 后,再适当增加 10% ~ 20%。

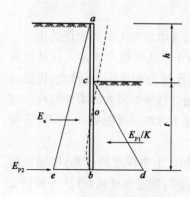

图3-29　悬臂式板桩墙的计算

按图 3-29 所示的土压力分布图形计算板桩墙的稳定性及板桩的强度。

[**例题 3-2**] 已知桩周土为砂砾，$\gamma = 19\text{kN/m}^3$，$\varphi = 30°$，$c = 0$；基坑开挖深度 $h = 1.8\text{m}$，安全系数 $K = 2$。计算图 3-30 所示悬臂式板桩墙需要的入土深度 t 及桩身最大弯矩值。

解：当 $\varphi = 30°$ 时，朗金主动土压力系数 $K_a = \tan^2\left(45° - \dfrac{30°}{2}\right) = 0.333$，朗金被动土压力系数 $K_p = \tan^2\left(45° + \dfrac{30°}{2}\right) = 3$。

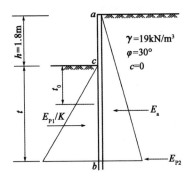

图 3-30 例题 3-2 图

若令板桩入土深度为 t，取 1 延米长的板桩墙，计算墙上作用力对桩端 b 点的力矩平衡条件 $\Sigma M_b = 0$，得：

$$\frac{1}{6}\gamma t^3 K_P \frac{1}{K} = \frac{1}{6}\gamma(h+t)^3 K_a$$

$$\frac{1}{6} \times 19 \times t^3 \times 3 \times \frac{1}{2} = \frac{1}{6} \times 19 \times (1.8+t)^3 \times 0.333$$

得：
$$t = 2.76(\text{m})$$

板桩的实际入土深度较计算值增加 20%，则可求得板桩的总长度 L：

$$L = h + 1.2t = 1.8 + 1.2 \times 2.76 = 5.12(\text{m})$$

若板桩的最大弯矩截面在基坑底深度 t_0 处，该截面的剪力应等于零，即：

$$\frac{1}{2}\gamma t_0^2 K_P \frac{1}{K} = \frac{1}{2}\gamma(h+t_0)^2 K_a$$

$$\frac{1}{2} \times 19 \times t_0^2 \times 3 \times \frac{1}{2} = \frac{1}{2} \times 19 \times (1.8+t_0)^2 \times 0.333$$

得：
$$t_0 = 1.6(\text{m})$$

可求得每延米板桩墙的最大弯矩 $M_{\max}$：

$$M_{\max} = \frac{1}{6} \times 19 \times 0.333 \times (1.8+1.6)^3 - \frac{1}{6} \times 19 \times 3 \times 1.6^3 \times \frac{1}{2} = 21.99(\text{kN} \cdot \text{m})$$

三、单支撑（锚碇式）板桩墙的计算

当基坑开挖高度较大时，不能采用悬臂式板桩墙，此时可在板桩顶部附近设置支撑或锚碇拉杆，成为单支撑板桩墙，如图 3-31 所示。

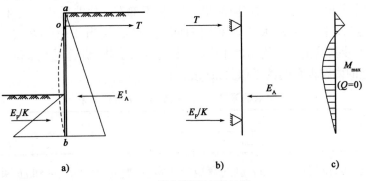

图 3-31 单支撑板桩墙的计算

单支撑板桩墙的计算,可以把它作为有两个支承点的竖直梁。一个支点是板桩上端的支撑杆或锚碇拉杆;另一个支点是板桩下端埋入基坑底下的土。下端的支承情况又与板桩埋入土中的深度大小有关,一般分为两种支承情况:第一种是简支支承,如图3-31a)所示。这类板桩埋入土中较浅,桩板下端允许产生自由转动;第二种是固定端支承,如图3-32所示。若板桩下端埋入土中较深,可以认为板桩下端在土中嵌固。

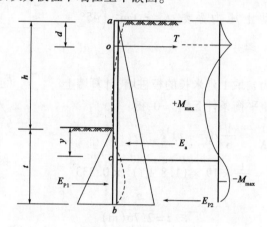

图3-32 下端为固定支撑时的单支撑板桩计算

1. 板桩下端简支支承时的土压力分布[图3-31a)]

板桩墙受力后挠曲变形,上下两个支承点均允许自由转动,墙后侧产生主动土压力 E_a。由于板桩下端允许自由转动,故墙后下端不产生被动土压力。墙前侧由于板桩向前挤压故产生被动土压力 E_P。由于板桩下端入土较浅,板桩墙的稳定安全度,可以用墙前被动土压力 E_P 除以安全系数 K 保证。此种情况下的板桩墙受力图式如同简支梁[图3-31b)],按照板桩上所受土压力计算出的每延米板桩跨间的弯矩如图3-31c)所示,并以 M_{max} 值设计板桩的厚度。

2. 板桩下端固定支承时的土压力分布(图3-32)

板桩下端入土较深时,板桩下端在土中嵌固,板桩墙后侧除主动土压力 E_a 外,在板桩下端嵌固点下还产生被动土压力 E_{P2}。假定 E_{P2} 作用在桩底 b 点处。与悬臂式板桩墙计算相同,板桩的入土深度可按计算值适当增加10%~20%。板桩墙的前侧作用被动土压力 E_{P1}。由于板桩入土较深,板桩墙的稳定性安全度由桩的入土深度保证,故被动土压力 E_{P1} 不再考虑安全系数。由于板桩下端的嵌固点位置不知道,因此,不能用静力平衡条件直接求解板桩的入土深度 t。图3-32中给出了板桩受力后的挠曲形状,在板桩下部有一挠曲反弯点 c,在 c 点以上板桩有最大正弯矩,c 点以下产生最大负弯矩,挠曲反弯点 c 相当于弯矩零点,弯矩分布图如图3-32所示。太沙基给出了在均匀砂土中,当土表面无超载,墙后地下水位较低时,反弯点 c 的深度 y 值与土的内摩擦角间的近似关系(表3-11)。

反弯点的深度 y 与内摩擦角 φ 的近似关系　　　　表3-11

φ	20°	30°	40°
y	$0.25h$	$0.08h$	$-0.007h$

确定反弯点 c 的位置后,已知 c 点的弯矩等于零,则将板桩分成 ac 和 cb 两段,根据平衡条件可求得板桩的入土深度 t。

[例题3-3] 已知板桩下端为自由支承,土的性质如图3-33所示。基坑开挖深度 $h=8\text{m}$,锚杆位置在地面下 $d=1\text{m}$,锚杆设置间距 $a=2.5\text{m}$。试计算图3-33所示锚碇式板桩墙的入土深度 t、锚碇拉杆拉力 T 以及板桩的最大弯矩值。

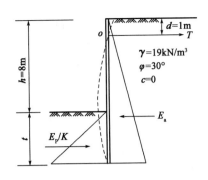

图3-33 例题3-3图

解:当 $\varphi=30°$ 时,朗金主动土压力系数 $k_a=\tan^2\left(45°-\frac{30°}{2}\right)=0.333$,朗金被动土压力系数 $k_p=\tan^2\left(45°+\frac{30°}{2}\right)=3$,则:

$$E_a = \frac{1}{2}\gamma(h+t_0)^2 K_a = \frac{1}{2} \times 19 \times 0.333 \times (8+t)^2$$

$$\frac{E_p}{K} = \frac{1}{2} \times \frac{1}{2} \times K_p\gamma t^2 = \frac{1}{4} \times 19 \times 3 \times t^2$$

根据锚碇点 O 的力矩平衡条件 $\sum M_O = 0$,得:

$$E_a\left[\frac{2}{3}(h+t)-d\right] = \frac{E_p}{K}\left(h-d+\frac{2}{3}t\right)$$

将 E_a 与 E_p 带入公式:

$$\left[\frac{2}{3}(8+t)-1\right] \times (8+t)^2 = 4.5 \times \left(7+\frac{2}{3}t\right)t^2$$

得:

$$t = 5.5(\text{m})$$

由平衡条件 $\sum H=0$,得锚杆拉力 T:

$$T = \left(E_a - \frac{E_p}{K}\right) \cdot a = \frac{1}{2} \times 19 \times [0.333 \times (8+5.5)^2 - 1.5 \times 5.5^2] \times 2.5 = 363.7(\text{kN})$$

板桩的最大弯矩计算方法与悬臂式板桩相同,可参见[例题3-2]。

[例题3-4] 按板桩下端为固定支承的条件,计算[例题3-3]的锚碇式板桩墙的入土深度 t 及锚杆拉力 T。

解:已知 $\varphi=30°$,故反弯点 c 的位置为(图3-34):

$$y = 0.08h = 0.08 \times 8 = 0.64(\text{m})$$

将板桩在 c 点切开,如图3-34所示,c 点截面上的剪力为 S_c,弯矩 $M_c=0$。c 点及 b 点的土压力强度分别为(取1延米板桩墙计算):

$$p_{pc} = \gamma y K_p = 19 \times 0.64 \times 3 = 36.4(\text{kPa})$$

$$p_{pb} = \gamma t K_p = 19 \times 3t = 57t(\text{kPa})$$

$$p_{ab} = \gamma K_a(h+t) = 19 \times 0.333 \times (8+t)$$
$$= 6.33 \times (8+t)(\text{kPa})$$

$$p_{ac} = \gamma(h+y)K_a = 19 \times (8+0.64) \div 0.333 = 54.66(\text{kPa})$$

根据板桩 ac 段上的作用力,对锚杆处 O 点的力矩平衡条件 $\sum M_O = 0$,得:

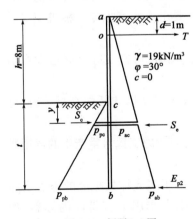

图3-34 例题3-4图

$$S_c(h+y-d) = \frac{1}{2}p_{ac}(h+y)\left[\frac{2}{3}(h+y)-d\right] - \frac{1}{2}p_{pc}y\left(h+\frac{2}{3}y-d\right)$$

$$S_c(8+0.64-1) = \frac{1}{2} \times 54.66 \times 8.64 \times \left(\frac{2}{3} \times 8.64 - 1\right) - \frac{1}{2} \times 36.48 \times 0.64 \times \left(7 + \frac{2}{3} \times 0.64\right)$$

得：
$$S_c = 135.8 \text{kN/m}$$

再考虑板桩 cb 段上的作用力，对 b 点的力矩平衡条件 $\Sigma M_b = 0$，得：

$$S_c(t-y) = \frac{1}{6}\gamma(K_p - K_a)(t-y)^3 + \frac{1}{2}p_n(t-y)^2$$

令
$$p_n = p_{pc} - p_{ac} = 36.48 - 54.66 = -18.18 \text{(kPa)}$$

$$t - y = \frac{-3p_n + [9p_n^2 + 24(K_p - K_a)\gamma s_c]^{\frac{1}{2}}}{2\gamma(K_p - K_a)}$$

$$= \frac{3 \times 18.18 + [9 \times 18.18^2 + 24 \times (3-0.333) \times 19 \times 135.8]^{\frac{1}{2}}}{2 \times 19 \times (3-0.333)}$$

$$= 4.58 \text{(m)}$$

$$t = 4.58 + 0.64 = 5.22 \text{(m)}$$

板桩实际入土深度取：
$$1.2t = 1.2 \times 5.22 = 6.3 \text{(m)}$$

锚杆拉力 T：
$$T = \left[\frac{1}{2}P_{ac}(h+y) - \frac{1}{2}P_{pc}y - S_c\right] \times a$$

$$= \left[\frac{1}{2} \times 54.66 \times 8.64 - \frac{1}{2} \times 36.48 \times 0.64 - 135.8\right] \times 2.5$$

$$= 221.75 \text{(kN)}$$

四、多支撑板桩墙计算

当坑底在地面或水面以下很深时，为了减少板桩的弯矩可以设置多层支撑。支撑的层数及位置要根据土质、坑深、支撑结构杆件的材料强度，以及施工要求等因素拟定。板桩支撑的层数和支撑间距布置一般采用以下两种方法设置：

（1）等弯矩布置：当板桩强度已定，即板桩作为常备设备使用时，可按支撑之间最大弯矩相等的原则设置。

（2）等反力布置：当把支撑作为常备构件使用时，甚至要求各层支撑的断面都相等时，可把各层支撑的反力设计成相等。

支撑系按在轴向力作用下的压杆计算，若支撑长度很大时，应考虑支撑自重产生的弯矩影响。从施工角度出发，支撑间距不应小于 2.5m。

多支撑板桩上的土压力分布形式与板桩墙位移情况有关，由于多支撑板桩墙的施工程序往往是先打好板桩，然后随挖土随支撑，因而板桩下端在土压力作用下容易向内倾斜，如图 3-35 中虚线所示。这种位移与挡土墙绕墙顶转动的情况相似，但墙后土体达不到主动极限平衡状态，土压力不能按库仑或朗金理论计算。根据试验结果证明这时土压力呈中间大、上下小的抛物线形状分布,其变化在静止土压力与主动土压力之间,如图 3-35 所示。

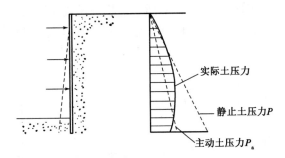

图 3-35 多支撑板桩墙的位移及土压力分布

太沙基和佩克根据实测及模型试验结果,提出作用在板桩墙上的土压力分布经验图形(图 3-36),对于砂土,其土压力分布图形如图 3-36b)、c)所示,最大土压力强度:

$$p_a = 0.8\gamma H K_a \cos\delta \tag{3-18}$$

式中:K_a——库伦主动土压力系数;
δ——墙与土间的摩擦角。

黏性土的土压力分布图形如图 3-36d)、e)所示,当坑底处土的自重压力 $\gamma H > 6 c_u$(c_u 为黏土的不排水抗剪强度)时,可认为土的强度已达到塑性破坏条件,此时墙上的土压力分布如图 3-36d)所示,其最大土压力强度为 $(\gamma H - 4m_1 c_u)$,其中系数 m_1 通常采用 1,若基坑底有软弱土存在时,则取 $m_1 = 0.4$。当坑底处土的自重压力 $\gamma H < 4 c_u$ 时,认为土未达到塑性破坏,这时土压力分布图形如图 3-36e)所示,其最大土压力强度为 $(0.2 \sim 0.4)\gamma H$。当墙位移很小,而且施工期很短时,采用其中低值;当 γH 在 $(4 \sim 6) c_u$ 之间时,土压力分布可在两者之间取用。

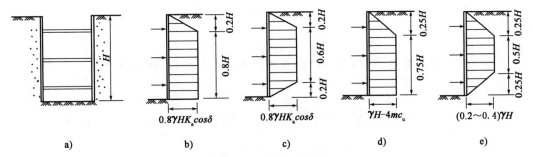

图 3-36 多支撑板桩墙上土压力的分布图形
a)板桩支撑;b)松砂;c)密砂;d)黏土 $\gamma H > 6 c_u$;e)黏土 $\gamma H < 4 c_u$

多支撑板桩墙计算时,也可假定板桩在支撑之间为简支支承,由此计算板桩弯矩及支撑作用力。其计算方法可参见[例题 3-5]。

[**例题 3-5**] 某基坑开挖采用多支撑板桩,如图 3-37 所示。已知地基土为密砂,$\gamma = 19.5 \text{kN/m}^3$,$c = 0$,$\varphi = 35°$,$\delta = \varphi/2$;基坑开挖高度 $H = 10\text{m}$;支撑在基坑长度方向的间距 $a = 2.5\text{m}$。试计算作用在每根支撑上的荷载及板桩上的最大弯矩值。

解:由于土为密砂,作用在板桩上的土压力分布可按图 3-36c)计算。当 $\beta = 0$,$\varepsilon = 0$,$\varphi = 35°$,$\delta = \varphi/2$ 时,库伦主动土压力系数:

$$K_a = \frac{\cos^2\varphi}{\cos\delta \left[1 + \sqrt{\frac{\sin(\delta+\varphi)\sin\varphi}{\cos\delta}}\right]} = 0.246$$

最大土压力强度 $p_a = 0.8\gamma H K_a \cos\delta = 0.8 \times 19.5 \times 10 \times 0.246 \times \cos 17.5° = 36.6 (\mathrm{kPa})$

板桩墙上的土压力分布图形如图3-37a)所示。板桩设置4层支撑 $A、B、C、D$，板桩下端支承在坑底土中。计算时取1延米长板桩墙。假定板桩在支撑之间为简支，其计算图式见图3-37b)。

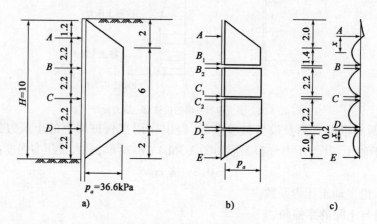

图 3-37　例题3-5图(尺寸单位:m)

(1)计算支撑荷载。

对 B_1 取矩，按 $\sum M_{B_1} = 0$，得：

$$A \times 2.2 = \frac{1}{2} \times 36.6 \times 2 \times \left(1.4 + \frac{2}{3}\right) + 36.6 \times \frac{1}{2} \times 1.4^2 = 111.5(\mathrm{kN})$$

$$A = 50.7(\mathrm{kN/m})$$

同理得：

$$B_2 = C_1 = C_2 = D_1 = \frac{1}{2} \times 36.6 \times 2.2 = 40.3(\mathrm{kN/m})$$

按 $\sum M_E = 0$，得：

$$D_2 \times 2.2 = 36.6 \times 0.2 \times \left(2 + \frac{0.2}{2}\right) + \frac{1}{2} \times 36.6 \times 2 \times \frac{2}{3} \times 2 = 64.17(\mathrm{kN})$$

$$D_2 = 29.17(\mathrm{kN/m})$$

由此得每延米板桩墙上支撑作用力：

$$A = 50.7(\mathrm{kN/m})$$
$$B = B_1 + B_2 = 77.4(\mathrm{kN/m})$$
$$C = C_1 + C_2 = 80.6(\mathrm{kN/m})$$
$$D = D_1 + D_2 = 69.47(\mathrm{kN/m})$$
$$E = \frac{1}{2} \times (0.2 + 2.2) \times 36.6 - 29.17 = 14.75(\mathrm{kN/m})$$

已知支撑间距 $a = 2.5\mathrm{m}$，故各支撑计算荷载：

$$A = 2.5 \times 50.7 = 126.8(\mathrm{kN})$$
$$B = 2.5 \times 77.4 = 193.5(\mathrm{kN})$$
$$C = 2.5 \times 80.6 = 201.5(\mathrm{kN})$$
$$D = 2.5 \times 69.47 = 173.68(\mathrm{kN})$$

(2)计算板桩弯矩(图3-37c)。

A 点弯矩:

$$M_A = -\frac{1}{2} \times 1.2 \times \left(\frac{1.2}{2} \times 36.6\right) \times \frac{1.2}{3} = -5.27 (\text{kN} \cdot \text{m})$$

AB 跨间最大正弯矩位置距 A 为 x,按该点截面剪力等于零求得:

$$Q_x = \frac{1}{2} \times 36.6 \times 2 + 36.6 \times (x - 0.8) - 50.7 = 0 (\text{kN} \cdot \text{m})$$

得:

$$x = 1.19 (\text{m})$$

AB 跨间最大正弯矩为:

$$M_{AB} = 50.7 \times 1.19 - \frac{1}{2} \times 36.6 \times 2 \times \left(\frac{2}{3} + 0.39\right) - \frac{0.39^2}{2} \times 36.6 = 18.88 (\text{kN} \cdot \text{m})$$

同理可求得:

$$M_{BC} = M_{CD} = \frac{1}{8} \times 36.6 \times 2.2^2 = 22.14 (\text{kN} \cdot \text{m})$$

DE 跨间最大正弯矩位置距 D 为 x 按该点截面剪力等于零求得:

$$Q_x = \frac{1}{4} \times p_a \times (2.2 - x)^2 - E = 0$$

$$Q_x = \frac{1}{4} \times 36.6 \times (2.2 - x)^2 - 14.75 = 0$$

$$x = 0.93 (\text{m})$$

得:

$$M_{DE} = E \times (2.2 - x) - \frac{1}{12} \times p_a \times (2.2 - x)^3$$

$$= 14.75 \times (2.2 - 0.93) - \frac{1}{12} \times 36.6 \times (2.2 - 0.93)^3$$

$$= 12.48 (\text{kN} \cdot \text{m})$$

故知板桩设计控制弯矩 $M_{BC} = 22.14 (\text{kN} \cdot \text{m})$。

五、基坑稳定性验算

(一)坑底流砂验算

若坑底土为粉砂、细砂等时,在基坑内抽水可能引起流砂的危险。一般可采用简化计算方法进行验算。其原则是板桩有足够的入土深度以增大渗流长度,减少向上动水力。由于基坑内抽水后引起的水头差 h'(图3-38)造成的渗流,其最短渗流途径为 $h_1 + t$,在流程 t 中水对土粒动水力应是垂直向上的,故可要求此动水力不超过土的有效重度 γ_b,则不产生流砂的安全条件为:

$$K \cdot i \cdot \gamma_w \leq \gamma_b \tag{3-19}$$

式中:K——安全系数,取2.0;

i——水力梯度,$i = h'/(h_1 + t)$;

γ_w——水的重度。

由此可计算确定板桩要求的入土深度 t。

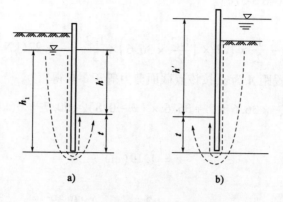

图 3-38 基坑抽水后水头差引起的渗流

(二) 坑底隆起验算

开挖较深的软土基坑时,在坑壁土体自重和坑顶荷载作用下,坑底软土可能受挤在坑底发生隆起现象。常用简化方法验算,即假定地基破坏时会发生如图 3-39 所示滑动面,其滑动面圆心在最底层支撑点 A 处,半径为 x,垂直面上的抗滑阻力不予考虑,则滑动力矩为:

$$M_d = (q + rH)\frac{x^2}{2} \tag{3-20}$$

稳定力矩为:

$$M_\gamma = x\int_0^{\frac{x}{2}+a} S_u(x d\theta), \alpha < \frac{\pi}{2} \tag{3-21}$$

式中:S_u——滑动面上不排水抗剪强度,如土为饱和软黏土,则 $\varphi = 0, S_u = C_u$。

M_γ 与 M_d 之比即为安全系数 K,如基坑处地层土质均匀,则安全系数为:

$$K_s = \frac{(\pi + 2\alpha)S_u}{\gamma H + q} \geq 1.2$$

式中:$\pi + 2\alpha$——以弧度表示。

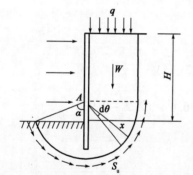

图 3-39 板桩支护的软土滑动面假设

六、封底混凝土厚度计算

有时钢板桩围堰需进行水下封底混凝土后在围堰内抽水修筑基础和墩身,在抽干水后封底混凝土底面因围堰内外水头差而受到向上的静水压力,若板桩围堰和封底混凝土之间的黏结作用不致被静水压力破坏,则封底混凝土及围堰有可能被水浮起,或者封底混凝土产生向上挠曲而折裂,因而封底混凝土应有足够的厚度,以确保围堰安全。

作用在封底层的浮力是由封底混凝土和围堰自重,以及板桩和土的摩阻力来平衡的。当板桩打入基底以下深度不大时,平衡浮力主要靠封底混凝土自重,若封底混凝土最小厚度为 x (图 3-40),则:

$$\gamma_c \cdot x = \gamma_w(\mu h + x)$$

$$x = \frac{\mu \cdot \gamma_w h}{\gamma_c - \gamma_w} \tag{3-22}$$

式中：μ——考虑未计算桩土间摩阻力和围堰自重的修正系数，小于1，具体数值由经验确定；
γ_w——水的重度，取 10kN/m³；
γ_c——混凝土重度，取 23kN/m³；
h——封底混凝土顶面处水头高度(m)。

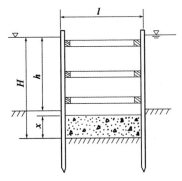

图 3-40 封底混凝土最小厚度

如板桩打入基坑下较深，板桩与土之间摩阻力较大，加上封底层及围堰自重整个围堰不会被水浮起，此时封底层厚度应由其强度确定。现一般按容许应力法并简化计算，假定封底层为一简支单向板，其顶面在静水压力作用下产生弯曲拉应力：

$$\sigma = \frac{1}{8}\frac{pl^2}{W} = \frac{l^2}{8}\frac{\gamma_w(h+x) - \gamma_c x}{\frac{1}{6}x^2} \leq [\sigma] \qquad (3\text{-}23)$$

式中：W——封底层每米宽断面的截面模量(m³)；
l——围堰宽度(m)；
$[\sigma]$——水下混凝土容许弯曲应力，考虑水下混凝土表层质量较差、养护时间短等因素，不宜取值过高，一般用 100~200kPa。

经整理得：

$$\frac{4}{3}\frac{[\sigma]}{l^2}x^2 + \gamma_c x - \gamma_w H = 0 \qquad (3\text{-}24)$$

由此可解得封底混凝土层厚 x。

封底混凝土灌注时厚度宜比计算值超过 0.25~0.50m，以便在抽水后将顶层浮浆、软弱层凿除，以保证质量。

第六节 埋置式桥台刚性扩大基础计算算例

一、设计资料

某桥上部构造采用装配式钢筋混凝土 T 形梁。标准跨径 20.00m，计算跨径 19.60m。板式橡胶支座，桥面宽度为 7m + 2 × 1.0m，双车道，参照《公路桥涵地基与基础设计规范》(JTG 3363—2019)进行设计计算。

设计荷载为公路—Ⅱ级，人群荷载为 3.0kN/m²。

材料：台帽、耳墙及截面 a-a 以上均用 C20 混凝土，$\gamma_1 = 25.00$kN/m³；台身(自截面 a-a 以下)用 M7.5 浆砌片、块石(面墙用块石，其他用片石，石料强度不小于 MU30)，$\gamma_2 = 23.00$kN/m³；基础用 C15 素混凝土浇筑，$\gamma_3 = 24.00$kN/m³；台后及溜坡填土 $\gamma_4 = 17.00$kN/m³；填土的内摩擦角 $\varphi = 35°$，黏聚力 $c = 0$。

水文、地质资料：设计洪水位高程离基底的距离为 6.5m(a-a 截面处)。地基土的物理、力学性质指标见表 3-12。

土工试验成果表　　　　　　　　　　　表 3-12

取土深度 (自地面算起) (m)	天然状态下土的物理指标			土粒密度 ρ_s (t/m³)	塑性界限			液性指数 I_L	压缩模量 (MPa)	直剪试验	
	含水率 w (%)	天然重度 γ (kN/m³)	孔隙比 e		液限 w_L	塑限 w_p	塑性指数 I_p			黏聚力 c (kPa)	内摩擦角 φ (°)
3.2~3.6	26	19.70	0.74	2.72	44	24	20	0.10	6.67	55	20
6.4~6.8	28	19.10	0.82	2.71	34	19	15	0.6	3.85	20	16

二、桥台及基础构造和拟定的尺寸

桥台及基础构造和拟定的尺寸如图 3-41 所示。基础分两层,每层厚度为 0.50m,襟边和台阶宽度相等,取 0.4m。基础用 C15 混凝土,混凝土的刚性角 α_{max} = 40°。现基础扩散角为:

$$\alpha = \tan^{-1}\frac{0.8}{1.0} = 38.66° < \alpha_{max} = 40°$$

满足要求。

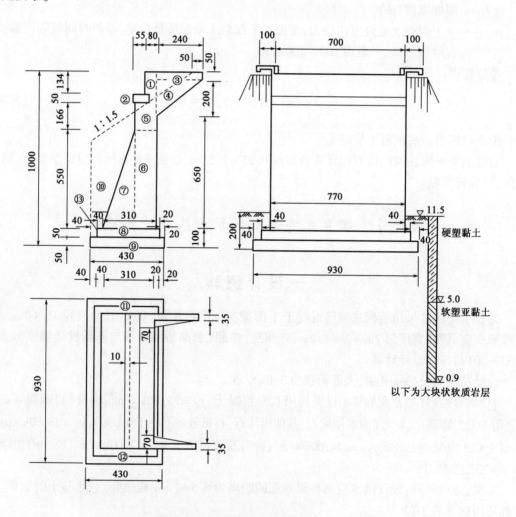

图 3-41　桥台及基础构造和拟定的尺寸(尺寸单位:cm;高程单位:m)

三、荷载计算

(一) 上部构造恒载反力及桥台台身、基础上土重计算

计算值列于表3-13。

恒载计算表　　　　　　　表3-13

序号	计 算 式	竖直力 P (kN)	对基底中心轴偏心距 e(m)	弯矩 M (kN·m)	备注
1	$0.8 \times 1.34 \times 7.7 \times 25.00$	206.36	1.35	278.59	
2	$0.5 \times 1.35 \times 7.7 \times 25.00$	129.94	1.075	139.69	
3	$0.5 \times 2.4 \times 0.35 \times 25.00$	21.00	2.95	61.95	
4	$0.5 \times 2.0 \times 2.4 \times 0.5(0.35+0.7) \times 2 \times 25.00$	63.00	2.55	160.65	
5	$1.66 \times 1.25 \times 7.7 \times 25.00$	399.43	1.125	449.36	
6	$1.25 \times 5.5 \times 7.7 \times 23.00$	1217.56	1.125	1369.76	弯矩正负值规定如下：逆时针方向取负号；顺时针方向取正号
7	$0.5 \times 1.85 \times 5.5 \times 7.7 \times 23.00$	901.00	-0.12	-108.12	
8	$0.5 \times 3.7 \times 8.5 \times 24.00$	377.40	0.1	37.74	
9	$0.5 \times 4.3 \times 9.3 \times 24.00$	479.88	0	0	
10	$[0.5 \times (5.13+6.9) \times 2.65 - 0.5 \times 1.85 \times 5.5] \times 7.7 \times 17.00$	1420.56	-1.055	-1498.70	
11	$0.5 \times (5.13+7.73) \times 0.8 \times 3.9 \times 2 \times 17.00$	682.09	-0.07	-47.74	
12	$0.5 \times 0.4 \times 4.3 \times 2 \times 17.00$	29.24	0	0	
13	$0.5 \times 0.4 \times 8.5 \times 17.00$	28.90	-1.95	-56.36	
14	上部构造恒载	848.05	0.65	551.23	
15	$\sum P = 6804.41 \text{kN}, \sum M = 1338.05 \text{kN·m}$				

(二) 土压力计算

土压力按台背竖直，$\varepsilon = 0$；台后填土为水平，$\beta = 0$；填土内摩擦角 $\varphi = 35°$，台背（圬工）与填土间外摩擦角按 $\delta = \frac{1}{2}\varphi = 17.5°$ 计算。

1. 台后填土表面无活载时土压力计算

台后填土自重所引起的主动土压力按库仑土压力公式计算：

$$E_a = \frac{1}{2}\gamma_4 H^2 B K_a \tag{3-25}$$

式中：γ_4——17.00 kN/m³；

B——桥台宽度7.70 m；

H——自基底至填土表面的距离，10.00 m。

$$K_a = \frac{\cos^2(\varphi - \varepsilon)}{\cos^2\varepsilon \cos(\varphi + \varepsilon)\left[1 + \sqrt{\frac{\sin(\varphi + \delta)\sin(\varphi - \beta)}{\cos(\delta + \varepsilon)\cos(\varepsilon - \beta)}}\right]^2}$$

$$= \frac{\cos^2 35°}{\cos 17.5°\left(1 + \sqrt{\frac{\sin 52.5°\sin 35°}{\cos 17.5°}}\right)^2} = 0.247$$

故

$$E_a = 0.5 \times 17.0 \times 10^2 \times 7.7 \times 0.247 = 1616.62(kN)$$

其水平方向的分力：

$$E_{ax} = E_a \cos(\delta + \varepsilon) = 1616.62 \times \cos 17.5° = 1541.80(kN)$$

离基础底面的距离：

$$e_y = \frac{1}{3} \times 10 = 3.33(m)$$

对基底形心轴的弯矩：

$$M_{ex} = -1541.80 \times 3.33 = -5134.19(kN \cdot m)$$

在竖直方向的分力：

$$E_{ay} = E_a \sin(\delta + \varepsilon) = 1616.62 \times \sin 17.5° = 486.13(kN)$$

作用点离基底的距离：

$$e_x = 2.15 - 0.4 = 1.75(m)$$

对基底形心轴的弯矩：

$$M_{ey} = 486.13 \times 1.75 = 850.72(kN \cdot m)$$

2. 台后填土表面有汽车荷载时

桥台土压力计算采用车辆荷载，车辆荷载换算的等代均布土层厚度：

$$h = \frac{\sum G}{B l_0 \gamma} \tag{3-26}$$

式中：l_0——破坏棱体长度。

$$l_0 = H(\tan\varepsilon + \cot\alpha) \tag{3-27}$$

式中：H——桥台高度；

ε——台背与竖直线夹角，对于台背为竖直时，$\varepsilon = 0$；

α——破坏棱体滑动面与水平面夹角。

$l_0 = H\cot\alpha$，本例中 $H = 10\text{m}$。

$$\cot\alpha = -\tan(\varepsilon + \varphi + \delta) + \sqrt{\tan(\varphi + \delta)[\cot\varphi + \tan(\varphi + \delta)]}$$
$$= -1.0303 + \sqrt{(1.428 + 1.303) \times 1.303} = -1.303 + 1.886 = 0.583$$
$$l_0 = 10 \times 0.583 = 5.83(m)$$

按车辆荷载的平、立面尺寸，考虑最不利情况，在破坏棱体长度范围内布置车辆荷载后轴，因是双车道，故 $B \times l_0$ 面积内的车轮总重力为：

$$\sum G = 2 \times 140 \times 2 = 560(kN)$$

由车辆荷载换算的等代均布土层厚度为：

$$h = \frac{560}{7.7 \times 5.83 \times 17} = 0.734(m)$$

则台背在填土连同破坏棱体上车辆荷载作用下所引起的土压力为：

$$E_a = \frac{1}{2}\gamma_4 H(2h+H)BK_a$$
$$= \frac{1}{2} \times 17.00 \times 10 \times (2 \times 0.734 + 10) \times 7.7 \times 0.247$$
$$= 1853.93(\text{kN})$$

在水平方向的分力:
$$E_{ax} = E_a\cos(\delta+\varepsilon) = 1853.93 \times \cos17.5° = 1768.12(\text{kN})$$

作用点离基础底面的距离:
$$e_y = \frac{10}{3} \times \frac{10 + 3 \times 0.734}{10 + 2 \times 0.734} = \frac{10}{3} \times \frac{12.202}{11.468} = 3.55(\text{m})$$

对基底形心轴的弯矩:
$$M_{ex} = -1768.12 \times 3.55 = -6276.83(\text{kN}\cdot\text{m})$$

竖直方向的分力:
$$E_{ay} = E_a\sin(\delta+\varepsilon) = 1853.93 \times \sin17.5° = 557.49(\text{kN})$$

作用点离基底形心轴的距离:
$$e_x = 2.15 - 0.4 = 1.75(\text{m})$$

对基底形心轴的弯矩:
$$M_{ey} = 557.49 \times 1.75 = 975.61(\text{kN}\cdot\text{m})$$

3. 台前溜坡填土自重对桥台前侧面上的主动土压力

在计算时,以基础前侧边缘垂线作为假想台背,土表面的倾斜度以溜坡坡度为1:1.5算得 $\beta = -33.69°$,则基础边缘至坡面的垂直距离为 $H' = 10 - \frac{3.9+1.9}{1.5} = 6.13(\text{m})$,则主动土压力系数 K_a 为:

$$K_a = \frac{\cos^2 35°}{\cos17.5°\left(1+\sqrt{\frac{\sin52.5°\sin68.69°}{\cos17.5° \times \cos33.69°}}\right)^2} = 0.18$$

即主动土压力为:
$$E'_a = \frac{1}{2}\gamma_4 H'^2 BK_a = \frac{1}{2} \times 6.13^2 \times 7.7 \times 0.18 = 442.69(\text{kN})$$

在水平方向的分力:
$$E'_{ax} = E'_a\cos(\delta+\varepsilon) = 442.69 \times \cos17.5° = 422.20(\text{kN})$$

作用点离基础底面的距离:
$$e'_y = \frac{1}{3} \times 6.13 = 2.04(\text{m})$$

对基底形心轴的弯矩:
$$M'_{ex} = 422.20 \times 2.04 = 861.29(\text{kN}\cdot\text{m})$$

竖直方向的分力:
$$E'_{ay} = E'_a\sin(\delta+\varepsilon) = 442.69 \times \sin17.5° = 133.12(\text{kN})$$

作用点离基底形心轴的距离：

$$e'_x = -2.15(m)$$

对基底形心轴的弯矩：

$$M'_{ey} = -133.12 \times 2.15 = -286.21(kN \cdot m)$$

(三)支座活载反力计算

按下列情况计算支座反力：第一，桥上有汽车及人群荷载，台后无活载；第二，桥上有汽车及人群荷载，台后也有汽车荷载。下面予以分别计算。

1. 桥上有汽车及人群荷载，台后无活载

1）汽车及人群荷载反力

《公路桥涵通用设计规范》(JTG D60—2015)中规定，桥梁结构的整体计算采用车道荷载。

公路—Ⅱ级车道荷载均布标准值为：$q_k = 0.75 \times 10.5 = 7.875(kN/m)$

集中荷载标准值为 $P_k = 0.75 \times [270 + \dfrac{360-270}{50-5} \times (19.6-5)] = 224.4(kN)$

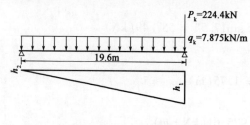

图3-42 汽车荷载布置图(一)

在桥跨上的车道荷载布置如图3-42排列，均布荷载 $q_k = 7.875kN/m$ 满跨布置，集中荷载 $P_k = 224.4kN$ 布置在最大影响线峰值处。反力影响线的纵距分别为：

$$h_1 = 1.0, h_2 = 0.0$$

支座反力为：

$$R_1 = \left(224.4 \times 1 + \frac{1}{2} \times 1 \times 19.6 \times 7.875\right) \times 2 = 603.15(kN) \quad (按两车道数计算，不予折减)$$

人群荷载支座反力：

$$R'_1 = \frac{1}{2} \times 1 \times 19.6 \times 3 \times 2 = 58.8(kN)$$

支座反力作用点离基底形心轴的距离：

$$e_{R_1} = 2.15 - 1.4 = 0.75(m)$$

对基底形心轴的弯矩为：

$$M_{R_1} = 603.15 \times 0.75 = 452.36(kN \cdot m)$$

$$M'_{R_1} = 58.8 \times 0.75 = 44.10(kN \cdot m)$$

2）汽车荷载制动力

由汽车荷载产生的制动力按车道荷载标准值在加载长度上计算的总重力的10%计算，但公路—Ⅱ级汽车制动力不小于90kN。

$$H_1 = (7.875 \times 19.6 + 224.4) \times 10\% = 37.88(kN) < 90(kN)$$

因此，简支梁板式橡胶支座的汽车荷载产生的制动力为：

$$H = 0.3H_1 = 0.3 \times 90 = 27(kN)$$

2. 桥上、台后均有汽车荷载

1)汽车及人群荷载反力

为了得到在活载作用下最大的竖直力,将均布荷载 $q_k = 7.875\text{kN/m}$ 满跨布置,集中荷载 $P_k = 224.4\text{kN}$ 布置在最大影响线峰值处,车辆荷载后轴布置在台后(图3-43)。

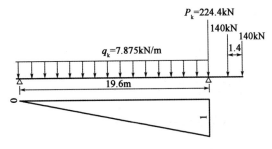

图3-43 汽车荷载布置图(二)

支座反力为:

$$R_1 = \left(224.4 \times 1 + \frac{1}{2} \times 1 \times 19.6 \times 7.875\right) \times 2 = 603.15(\text{kN})\ (\text{按两车道数计算},\text{不予折减})$$

人群荷载支座反力:

$$R'_1 = \frac{1}{2} \times 1 \times 19.6 \times 3 \times 2 = 58.8(\text{kN})$$

对基底形心轴的弯矩为:

$$M_{R_1} = 603.15 \times 0.75 = 452.36(\text{kN}\cdot\text{m})$$
$$M'_{R_1} = 58.8 \times 0.75 = 44.10(\text{kN}\cdot\text{m})$$

2)汽车荷载制动力

$$H = 0.3H_1 = 0.3 \times 90 = 27(\text{kN})$$

(四)支座摩阻力计算

板式橡胶支座摩阻系数取 $f = 0.05$,则支座摩阻力为:

$$F = P_\text{恒} \cdot f = 848.05 \times 0.05 = 42.40(\text{kN})$$

对基底形心轴弯矩为:

$$M_F = 42.40 \times 8.7 = 368.88(\text{kN})\ (\text{方向按作用效应组合需要来确定})$$

对实体式埋置式桥台不计汽车荷载的冲击力。同时,以上对制动力和摩阻力的计算结果表明,支座摩阻力大于制动力。因此,在以后的组合中,以支座摩阻力作为控制设计。

四、工况分析

根据实际可能发生的情况,分为按下列五种工况分别进行计算:桥上有汽车及人群荷载,台后无活载;桥上有汽车及人群荷载,台后有汽车荷载;桥上无活载,台后无活载;桥上无活载,台后有汽车荷载;同时还应对施工期间桥台仅受台身自重及土压力作用下的情况进行验算。

(一)桥上有汽车及人群荷载,台后无活载

恒载 + 桥上车道荷载 + 人群荷载 + 台前土压力 + 台后土压力 + 支座摩阻力

(二)桥上有汽车及人群荷载,台后有汽车荷载

恒载 + 桥上车道荷载 + 人群荷载 + 台前土压力 + 台后有车辆荷载作用时的土压力 + 支座摩阻力

(三)桥上无活载,台后无活载

恒载 + 台前土压力 + 台后土压力

(四)桥上无活载,台后有汽车荷载

恒载 + 台前土压力 + 台后有车辆荷载作用时的土压力

(五)无上部构造时

桥台及基础自重 + 台前土压力 + 台后土压力

五、地基承载力验算

(一)台前、台后填土对基底产生的附加应力计算

考虑到台后填土较高,须计算由于填土自重在基底下地基土所产生的附加压应力,见本章第三节。

根据桥台情况,台后填土高度 $h_1 = 8m$,当基础埋深为 2.0m,在计算基础后边缘附加应力时,取 $\alpha'_i = 0.46$,计算基础前边缘附加应力时,取 $\alpha''_i = 0.069$,则:

后边缘处 $\qquad p'_i = 0.46 \times 17.00 \times 8 = 62.56 (kPa)$

前边缘处 $\qquad p''_i = 0.069 \times 17.00 \times 8 = 9.38 (kPa)$

另外,计算台前溜坡锥体对基础前边缘底面处引起的附加应力时,其填土高度可近似取基边缘作垂线与坡面交点的距离($h_2 = 4.13m$),并取系数 $\alpha_2 = 0.4$,则:

$$p''_2 = 0.4 \times 17.00 \times 4.13 = 28.08 (kPa)$$

这样,基础边缘总的竖向附加应力为:

基础后边缘 $\qquad p_1 = p'_i = 62.56 (kPa)$

基础前边缘 $\qquad P_2 = p''_i + p''_2 = 9.38 + 28.08 = 37.46 (kPa)$

(二)基底压应力计算

根据《公路桥涵地基与基础设计规范》(JTG 3363—2019)及《公路桥涵设计通用规范》(JTG D60—2015),进行地基承载力验算时,传至基底的作用效应应按正常使用极限状态的短期效应频遇组合采用。

1. 建成后使用时

建成后使用共有四种工况,分别为工况(一)~工况(四),将四种工况的正常使用极限状态频遇组合值汇总于表3-14。

作用效应组合值汇总表　　　　　　　表3-14

工 况	水平力(kN)	竖直力(kN)	弯矩(kN·m)
(一)	1162.00	8085.61	-2242.76
(二)	1388.32	8156.97	-3260.51
(三)	1119.60	7423.66	-2370.34
(四)	1345.92	7495.02	-3388.09

由于工况(二)作用下所产生的竖直力最大,因此以工况(二)来控制设计,下面仅计算工况(二)作用下的基底压应力。

$$p_{min}^{max} = \frac{\sum P}{A} \pm \frac{\sum M}{W} = \frac{8156.97}{4.3 \times 9.3} \pm \frac{-3260.51}{\frac{1}{6} \times 9.3 \times 4.3^2}$$

$$= 203.98 \pm 113.77 = \begin{cases} 317.75(kPa) \\ 90.21(kPa) \end{cases}$$

考虑台前台后填土产生的附加应力：

台前　　　　$p_{max} = 317.75 + 37.46 = 355.21(kPa)$

台后　　　　$p_{min} = 90.21 + 62.56 = 152.77(kPa)$

2. 施工时

以工况(五)来控制设计。

$$\sum p = 5956.36 + 486.13 + 133.12 = 6575.61(kN)$$

$$M = 786.82 - 4283.47 + 575.08 = -2921.57(kN \cdot m)$$

$$p_{min}^{max} = \frac{\sum P}{A} \pm \frac{\sum M}{W} = \begin{cases} 266.37(kPa) \\ 62.49(kPa) \end{cases}$$

考虑台前台后填土产生的附加应力：

台前　　　　$P_{max} = 266.37 + 37.46 = 303.83(kPa)$

台后　　　　$p_{min} = 62.49 + 62.56 = 125.05(kPa)$

(三)地基承载力验算

1. 持力层承载力验算

根据土工试验资料,持力层为一般黏性土,按《公路桥涵地基与基础设计规范》(JTG 3363—2019):当$e = 0.74$,$I_L = 0.10$时,查表得$f_{a0} = 354kPa$,因基础埋置深度为原地面下2.0m,故地基承载力不予修正,γ_R取1.25,则

$$\gamma_R f_a = \gamma_R f_{a0} = 1.25 \times 354kPa = 442.5\ kPa > p_{max} = 355.21kPa$$

2. 下卧层承载力验算

下卧层也是一般黏性土,根据提供的土工试验资料,当$e = 0.82$,$I_L = 0.6$时,查$f_{a0} = 222\ kPa$,小于持力层$f_{a0} = 354\ kPa$,故必须予以验算。

基底至土层Ⅱ顶面(高程为+5.0)处的距离：

$$z = 11.5 - 2.0 - 5.0 = 4.5(m)$$

当 $\dfrac{a}{b} = \dfrac{9.3}{4.3} = 2.16$，$\dfrac{z}{b} = \dfrac{4.5}{4.3} = 1.05$，由《公路桥涵地基与基础设计规范》(JTG 3363—2019)查得附加应力系数 $\alpha = 0.469$，计算下卧层顶面处的压应力 p_{h+z}，当 $z/b > 1$ 时，基底压应力应取平均值：

$$p_{\text{平均}} = \dfrac{p_{\max} + p_{\min}}{2} = \dfrac{355.21 + 152.77}{2} = 253.99(\text{kPa})$$

$$p_{h+z} = 19.7 \times (2 + 4.5) + 0.469 \times (253.99 - 19.7 \times 2)$$
$$= 128.05 + 100.64 = 228.69(\text{kPa})$$

而下卧层顶面处的承载力特征值可按式(3-6)计算，其中：$K_1 = 0$，而 $I_L = 0.6 > 0.5$，故 $K_2 = 1.5$，$\gamma_R = 1.25$，则：

$$\gamma_R \cdot p_{h+z} = 1.25 \times [222.00 + 1.5 \times 19.70 \times (6.5 - 3)]$$
$$= 1.25 \times [222.00 + 103.43] = 406.79(\text{kPa}) > p_{h+z} = 228.69(\text{kPa})$$

满足要求。

六、基底偏心距验算

(一)仅受永久作用标准值效应组合时，应满足 $e_0 \leqslant 0.75\rho$。

以工况(三)来控制设计，即桥上、台后均无活载，仅承受恒载作用，则：

$$\rho = \dfrac{W}{A} = \dfrac{1}{6}b = \dfrac{1}{6} \times 4.3 = 0.72(\text{m})$$

$$\sum M = 1388.05 + (850.72 - 5134.19) + (861.29 - 286.21) = -2370.34(\text{kN} \cdot \text{m})$$

$$\sum P = 6804.41 + 486.13 + 133.12 = 7423.66(\text{kN})$$

$$e_0 = \dfrac{\sum M}{\sum P} = \dfrac{2370.34}{7423.66} = 0.32 < 0.75 \times 0.72 = 0.54(\text{m})$$

满足要求。

(二)承受作用标准值效应组合时，应满足 $e_0 \leqslant \rho$。

以工况(四)来控制设计，即桥上无活载，台后有车辆荷载作用，则：

$$\sum M = 1388.05 + (975.61 - 6276.83) + (861.29 - 286.21) = -3338.09(\text{kN} \cdot \text{m})$$

$$\sum P = 6804.41 + 557.49 + 133.12 = 7495.02(\text{kN})$$

$$e_0 = \dfrac{\sum M}{\sum P} = \dfrac{3338.09}{7495.02} = 0.45 < \rho = 0.72(\text{m})$$

满足要求。

七、基础稳定性验算

(一)倾覆稳定性验算

1. 使用阶段

1)永久作用和汽车、人群的标准值效应组合

以工况(二)来控制设计，即桥上、台后均有活载，车道荷载在桥上，车辆荷载在台后，则：

$$s = \frac{b}{2} = \frac{4.3}{2} = 2.15(\text{m})$$

$$e_0 = \frac{3260.51}{8156.97} = 0.40(\text{m})$$

$$k_0 = \frac{2.15}{0.40} = 5.38 > 1.5$$

满足要求。

2) 各种作用的标准值效应组合

以工况(四)来控制设计,即桥上无活载,台后有车辆荷载作用,则:

$$e_0 = \frac{3338.09}{7495.02} = 0.45(\text{m})$$

$$k_0 = \frac{2.15}{0.45} = 4.78 > 1.3$$

满足要求。

2. 施工阶段作用的标准值效应组合

以工况(五)来控制设计,则:

$$e_0 = \frac{2921.57}{6575.61} = 0.44(\text{m})$$

$$k_0 = \frac{2.15}{0.44} = 4.89 > 1.2$$

满足要求。

(二)滑动稳定性验算

因基底处地基土为硬塑黏土,查得 $\mu = 0.30$。

1. 使用阶段

1) 永久作用和汽车、人群的标准值效应组合

以工况(二)来控制设计,即桥上、台后均有活载,车道荷载在桥上,车辆荷载在台后,则:

$$k_c = \frac{0.3 \times 8065.77 + 422.2}{1768.12 + 42.4} = 1.57 > 1.3$$

满足要求。

2) 各种作用的标准值效应组合

以工况(四)来控制设计,即桥上无活载,台后有车辆荷载作用,则:

$$k_c = \frac{0.3 \times 7495.02 + 422.2}{1768.12} = 1.51 > 1.2$$

满足要求。

2. 施工阶段作用的标准值效应组合

以工况(五)来控制设计,则:

$$k_c = \frac{0.3 \times 6757.61 + 422.2}{1541.8} = 1.55 > 1.2$$

满足要求。

八、沉降计算

由于持力层以下的土层Ⅱ为软弱下卧层（软塑亚黏土），按其压缩系数为中压缩性土，对基础沉降影响较大，故应计算基础沉降。

1) 确定地基变形的计算深度

$$z_n = b(2.5 - 0.4 \times \ln b) = 4.3 \times (2.5 - 0.4 \times \ln 4.3) = 8.2(\text{m})$$

2) 确定分层厚度

第一层：从基础底部向下 4.5m。

第二层：从第一层底部向下 3.7m。

3) 求基础底面处附加压应力

以工况（二）来控制设计，传至基础底面的作用效应应按正常使用极限状态的准永久组合采用，各项作用效应的分项系数分别为：上部构造恒载、桥台及基础自重、台前及台后土压力、支座摩阻力均为 1.0，汽车荷载和人群荷载均为 0.4。

$$N = 6804.41 + 557.49 + 133.12 + 0.4 \times (603.15 + 58.8) = 7759.8(\text{kN})$$

基础底面处附加压应力：

$$p_0 = \frac{N}{A} - \gamma_2 d = \frac{7759.8}{4.3 \times 9.3} - 19.7 \times 2 = 154.64(\text{kPa})$$

4) 计算地基沉降

计算深度范围内各土层的压缩变形量见表 3-15。

土层的压缩变形量 表 3-15

z (m)	l/b	z/b	$\bar{a}_i$	$z_i\bar{a}_i$ (mm)	$z_i\bar{a}_i - z_{i-1}\bar{a}_{i-1}$ (mm)	$\dfrac{p_0}{E_{si}} = \dfrac{0.155}{E_{si}}$	$\Delta s'_i$ (mm)	$s' = \sum \Delta s'_i$ (mm)
0	2.2	0						
4.5	2.2	1.05	0.773	3479	3479	0.023	80.02	80.02
8.2	2.2	1.9	0.572	4690	1211	0.040	48.44	128.46

5) 确定沉降计算经验系数

沉降计算深度范围内压缩模量的当量值：

$$\bar{E}_s = \frac{\sum A_i}{\sum \dfrac{A_i}{E_{si}}} = \frac{3479 + 1211}{\dfrac{3479}{6.67} + \dfrac{1211}{3.85}} = 5.61(\text{MPa})$$

$$\Psi_s = 1 + \frac{5.61 - 4}{7 - 4} \times (0.7 - 1.0) = 0.84$$

6) 计算地基的最终沉降量

$$s = \Psi_s s' = 0.84 \times 128.46 = 107.90(\text{mm})$$

根据《公路桥涵地基与基础设计规范》(JTG 3363—2019)规定:相邻墩台间不均匀沉降差值(不包括施工中的沉降),不应使桥面形成大于0.2%的附加纵坡(折角)。因此,该桥的沉降量是否满足要求,还应知道相邻墩台的沉降量。

思 考 题

1. 浅基础与深基础有哪些区别?
2. 何谓刚性基础?刚性基础有什么特点?
3. 确定基础埋置深度应考虑哪些因素?基础埋置深度对地基承载力、沉降有什么影响?
4. 何谓刚性角?它与什么因素有关?
5. 刚性扩大基础为什么要验算基底合力偏心距?
6. 在什么情况下应验算桥梁基础的沉降?
7. 水中基坑开挖的围堰形式有哪几种?它们各自的适用条件和特点是什么?
8. 某桥墩为混凝土实体墩采用刚性扩大基础,控制设计的荷载组合为:支座反力840kN及930kN;桥墩及基础自重5480kN;设计水位以下墩身及基础浮1200kN;制动力84kN;墩帽与墩身风力分别为2.1 kN及16.8kN。结构尺寸及地质、水文资料见图3-44(基底宽3.1m,长9.9m)。

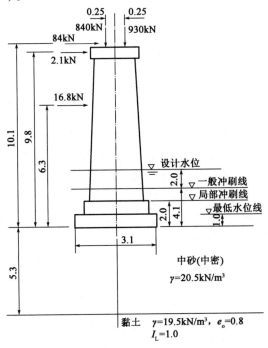

图3-44 结构尺寸(尺寸单位:m)

要求验算:①地基承载力;②基底合力偏心距;③基础稳定性。

9. 有一桥墩墩底为矩形 $2m \times 8m$ 刚性扩大基础(C20 混凝土),顶面设在河床下 1 m,作用于基础顶面荷载:轴心垂直力 $N = 5200kN$,弯矩 $M = 840kN \cdot m$,水平力 $H = 96kN$。地基土为一般黏性土,第一层厚 2m(自河床算起)$\gamma = 19.0kN/m^3$, $e = 0.9$, $I_L = 0.8$;第二层厚 5m, $\gamma = 19.5kN/m^3$, $e = 0.45$, $I_L = 0.35$,低水位在河床下 1m(第二层下为泥质页岩)。请确定基础埋置深度及尺寸,并经过验算说明其合理性。

10. 某一基础施工时,水深 3m,河床以下挖基坑深 10.8m。土质条件为亚砂土 $\gamma = 19.5kN/m^3$, $\varphi = 15°$, $c = 6.3kPa$,透水性良好。拟采用三层支撑钢板桩围堰,钢板桩为拉森Ⅳ型,其截面模量 $W = 2200cm^3$,钢板桩容许弯应力 $\sigma_w = 140MPa$。要求:①确定支撑间距;②计算板桩入土深度;③计算支撑轴向荷载;④验算钢板桩强度;⑤计算封底混凝土厚度。

第四章 桩 基 础

第一节 概 述

天然地基上浅基础一般造价低廉、施工简便,所以,在工程建设中应优先考虑采用。当基础沉降量过大或地基的稳定性不能满足设计要求时,有必要采取一定的措施,如进行地基加固处理或改变上部结构,或选择合适的基础类型等。当地基的上覆软土层很厚,即使采用一般地基处理仍不能满足设计要求或耗费巨大时,往往需要采用深基础。桩基础是一种历史悠久而应用广泛的深基础形式。我国很早就已成功地使用了桩基,如北京的御河桥、西安的灞桥、南京的古城墙和上海的龙华塔等都是我国古代桩基的典范。到了近代,特别是欧洲19世纪中叶开始的大规模桥梁、铁路和公路的建设,推动了桩基理论和施工方法的发展。近年来,随着工程建设和现代科学技术的发展,桩的类型和成桩工艺、桩的承载力与桩体结构完整性的检测、桩基的设计理论和计算方法等各方面均有了较大的发展或提高,使桩与桩基础的应用更为广泛,更具有生命力。它不仅可作为建筑物的基础,而且还广泛用于软弱地基的加固和地下支挡结构物。

一、桩基础的组成与特点

桩基础由若干根桩和承台两个部分组成。桩在平面排列上可以排列成一排或几排,所有桩的顶部由承台联成一整体并传递荷载。在承台上再修筑桥墩、桥台及上部结构,如图4-1所示。桩身可全部或部分埋入地基土中,当桩外露在地面上较高时,桩间以横系梁相连,以加强各桩的横向联系。

桩基础的作用是将承台以上的结构物传来的外力通过承台,由桩传递到较深的地基持力层中去,承台将各桩联成一整体共同承受荷载。基桩的作用在于穿过软弱的压缩性土层或水,使桩底坐落在更密实的地基持力层上。各桩所承受的荷载由桩通过桩侧土的摩阻力及桩端土的抵抗力将荷载传递到桩周土及持力层中,如图4-1b)所示。

桩基础如设计正确、施工得当,它具有承载力高、稳定性好、沉降量小而均匀,在深基础中具有耗用材料少、施工简便等特点。在深水河道中,可避免(或减少)水下工程,简化施工设备和技术要求,加快施工速度并改善工作条件。近代在桩基础的类型、沉桩机具和施工工艺以及桩基础理论等方面都有了很大发展,不仅便于机械化施工和工厂化生产,而且能以不同类型桩基础的施工方法适应不同的水文地质条件、荷载性质和上部结构特征,因此,桩基础具有较好的适应性。

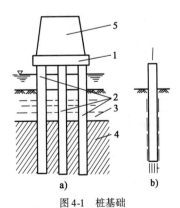

图4-1 桩基础
1-承台;2-基桩;3-松软土层;4-持力层;5-墩身

二、桩基础的适用条件

桩基础适宜在下列情况下采用:

(1) 荷载较大,地基上部土层软弱,适宜的地基持力层位置较深,采用浅基础或人工地基在技术上、经济上不合理时。

(2) 河床冲刷较大,河道不稳定或冲刷深度不易计算正确,位于基础或结构物下面的土层有可能被侵蚀、冲刷,如采用浅基础不能保证基础安全时。

(3) 当地基计算沉降过大或建筑物对不均匀沉降敏感时,采用桩基础穿过松软(高压缩)土层,将荷载传到较坚实(低压缩性)土层,以减少建筑物沉降并使沉降较均匀。

(4) 当建筑物承受较大的水平荷载,需要减少建筑物的水平位移和倾斜时。

(5) 当施工水位或地下水位较高,采用其他深基础施工不便或经济上不合理时。

(6) 地震区,在可液化地基中,采用桩基础可增加建筑物抗震能力,桩基础穿越可液化土层,并伸入下部密实稳定土层,可消除或减轻地震对建筑物的危害。

以上情况也可以采用其他形式的深基础,但桩基础由于耗材少、施工快速简便,往往是优先考虑的深基础方案。

桩基础虽有许多优点,但当上层软弱土层很厚,桩底不能达到坚实土层时,此时桩长较大,桩基础稳定性稍差,沉降量也较大;而当覆盖层很薄,桩的入土深度不能满足稳定性要求时,则不宜采用桩基础。设计时应综合分析上部结构特征、使用要求、场地水文地质条件、施工环境及技术力量等,经多方面比较,确定适宜的基础方案。

第二节 桩和桩基础的类型与构造

为满足结构物的要求,适应地基特点,随着科学技术的发展,在工程实践中已形成了各种类型的桩基础,它们在本身构造上和桩土相互作用性能上具有各自的特点。学习桩和桩基础的分类及其构造,目的是掌握其特点以便设计和施工时更好地发挥桩基础的特长。

一、桩和桩基础的分类

(一) 桩基础按承台位置分类

桩基础按承台位置可分为高桩承台基础(简称高桩承台)和低桩承台基础(简称低桩承台),如图4-2所示。

高桩承台的承台底面位于地面(或冲刷线)以上,低桩承台的承台底面位于地面(或冲刷线)以下。高桩承台的结构特点是基桩部分桩身沉入土中,部分桩身外露在地面以上(称为桩的自由长度),而低桩承台则基桩全部沉入土中(桩的自由长度为零)。

高桩承台由于承台位置较高或设在施工水位以上,可减少墩台的圬工数量,避免或减少水下作业,施工较为方便。然而,在水平力的作用下,由于承台及基桩露出地面的一段自由长度周围无土来共同承受水平外力,基桩的受力情况较为不利,桩身内力和位移都比同样水平外力作用下的低桩承

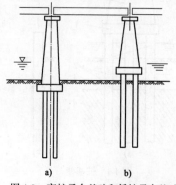

图4-2 高桩承台基础和低桩承台基础
a) 低桩承台;b) 高桩承台

台要大，其稳定性也比低桩承台差。

近年来由于大直径钻孔灌注桩的采用，桩的刚度、强度都较大，因而高桩承台在桥梁基础工程中已得到广泛的应用。

(二) 按施工方法分类

基桩的施工方法不同，不仅在于采用的机具设备和工艺过程的不同，而且将影响桩与桩周土接触边界处的状态，也影响桩土间的共同作用性能。桩的施工方法种类较多，但基本形式为沉桩(预制桩)和灌注桩。

1. 沉桩(预制桩)

沉桩是按设计要求在地面良好的条件下制作的(长桩可在桩端设置钢板、法兰盘等接桩构件，分节制作)，桩体质量高，可大量工厂化生产，加速施工速度。

1) 打入桩(锤击桩)

打入桩是通过锤击(或以高压射水辅助)将各种预先制好的桩(主要是钢筋混凝土实心桩或管桩，也有木桩或钢桩)打入地基内达到所需要的深度。这种施工方法适用于桩径较小(一般直径在0.60m以下)，地基土质为砂性土、塑性土、粉土、细砂以及松散的不含大卵石或漂石的碎卵石类土的情况。

2) 振动下沉桩

振动法沉桩是将大功率的振动打桩机安装在桩顶(预制的钢筋混凝土桩或钢管桩)，利用振动力以减少土对桩的阻力，使桩沉入土中。它对于较大桩径，土的抗剪强度受振动时有较大降低的砂土等地基效果更为明显。《公路桥涵地基与基础设计规范》(JTG 3363—2019)将打入桩及振动下沉桩均称为沉桩。

3) 静力压桩

在软塑黏性土中也可以用重力将桩压入土中称为静力压桩。这种压桩施工方法免除了锤击的振动影响，是在软土地区，特别是在不允许有强烈振动的条件下桩基础的一种有效施工方法。

预制桩有以下特点：

(1) 不易穿透较厚的砂土等硬夹层(除非采用预钻孔、射水等辅助沉桩措施)，只能进入砂、砾、硬黏土、强风化岩层等坚实持力层不大的深度。

(2) 沉桩方法一般采用锤击，由此产生的振动、噪声污染必须加以考虑。

(3) 沉桩过程产生挤土效应，特别是在饱和软黏土地区沉桩可能导致周围建筑物、道路、管线等的损失。

(4) 一般说来预制桩的施工质量较稳定。

(5) 预制桩打入松散的粉土、砂砾层中，由于桩周和桩端土受到挤密，使桩侧表面法向应力提高，桩侧摩阻力和桩端阻力也相应提高。

(6) 由于桩的贯入能力受多种因素制约，因而常常出现因桩打不到设计高程而截桩，造成浪费。

(7) 预制桩由于承受运输、起吊、打击应力，需要配置较多钢筋，混凝土强度等级也要相应提高，因此其造价往往高于灌注桩。

2. 灌注桩

灌注桩是在现场地基中钻挖桩孔，然后在孔内放入钢筋骨架，再灌注桩身混凝土而成的桩。灌注桩在成孔过程中需采取相应的措施来保证孔壁稳定和提高桩体质量。针对不同类型的地基土可选择适当的钻具设备和施工方法。

1）钻、挖孔灌注桩

钻孔灌注桩系指用钻（冲）孔机具在土中钻进，边破碎土体边出土渣而成孔，然后在孔内放入钢筋骨架，灌注混凝土而形成的桩。为了顺利成孔、成桩，需采用包括制备有一定要求的泥浆护壁、提高孔内泥浆水位、灌注水下混凝土等相应的施工工艺和方法。钻孔灌注桩的特点是施工设备简单、操作方便，适应于各种砂性土、黏性土，也适应于碎、卵石类土层和岩层。但对淤泥及可能发生流砂或承压水的地基，施工较困难，施工前应做试桩以取得经验。我国已施工的钻孔灌注桩的最大入土深度已达百余米。

依靠人工（用部分机械配合）在地基中挖出桩孔，然后与钻孔桩一样灌注混凝土而成的桩称为挖孔灌注桩。它的特点是不受设备限制，施工简单；桩径较大，一般大于 1.4m。它适用于无水或渗水量小的地层；对可能发生流砂或含较厚的软黏土层地基施工较困难（需要加强孔壁支撑）；在地形狭窄、山坡陡峭处可以代替钻孔桩或较深的刚性扩大基础。因能直接检验孔壁和孔底土质，所以能保证桩的质量。还可采用开挖法扩大桩底，以增大桩底的支承力。

2）沉管灌注桩

沉管灌注桩是指采用锤击或振动的方法把带有钢筋混凝土桩尖或带有活瓣式桩尖（沉桩时桩尖闭合，拔管时活瓣张开）的钢套管沉入土层中成孔，然后在套管内放置钢筋笼，并边灌混凝土边拔套管而形成的灌注桩，也可将钢套管打入土中挤土成孔后向套管中灌注混凝土并拔出套管成桩。它适用于黏性土、砂性土、砂土地基。由于采用了套管，可以避免钻孔灌注桩施工中可能产生的流砂、坍孔的危害和由泥浆护壁所带来的排渣等弊病。但桩的直径较小，常用的尺寸在 0.6m 以下，桩长常在 20m 以内。在软黏土中由于沉管的挤压作用对邻桩有挤压影响，且挤压时产生的孔隙水压力易使拔管时出现混凝土桩缩颈现象。

各类灌注桩有以下共同优点：

(1) 施工过程无大的噪声和振动（沉管灌注桩除外）。

(2) 可根据土层分布情况任意变化桩长；根据同一建筑物的荷载分布与土层情况可采用不同桩径；对于承受侧向荷载的桩，可设计成有利于提高横向承载力的异形桩，还可设计成变截面桩，即在受弯矩较大的上部采用较大的断面。

(3) 可穿过各种软、硬夹层，将桩端置于坚实土层和嵌入基岩，还可扩大桩底，以充分发挥桩身强度和持力层的承载力。

(4) 桩身钢筋可根据荷载与性质及荷载沿深度的传递特征，以及土层的变化配置。无须像预制桩那样配置起吊、运输、打击应力筋。其配筋率远低于预制桩，造价约为预制桩的 40% ~70%。

3. 管柱基础

大跨径桥梁的深水基础，或在岩面起伏不平的河床上的基础，曾采用振动下沉施工方法建造管柱基础。它是将预制的大直径（直径为 1~5m）钢筋混凝土或预应力钢筋混凝土或钢管桩（实质上是一种巨型的管桩，每节长度根据施工条件决定，一般采用 4m、8m 或 10m，接头用法兰盘和螺栓连接），用大型的振动沉桩锤沿导向结构将其振动下沉到基岩（一般以高压射水和吸泥机配合帮助下沉),然后在管柱内钻岩成孔,下放钢筋笼骨架,灌注混凝土,将管柱与岩盘牢固连接,如图 4-3 所示。管柱基础可以在深水及各种覆盖层条件下进行,没有水下作业和不受季节限制,但施工需要有振动沉桩锤、凿岩机、起重设备等大型机具,动力要求也高,所以在一般公路桥梁中很少采用。

4. 钻埋空心桩

将预制桩壳预拼连接后,吊放沉入已成的桩孔内,然后进行桩侧填石压浆和桩底填石压浆而形成的预应力钢筋混凝土空心桩称为钻埋空心桩。

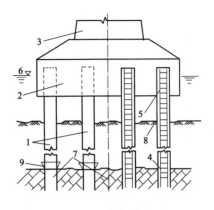

图 4-3 管桩基础
1-管桩;2-承台;3-墩身;4-嵌固于岩盘;5-钢筋骨架;6-低水位;7-岩层;8-覆盖层;9-钢管靴

它适用于大跨径桥梁大直径($D \geq 1.5\text{m}$)桩基础,通常与空心墩相配合,形成无承台大直径空心桩墩。

钻埋空心桩具有以下优点:

(1)直径可达 4~5m 而无需振动下沉管柱那样繁重的设备和困难的施工。

(2)水下混凝土的用量可减少 40%,同时又可以减轻自重。

(3)通过桩周和桩底二次压注水泥浆来加固地基,使它与钻孔桩相比承载力可提高 30%~40%。

(4)工程一开工后便可开始预制空心桩节,增加工程作业面,实现了基础工程部分工厂化,不但保证质量,还加快了工程进度。

(5)一般碎石压浆易于确保质量,不会有断桩的情况发生,即使个别桩节有缺陷,还可以在桩中空心部分重新处理,省去了水下灌注桩必不可少的"质检"环节。

(6)由于质量得到保证,在设计中就可以放心地采用大直径空心桩结构,取消承台,省去小直径群桩基础所需要的昂贵的围堰,可较大幅度地降低工程造价。

(三)按桩的设置效应分类

大量工程实践表明,成桩挤土效应对桩的承载力、成桩质量控制及环境等有很大影响,因此,根据成桩方法和成桩过程的挤土效应,将桩分为挤土桩、部分挤土桩和非挤土桩三类。

1. 挤土桩

实心的预制桩、下端封闭的管桩、木桩以及沉管灌注桩在锤击或振入过程中都要将桩位处的土大量排挤开(一般把用这类方法设置的桩称为打入桩),因而使土的结构严重扰动破坏(重塑)。黏性土由于重塑作用使抗剪强度降低(一段时间后部分强度可以恢复),而原来处于疏松和稍密状态的无黏性土的抗剪强度则可提高。

2. 部分挤土桩

底端开口的钢管桩、型钢桩和薄壁开口预应力钢筋混凝土桩等,打桩时对桩周土稍有排挤作用,但对土的强度及变形性质影响不大。由原状土测得的土的物理、力学性质指标一般仍可用于估算桩基承载力和沉降。

3. 非挤土桩

先钻孔后打入的预制桩以及钻(冲、挖)孔灌注桩,在成孔过程中将孔中土体清除掉,不会产生成桩时的挤土作用。但桩周土可能向桩孔内移动,使得非挤土桩的承载力常有所减小。

在饱和软土中设置挤土桩,如果设计或施工不当,就会产生明显的挤土效应,导致未初凝的灌注桩桩身缩小乃至断裂,桩上涌和移位,底面隆起,从而降低桩的承载力,有时还会损坏邻近建筑物;桩基施工后,还可能因饱和软土中孔隙水压力消散,土层产生再固结沉降,使桩产生负摩阻力,降低桩基承载力,增大桩基沉降。挤土桩若设计和施工得当,又可收到良好的技术经济效果。

在不同的地质条件下,按不同方法设置的桩所表现的工程性状是复杂的,因此,目前在设计中还只能大致考虑桩的设置效应。

(四) 按承载性状分类

建筑物荷载通过桩基础传递给地基。垂直荷载一般由桩底土层抵抗力和桩侧与土产生的摩阻力来支承。由于地基土的分层和其物理力学性质不同,桩的尺寸和设置在土中方法的不同,都会影响桩的受力状态。水平荷载一般由桩和桩侧土水平抗力来支承,而桩承受水平荷载的能力与桩轴线方向及斜度有关,因此,根据桩土相互作用特点,基桩可分为以下几类。

1. 竖向受荷桩

1) 摩擦桩

桩穿过并支承在各种压缩性土层中,在竖向荷载作用下,基桩所发挥的承载力以侧摩阻力为主时,统称为摩擦桩,如图4-4b)所示。以下几种情况均可视为摩擦桩。

(1) 当桩端无坚实持力层且不扩底时;

(2) 当桩的长径比很大,即使桩端置于坚实持力层上,由于桩身直接压缩量过大,传递到桩端的荷载较小时;

(3) 当预制桩沉桩过程由于桩距小、桩数多、沉桩速度快,使已沉入桩上涌,桩端阻力明显降低时。

2) 端承桩(柱桩)

桩穿过较松软土层,桩底支承在坚实土层(砂、砾石、卵石、坚硬老黏土等)或岩层中,且桩的长径比不太大时,在竖向荷载作用下,基桩所发挥的承载力以桩底土层的抵抗力为主时,称为端承桩或柱桩,如图4-4a)所示。在我国,柱桩是专指桩底支承在基岩上的桩。

端承桩承载力较大,较安全可靠,基础沉降也小,但如岩层埋置很深,就需采用摩擦桩。端承桩和摩擦桩由于它们在土中的工作条件不同,其与土的共同作用特点也就不同,因此在设计计算时所采用的方法和有关参数也不一样。

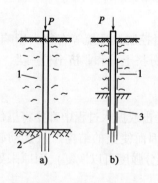

图4-4 端承桩和摩擦桩
1-软弱土层;2-岩层或硬土层;3-中等土层

2. 横向受荷桩

1) 主动桩

桩顶受横向荷载,桩身轴线偏离初始位置,桩身所受土压力因桩主动变位而产生。风力、地震力、车辆制动力等作用下的建筑物桩基属于主动桩。

2) 被动桩

沿桩身一定范围内承受侧向压力,桩身轴线被该土压力作用而偏离初始位置。深基坑支挡桩、坡体抗滑桩、堤岸护桩等均属于被动桩。

3) 竖直桩与斜桩

按桩轴方向可分为竖直桩、单向斜桩和多向斜桩等,如图4-5所示。在桩基础中是否需要设置斜桩,斜度如何确定,应根据荷载的具体情况而定。一般结构物基础承受的水平力常较竖直力小得多,且现已广泛采用的大直径钻、挖孔灌注桩具有一定的抗剪强度,因此,桩基础常采用竖直桩。拱桥墩台等结构物桩基础往往需设斜桩,以承受上部结构传来的较大水平推力,减小桩身弯矩、剪力和整个基础的侧向位移。

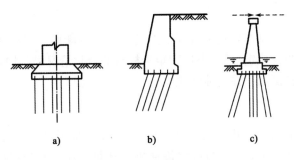

图 4-5　竖直桩和斜桩

a) 竖直桩;b) 单向斜桩;c) 多向斜桩

斜桩的桩轴线与竖直线所成倾斜角的正切不宜小于1/8,否则斜桩施工斜度误差将显著地影响桩的受力情况。目前为了适应拱台推力,有些拱台基础已采用倾斜角大于45°的斜桩。

3. 桩墩

桩墩是通过在地基中成孔后灌注混凝土形成的大口径断面柱形深基础,即以单个桩墩代替群桩及承台。桩墩基础底端可支承于基岩之上,也可嵌入基岩或较坚硬土层之中,分为端承桩墩和摩擦桩墩两种,如图4-6所示。

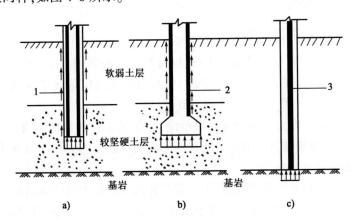

图 4-6　桩墩

a)、b) 摩擦桩墩;c) 端承桩墩

1-钢筋;2-钢套筒;3-钢核

桩墩一般为直柱形，在桩墩底土较坚硬的情况下为使桩墩底承受较大的荷载，也可将桩墩底端尺寸扩大而做成扩底桩墩（图4-6b）。桩墩断面形状常为圆形，其直径不小于0.8m。桩墩一般为钢筋混凝土结构，当桩墩受力很大时，也可用钢套筒或钢核桩墩［图4-6b）、c）］。

桩墩的受力分析与基桩相类似，但桩墩的断面尺寸较大且有较高的竖向承载力和可承受较大的水平荷载。对于扩底桩墩，还具有抵抗较大上拔力的能力。

对于上部结构传递的荷载较大且要求基础墩身面积较小时的情况，可考虑桩墩深基础方案。桩墩的优点在于墩身面积小、美观、施工方便、经济，但外力太大时，纵向稳定性较差，对地基要求也高，所以在选定方案时尤其受较大船撞力的河流中应用此类型桥墩更应注意。

（五）按桩身材料分类

1. 钢桩

钢桩可根据荷载特征制作成各种有利于提高承载力的断面。其抗冲击性能好、节头易于处理、运输方便、施工质量稳定，还可根据弯矩沿桩身的变化情况局部加强其断面刚度和强度。钢桩的最大缺点是造价高和存在锈蚀问题。

2. 钢筋混凝土桩

钢筋混凝土桩的配筋率较低（一般为0.3%~1.0%），而混凝土取材方便、价格便宜、耐久性好。钢筋混凝土桩既可预制，又可现浇（灌注桩），还可采用预制与现浇组合，适用于各种地层，成桩直径和长度可变范围大。因此，桩基工程的绝大部分是钢筋混凝土桩，桩基工程的主要研究对象和主要发展方向也是钢筋混凝土桩。

二、桩与桩基础的构造

不同材料、不同类型的桩基础具有不同的构造特点，为了保证桩的质量和桩基础的正常工作能力，在设计桩基础时，应满足其构造的基本要求。现仅以目前国内公路桥涵工程中最常用的桩与桩基础的构造特点及要求简述如下。

（一）各种基桩的构造

1. 钢筋混凝土钻（挖）孔灌注桩

采用就地灌注的钻（挖）孔钢筋混凝土桩，桩身常为实心断面。钻孔桩设计直径不宜小于0.8m；挖孔桩直径或最小边宽不宜小于1.2m。桩身混凝土强度等级不应低于C25，当采用强度标准值400MPa及以上钢筋时，不应低于C30。

桩内钢筋应按照桩身内力和抗裂性要求布设，长摩擦桩应根据桩身弯矩分布情况分段配筋，短摩擦桩和柱桩也可按桩身最大弯矩通长均匀配筋。当按内力计算桩身不需要配筋时，应在桩顶3~5m内设置构造钢筋。

为了保证钢筋骨架有一定的刚性，便于吊装及保证主筋受力后的纵向稳定，桩内主筋不宜过细过少。主筋直径不宜小于16mm，每根桩主筋数量不宜少于8根，其净距不宜小于80mm且不应大于350mm。如配筋较多，可采用束筋。组成束筋的单根钢筋直径不应大于36mm，组成束筋的单根钢筋根数，当其直径不大于28mm时不应多于3根，当其直径大于28mm时应为2根。束筋成束后等代直径：

$$d_e = \sqrt{n}d \qquad (4\text{-}1)$$

式中：n——单束钢筋根数；

d——单根钢筋直径。

钢筋笼底部的主筋宜稍向内弯曲，作为导向。

箍筋应当适当加强，闭合式箍筋或螺旋筋直径不应小于主筋直径的 1/4，且不应小于 8mm，其中距不应大于主筋直径的 15 倍且不应大于 300mm。对于直径较大的桩或较长的钢筋骨架，可在钢筋骨架上每隔 2.0 ~ 2.5m 设置一道加劲箍筋（直径为 16 ~ 32mm），如图 4-7 所示。钢筋笼四周应设置突出的定位钢筋、定位混凝土块，或采用其他定位措施。主筋保护层厚度一般不应小于 60mm。

钻（挖）孔桩的柱桩根据桩底受力情况如需嵌入岩层时，嵌入深度应根据计算确定，并不得小于 0.5m。

钻孔灌注桩常用的含筋率为 0.2% ~ 0.6%，较一般预制钢筋混凝土实心桩、管桩与管柱均低。

也有工程采用大直径的空心钢筋混凝土就地灌注桩，是进一步发挥材料潜力、节约水泥的措施。

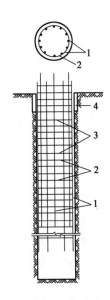

图 4-7 钢筋混凝土灌注桩
1-钢筋；2-箍筋；3-加强箍；
4-护筒

2. 钢筋混凝土预制桩

沉桩（打入桩和振动下沉桩）采用预制的钢筋混凝土桩，有实心的圆桩和方桩（少数为矩形桩），有空心的管桩，另外还有管柱（用于管柱基础）。

普通钢筋混凝土方桩可以就地灌注预制。通常当桩长在 10m 以内时横断面为 0.30m × 0.30m，桩身混凝土强度不低于 C25，当采用强度标准值 400MPa 及以上钢筋时不应低于 C30，管桩填芯混凝土强度等级不应低于 C20。桩身配筋应按制造、运输、施工和使用各阶段的内力要求通长配筋。主筋直径一般为 19 ~ 25mm，箍筋直径为 6 ~ 8mm，间距为 10 ~ 20mm；桩的两端和接桩区箍筋或螺旋筋的间距须加密，其值可取 40 ~ 50mm。由于桩尖穿过土层时直接受到正面阻力，应在桩尖处把所有的主筋弯在一起并焊在一根芯棒上。桩头直接受到锤击，故在桩顶需设方格网片三层以增加桩头强度。钢筋保护层厚度不小于 35mm。桩内需预埋直径为 20 ~ 25mm 的钢筋吊环，吊点位置通过计算确定，如图 4-8 所示。

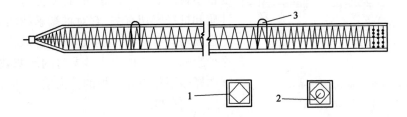

图 4-8 预制钢筋混凝土方桩
1-实心方桩；2-空心方桩；3-吊环

钢筋混凝土管桩由工厂以离心旋转机生产，有普通钢筋混凝土或预应力钢筋混凝土两种，直径可采用 0.4 ~ 0.8m，管壁最小厚度不宜小于 80mm，桩身混凝土强度为 C25 ~ C40，填芯混凝土不应低于 C15。每节管桩两端装有连接钢盘（法兰盘）以供接长。

管柱实质上是一种大直径薄壁钢筋混凝土圆管节,在工厂分节制成,施工时逐节用螺栓接成,它的组成部分是法兰盘、主钢筋、螺旋筋、管壁(不低于C25,厚100～140mm),最下端的管柱具有钢刃脚,用薄钢板制成。我国常用的管柱直径为1.50～5.80m,一般采用预应力钢筋混凝土管柱。

钢筋混凝土预制桩柱的分节长度,应根据施工条件决定,并应尽量减少接头数量。接头强度不应低于桩身强度,并有一定的刚度以减少锤振能量的损失。接头法兰盘的平面尺寸不得突出管壁之外,在沉桩时和使用过程中接头不应松动和开裂。

3. 钢桩

钢桩的形式很多,主要的有钢管型和H型钢桩,其材质应符合国家现行有关规范、标准规定。钢桩具有强度高,能承受强大的冲击力和获得较高的承载力;其设计的灵活性大,壁厚、桩径的选择范围大,便于割接,桩长容易调节;轻便,易于搬运,沉桩时贯入能力强、速度较快,可缩短工期,且排挤土量小,对邻近建筑影响小,也便于小面积内密集的打桩施工。其主要缺点是用钢量大,成本昂贵,在大气和水土中钢材具有腐蚀性。

分节钢桩应采用上下节桩对焊连接。若按需要,为了提高钢管桩承受桩锤冲击力和穿透或进入坚硬地层的能力,可在桩顶和桩底端管壁设置加强箍。钢桩焊接接头应采用等强度连接,使用的焊条、焊丝和焊剂应符合国家现行有关规范、标准规定。

钢桩的端部形式,应根据桩所穿越的土层、桩端持力层性质、桩的尺寸、挤土效应等因素综合考虑确定。

H型钢桩桩端形式有带端板的和不带端板(平底、锥底)的。

钢管桩按桩端构造可分为开口桩(带加强箍、不带加强箍)和闭口桩(平底、锥底)两类,如图4-9所示。

开口钢管桩穿透土层的能力较强,但沉桩过程中桩底端的土将涌入钢管内腔形成土蕊。当土蕊的自重和惯性力及其与管内壁间的摩阻力之和超过底面土反力时,将阻止进一步涌入而形成"土塞",此时开口桩就像闭口桩一样贯入土中,土蕊长度也不再增长。"土塞"形成和土蕊长度与地基土性质和桩径密切有关,它对桩端承载能力和桩侧挤土程度均会有影响,在确定钢管桩承载力时应考虑这种影响。开口桩进入砂层时的闭塞效应较明显,宜选择砂层作为开口桩的持力层,并使桩底端进入砂层一定深度。

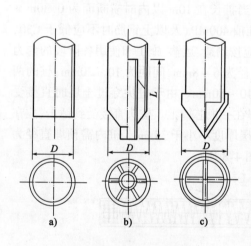

图4-9 钢管桩的端部构造形式
a)开口式;b)半闭口式;c)闭口式

钢管桩的分段长度按施工条件确定,一般不宜超过12～15m,常用直径为400～1000mm。钢管桩的设计厚度由有效厚度和腐蚀厚度两部分组成。有效厚度为管壁在外力作用下所需要的厚度,可按使用阶段的应力计算确定。腐蚀厚度为建筑物在使用年限内管壁腐蚀所需要的厚度,可通过钢桩的腐蚀情况实测或调查确定,无实测资料时,海水环境中钢桩的单面年平均腐蚀速率可参考表4-1确定。其他条件下,在平均低水位以上,年平均腐蚀速率可取0.06mm/年;平均低水位以下,年平均腐蚀速率可取0.03mm/年。

海水环境中钢桩单面年平均腐蚀速率　　　　　　　　　　表 4-1

部　　位	平均腐蚀速率(mm/年)	部　　位	平均腐蚀速率(mm/年)
大气区	0.05~0.10	水位变动区,水下区	0.12~0.20
浪溅区	0.20~0.50	泥下区	0.05

注:1. 表中年平均腐蚀速率适用于 pH 值为 4~10 的环境条件,对有严重污染的环境,应适当加大。
　　2. 对水质含盐量层次分明的河口或年平均气温高、波浪大和流速大的环境,其对应部位的年平均腐蚀速率应适当加大。

钢桩防腐处理可采用外表涂防腐层、增加腐蚀余量及阴极保护等方法。当钢管桩内壁同外界隔绝时,可不考虑内壁防腐。

(二)承台和横系梁的构造

对于多排桩基础,桩顶由承台连接成一个整体。承台的平面尺寸和形状应根据上部结构(墩、台身)底截面尺寸和形状以及基桩的平面布置而定,一般采用矩形和圆端形。

承台厚度应保证承台具有足够的强度和刚度,公路桥梁墩台多采用钢筋混凝土或混凝土刚性承台(承台本身材料的变形远小于其位移),其厚度宜为桩直径的 1.5 倍,且不宜小于 1.5m。混凝土强度等级不应低于 C25,当采用强度标准值 400MPa 及以上钢筋时不应低于 C30。对于空心墩台的承台,应验算承台强度,并设置必要的钢筋,承台厚度也可不受上述限制。

承台的受力情况比较复杂,为了使承台受力较为均匀,并防止承台因桩顶荷载作用而发生破碎和断裂,当桩顶直接埋入承台连接时,应在每根桩的顶面上设 1~2 层钢筋网。当桩顶主筋伸入承台时,承台在桩身混凝土顶端平面内设置一层钢筋网,钢筋纵桥向和横桥向每 1m 宽度内可采用钢筋截面积 1200~1500mm², 钢筋直径采用 12~16mm, 钢筋网应通过桩顶且不应截断,如图 4-10 所示。承台的顶面和侧面应设置表层钢筋网,每个面在两个方向的截面面积均不宜小于 400mm²/m, 钢筋间距不应大于 400mm。

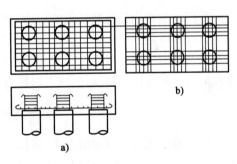

图 4-10　承台底钢筋网

对于双柱式或多柱式墩(台)单排桩基础,在桩之间为加强横向联系而设有横系梁时,一般认为横系梁不直接承受外力,可不作内力计算。横系梁的高度可取为 0.8~1.0 倍的桩径,宽度可取为 0.6~1.0 倍的桩径。混凝土强度等级不应低于 C25,当采用强度标准值 400MPa 及以上钢筋时不应低于 C30。纵向钢筋不应少于横系梁截面面积的 0.15%;箍筋直径不应小于 8mm, 其间距不应大于 400mm。

(三)桩与承台、横系梁的连接

桩与承台的连接,钻(挖)灌注桩桩顶主筋宜伸入承台,桩身嵌入承台内的深度可采用 100mm(盖梁式承台桩身可不嵌入);伸入承台的桩顶主筋可做成喇叭形(约与竖直线倾斜 15°;若受构造限制,主筋也可不做成喇叭形),如图 4-11a)、b)所示。伸入承台的钢筋锚固长度应符合结构规范,光圆钢筋不应小于 30 倍钢筋直径(设弯钩),带肋钢筋不应小于 35 倍钢筋直径(不设弯钩),并设箍筋。

对于不受轴向拉力的打入桩可不破桩头,将桩直接埋入承台内,如图 4-11c)所示。桩顶直接埋入承台的长度,对于普通钢筋混凝土桩及预应力混凝土桩,当桩径(或边长)小于 0.6m 时不应小于 2 倍桩径或边长。当桩径(或边长)为 0.6~1.2m 时,埋入长度不应小于 1.2m;当桩径(或边长)大于 1.2m 时,埋入长度不应小于桩径(或边长)。

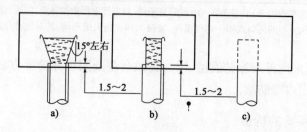

图 4-11　桩与承台的连接(尺寸单位:m)

对于大直径灌注桩,当采用一柱一桩时,可设置横系梁或将桩与柱直接连接。横系梁的主钢筋应伸入桩内,其长度不小于 35 倍主筋直径。

管桩与承台连接时,伸入承台内的纵向钢筋如采用插筋,插筋数量不应少于 4 根,直径不应小于 16mm,锚入承台长度不宜少于 35 倍钢筋直径,插入管桩顶填芯混凝土长度不宜小于 1.0m。

第三节　桩基础的施工及质量检验

我国目前常用的桩基础施工方法有灌注法和沉入法。本节主要介绍旱地上钻孔灌注桩的施工方法和设备。

桩基础施工前应根据已定出的墩台纵横中心轴线直接定出桩基础轴线和各基桩桩位,并设置好固定桩或控制桩,以便施工时随时校核。

一、钻孔灌注桩的施工

钻孔灌注桩施工应根据土质、桩径大小、入土深度和机具设备等条件选用适当的钻具(目前我国常使用的钻具有旋转钻、冲击钻和冲抓钻三种类型)和钻孔方法,以保证能顺利达到预计孔深。然后,清孔、吊放钢筋笼架、灌注水下混凝土。

现按施工顺序介绍其主要工序如下。

(一)准备工作

1. 准备场地

施工前应将场地平整好,以便安装钻架进行钻孔。当墩台位于无水岸滩时钻架位置处应整平夯实,清除杂物,挖换软土;场地有浅水时,宜采用土或草袋围堰筑岛(图 4-12c)。当场地为深水或陡坡时,可用木桩或钢筋混凝土桩搭设支架,安装施工平台支承钻机(架)。深水中在水流较平稳时,也可将施工平台架设在浮船上,就位锚固稳定后在水上钻孔。

2. 埋置护筒

1)护筒的作用

(1)固定桩位,并作钻孔导向;

(2)保护孔口防止孔口土层坍塌;

(3)隔离孔内孔外表层水,并保持钻孔内水位高出施工水位,以稳固孔壁。因此埋置护筒要求稳固、准确。

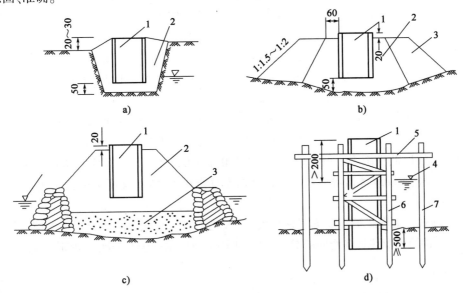

图 4-12 护筒的埋置(尺寸单位:cm)

1-护筒;2-夯实黏土;3-砂土;4-施工水位;5-工作平台;6-导向架;7-脚手架

2)护筒的埋设方法

(1)下埋式。适用于旱地埋置,如图 4-12a)所示;

(2)上埋式。适用于旱地或浅水筑岛埋置,如图 4-12b)、c)所示;

(3)下沉埋设。适用于深水埋置,如图 4-12d)所示。

护筒制作要求坚固、耐用、不易变形、不漏水、装卸方便和能重复使用。一般用木材、薄钢板或钢筋混凝土制成(图 4-13)。护筒内径应比钻头直径稍大,旋转钻须增大 0.1~0.2m,冲击或冲抓钻增大 0.2~0.3m。

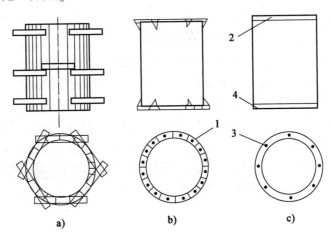

图 4-13 护筒

a)木护筒;b)钢护筒;c)钢筋混凝土护筒

1-连接螺栓孔;2-连接钢板;3-纵向钢筋;4-连接钢板或刃脚

3)埋置护筒注意事项

(1)护筒平面位置应埋设正确,偏差不宜大于50mm。

(2)护筒顶高程:设计护筒时必须控制护筒高度,使孔内水位与孔外水位形成水压差,以维持孔壁稳定。当采用正循环回转钻及正循环潜水钻时,护筒顶面高度宜高出地下水位1.0~2.0m以上。若施工场地为旱地时,还应高出地面0.3m以上。当地层不易塌孔时,护筒顶面高度宜高出地下水位1.0~1.5m以上;当地层容易塌孔时,护筒顶面高度宜高出地下水位1.5~2.0m以上。如采用反循环回转钻或反循环潜水钻成孔时,护筒顶面宜高出地下水位2.0m以上。当采用旋挖钻、冲击钻成孔时,护筒顶面高度宜高出地下水位1.5~2.0m以上。值得注意的是,当孔内有承压水时,护筒顶面应高出稳定后的承压水位2.0m以上。在有潮汐影响的水域,护筒顶应高出施工期最高水位1.5~2.0m,并应在施工期间采用稳定孔内水头的措施。

(3)护筒底应低于施工最低水位(一般低于0.1~0.3m)。深水下沉埋设的护筒应沿导向架借自重、射水、震动或锤击等方法将护筒下沉至稳定深度,入土深度黏性土应达到0.5~1m,砂性土则为3~4m。

(4)下埋式及上埋式护筒挖坑不宜太大(一般比护筒直径大0.6~1.0m),护筒四周应夯填密实的黏土,护筒底应埋置在稳固的黏土层中,否则也应换填黏土并夯实,其厚度一般为0.50m。

3. 制备泥浆

泥浆在钻孔中的作用是:

(1)在孔内产生较大的静水压力,可防止坍孔。

(2)泥浆向孔外土层渗漏,在钻进过程中,由于钻头的活动,孔壁表面形成一层胶泥,具有护壁作用,同时将孔内外水流切断,能稳定孔内水位。

(3)泥浆相对密度大,具有挟带钻渣的作用,利于钻渣的排出。

此外,还有冷却机具和切土润滑作用,降低钻具磨损和发热程度。因此,在钻孔过程中孔内应保持一定稠度的泥浆,一般相对密度以1.1~1.3为宜,在冲击钻进大卵石层时可用1.4以上,黏度为20s,含砂率小于6%。在较好的黏性土层中钻孔,也可灌入清水,使钻孔内自造泥浆,达到固壁效果。调制泥浆的黏土塑性指数不宜小于15。

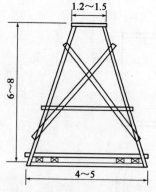

图4-14 四脚钻架(尺寸单位:m)

4. 安装钻机或钻架

钻架是钻孔、吊放钢筋笼、灌注混凝土的支架。我国生产的定型旋转钻机和冲击钻机都附有定型钻架,其他常用的还有木质的和钢制的四脚架(图4-14)、三脚架或人字扒杆。

在钻孔过程中,成孔中心必须对准桩位中心,钻机(架)必须保持平稳,不发生位移、倾斜和沉陷。钻机(架)安装就位时,应详细测量,底座应用枕木垫实塞紧,顶端应用缆风绳固定平稳,并在钻进过程中经常检查。

(二)钻孔

1. 钻孔方法和钻具

1)旋转钻进成孔

利用钻具的旋转切削土体钻进,并同时采用循环泥浆的方法护壁排渣。我国现用旋转钻机按泥浆循环的程序不同分为正循环和反循环两种。所谓正循环即在钻进的同时,泥浆泵将泥浆压进泥浆笼头,通过钻杆中心从钻头喷入钻孔内,泥浆挟带钻渣沿钻孔上升,从护筒顶部排浆孔排出至沉淀池,钻渣在此沉淀而泥浆仍进入泥浆池循环使用,如图4-15所示。

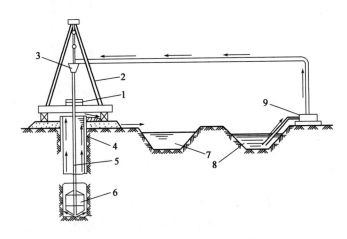

图4-15 正循环旋转钻孔
1-钻机;2-钻架;3-泥浆笼头;4-护筒;5-钻杆;6-钻头;7-沉淀池;8-泥浆池;9-泥浆泵

正循环钻成孔方式,钻杆和孔壁之间的环状断面大,泥浆上返速度慢,挟带泥砂颗粒直径较小,排除钻渣能力差,岩土重复破碎现象严重。但它具有钻机小、质量轻、狭窄工地也能使用、设备简单、设备故障少、工艺技术成熟、噪声低、振动小和工程费用低的优点。

反循环成孔是钻机工作时,旋转盘带动钻杆端部的钻头切削破碎孔内岩土,泥浆从钻杆与孔壁间的环状间隙中流入孔底,冷却钻头并携带被切削下来的岩土钻渣,由钻杆内腔返回地面。与此同时,泥浆又返回孔内形成循环。由于钻杆内腔较孔直径小得多,所以钻杆内泥水上升速度较正循环快得多。即使是清水,也可将钻渣带上钻杆顶端,流向泥浆沉淀池,泥浆净化后再循环使用。

反循环与正循环相比,具有钻进速度快、所需泥浆量少、转盘所消耗的功率少、清孔时间较快、采用特殊钻头可钻挖岩石等优点。但在接长钻杆时装卸较麻烦,如钻渣粒径超过钻杆内径(一般为120mm)易堵塞管路,则不宜采用。

2)冲击钻进成孔

利用钻锥(重为10~35kN)不断地提锥、落锥反复冲击孔底土层,把土层中泥沙、石块挤向四壁或打成碎渣,钻渣悬浮于泥浆中,利用掏渣筒取出,重复上述过程冲击钻进成孔。

主要采用的机具有定型的冲击式钻机(包括钻架、动力、起重装置等)、冲击钻头、转向装置和掏渣筒等,也可用30~50kN带离合器的卷扬机配合钢、木钻架及动力组成简易冲击机。

钻头一般是整体铸钢做成的实体钻锥,钻刃为十字架形采用高强度耐磨钢材做成,底刃最好不完全平直以加大单位长度上的压重,如图4-16所示。冲击时钻头应有足够的重力,适当的冲程和冲击频率,以使它有足够的能量将岩块打碎。

冲锥每冲击一次旋转一个角度,才能得到圆形的钻孔,因此在锥头和提升钢丝绳连接处应有转向装置,常用的有合金套或转向环,以保证冲锥的转动,也避免了钢丝绳打结扭断。

掏渣筒是用以掏取孔内钻渣的工具,如图4-17所示。用30mm左右厚的钢板制作,下面碗形阀门应与渣筒密合,以防止漏水漏浆。

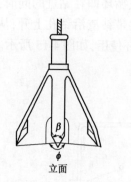

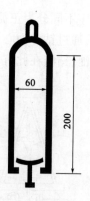

　　立面　　　　　平面

图4-16　冲击钻锥　　　　图4-17　掏渣筒(尺寸单位:cm)

冲击成孔适用于含有漂卵石、大块石的土层及岩层,也能用于其他土层。成孔深度一般不宜大于50m。

　　3)冲抓钻进成孔

用兼有冲击和抓土作用的抓土瓣,通过钻架,由带离合器的卷扬机操纵,靠冲锥自重(重为10～20kN)冲下使土瓣锥尖张开插入土层,然后由卷扬机提升锥头收拢抓土瓣将土抓出,弃土后继续冲抓钻进而成孔。

钻锥常采用四瓣或六瓣冲抓锥,其构造如图4-18所示。当收紧外套钢丝绳松内套钢丝绳时,内套在自重作用下相对外套下坠,便使锥瓣张开插入土中。

冲抓成孔适用于黏性土、砂性土及夹有碎卵石的砂砾土层,成孔深度宜小于30m。

2. 钻孔过程中容易发生的质量问题及处理方法

图4-18　冲抓锥
1-外套;2-连杆;3-内套;
4-支撑杆;5-叶瓣;6-锥头

在钻孔过程中应防止坍孔、孔形扭歪或孔偏斜,甚至把钻头埋住或掉进孔内等事故。

1)塌孔

在成孔过程或成孔后,有时在排出的泥浆中不断出现气泡,有时护筒内的水位突然下降,这是塌孔的迹象。其形成原因主要是土质松散、泥浆护壁不好、护筒水位不高等所致。

处理方法:探明塌孔位置,将砂和黏土的混合物回填到塌孔位置1～2m。如塌孔严重,应全部回填,等回填物沉积密实再重新钻孔。

2)缩孔

缩孔是指孔径小于设计孔径的现象,是由于塑性土膨胀造成的,处理时可反复扫孔,以扩大孔径。

3)斜孔

桩孔成孔后发现较大垂直偏差,是由于护筒倾斜和位移、钻杆不垂直、钻头导向部分太短、导向性差、土质软硬不一或遇上孤石等原因造成。斜孔会影响桩基质量,并会造成施工上的困难。

处理方法:在偏斜处吊放钻头,上下反复扫孔,直至把孔位校直;或在偏斜处回填砂黏土,待沉积密实后再钻。

3. 钻孔注意事项

(1) 在钻孔过程中,始终要保持钻孔护筒内水位要高出筒外 1~1.5m 的水位差和护壁泥浆的要求(泥浆比重为 1.1~1.3、黏度为 10~25s、含砂率不大于 6% 等),以起到护壁固壁作用,防止坍孔。若发现漏水(漏浆)现象,应找出原因及时处理。

(2) 在钻孔过程中,应根据土质等情况控制钻进速度、调整泥浆稠度,以防止坍孔及钻孔偏斜、卡钻和旋转钻机负荷超载等情况发生。

(3) 钻孔宜一气呵成,不宜中途停钻以避免坍孔。

(4) 钻孔过程中应加强对桩位、成孔情况的检查工作。终孔时应对桩位、孔径、形状、深度、倾斜度及孔底土质等情况进行检验,合格后立即清孔、吊放钢筋笼,灌注混凝土。

(三)清孔及装吊钢筋骨架

清孔的目的是除去孔底沉淀的钻渣和泥浆,以保证灌注的钢筋混凝土的质量,确保桩的承载力。常用的清孔方法如下。

1. 抽浆清孔

用空气吸泥机吸出含钻渣的泥浆而达到清孔。由风管将压缩空气输进排泥管,使泥浆形成密度较小的泥浆空气混合物,在水柱压力下沿排泥管向外排出泥浆和孔底沉渣,同时用水泵向孔内注水,保持水位不变直至喷出清水或沉渣厚度达设计要求为止。这种方法适用于孔壁不易坍塌,各种钻孔方法的柱桩和摩擦桩,如图 4-19 所示。

2. 掏渣清孔

用掏渣筒掏清孔内粗粒钻渣,适用于冲抓、冲击成孔的摩擦桩。

3. 换浆清孔

正、反循环旋转机可在钻孔完成后不停钻、不进尺,继续循环换浆清渣,直至达到清理泥浆的要求。它适用于各类土层的摩擦桩。

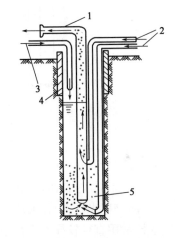

图 4-19 抽浆清孔
1-泥浆砂石渣喷出;2-通入压缩空气;
3-注入清水;4-护筒;5-孔底沉积物

清孔应满足《公路桥涵地基与基础设计规范》(JTG 3363—2019)对沉渣厚度的要求:摩擦桩,d(桩的直径)$\leq 1.5m$ 时,t_0(桩底沉渣厚度)$\leq 300mm$;$d > 1.5m$ 时,$t_0 \leq 500mm$,且 $0.1 < t_0/d < 0.3$;端承桩 $d \leq 1.5m$ 时,$t_0 \leq 50mm$;$d > 1.5m$ 时,$t_0 \leq 100mm$。

钢筋笼骨架吊放前应检查孔底深度是否符合要求;孔壁有无妨碍骨架吊放和正确就位的情况。钢筋骨架吊装可利用钻架或另立扒杆进行。吊放时应避免骨架碰撞孔壁,并保证骨架外混凝土保护层厚度,应随时校正骨架位置。钢筋骨架达到设计标高后,牢固定位于孔口。钢筋骨架安装完毕后,须再次进行孔底检查,有时须进行二次清孔,达到要求后即可灌注水下混凝土。

(四)灌注水下混凝土

水下混凝土灌注是钻孔灌注桩施工的关键工序,目前我国多采用直升导管法。

1. 灌注方法及有关设备

导管法的施工过程如图 4-20 所示。灌注混凝土时首先将导管居中插入到离孔底 0.30～0.40m(不能插入孔底沉积的泥浆中),导管上口接漏斗,在接口处设隔水栓,以隔绝混凝土与导管内水的接触。在漏斗中存备足够数量的混凝土后,放开隔水栓使漏斗中存备的混凝土连同隔水栓向孔底猛落,将导管内水挤出,混凝土沿导管下落至孔底堆积,并使导管埋在混凝土内,此后向导管连续灌注混凝土。导管下口埋入孔内混凝土内 1～1.5m 深,以保证钻孔内的水不可能重新流入导管。随着混凝土不断由漏斗、导管灌入孔内,钻孔内初期灌注的混凝土及其上面的水或泥浆不断被顶托升高,相应地不断提升导管和拆除导管,直至灌注混凝土完毕。

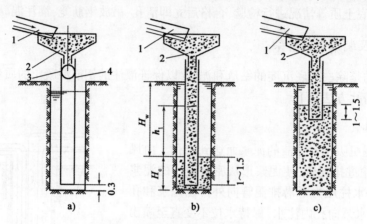

图 4-20　灌注水下混凝土(尺寸单位:m)
1-通混凝土储料槽;2-漏斗;3-隔水栓;4-导管

导管是内径 0.20～0.40m 的钢管,壁厚 3～4mm,每节长度 1～2m,最下面一节导管应较长,一般为 3～4m。导管两端用法兰盘及螺栓连接,并垫橡皮圈以保证接头不漏水,如图 4-21 所示,导管内壁应光滑,内径大小一致,连接牢固在压力下不漏水。

隔水栓常用直径较导管内径小 20～30mm 的木球,或混凝土球、砂袋等,以粗铁丝悬挂在导管上口或近导管内水面处,要求隔水球能在导管内滑动自如不致卡管。木球隔水栓构造如图 4-21 所示。目前,也有采用在漏斗与导管接斗处设置活门来代替隔水球,它是利用混凝土下落排出导管内的水,施工较简单但需有丰富的操作经验。

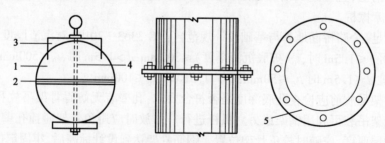

图 4-21　导管接头及木球
1-木球;2-橡皮垫;3-导向架;4-螺栓;5-法兰盘

首批灌注的混凝土数量,要保证将导管内水全部压出,并能将导管初次埋入 1～1.5m 深。按照这个要求计算第一斗连续浇灌混凝土的最小用量,从而确定漏斗的尺寸大小及储料槽的大小。漏斗和储料槽的最小容量 $V(m^3)$ 的计算见式(4-2)。

$$V = h_1 \cdot \frac{\pi d^2}{4} + H_c \cdot \frac{\pi D^2}{4} \qquad (4-2)$$

式中：H_c——导管初次埋深加开始时导管离孔底的间距(m)；

h_1——孔内混凝土高度 H_c 时，导管内混凝土柱与导管外水压平衡所需高度(m)，$h_1 = \dfrac{H_w \gamma_w}{\gamma_c}$；

H_w——孔内水面到混凝土面的水柱高(m)；

γ_c、γ_w——孔内水(或泥浆)及混凝土的重度；

d、D——导管及桩孔直径(m)。

漏斗顶端应比桩顶(桩顶在水面以下时应比水面)高出至少 3m，以保证在灌注最后部分混凝土时，管内混凝土能满足顶托管外混凝土及其上面的水或泥浆重力的需要。

2. 对混凝土材料的要求

为保证水下混凝土的质量，设计混凝土配合比时，将混凝土强度等级提高 20%；混凝土应有必要的流动性，坍落度宜在 180～220mm 范围内，水灰比宜用 0.5～0.6。为了改善混凝土的和易性，可在其中掺入减水剂和粉煤灰掺和物。为防卡管，石料尽可能用卵石，适宜直径为 5～30mm，最大粒径不应超过 40mm。所用水泥强度等级不宜低于 42.5 级，每立方米混凝土的水泥用量不小于 350kg。

3. 灌注水下混凝土注意事项

灌注水下混凝土是钻孔灌注桩施工最后一道关键性的工序，其施工质量将严重影响到成桩质量，施工中应注意以下几点：

(1) 混凝土拌和必须均匀，尽可能缩短运输距离和减小颠簸，防止混凝土离析而发生卡管事故。

(2) 灌注混凝土必须连续作业，一气呵成，避免任何原因的中断。

(3) 在灌注过程中，要随时测量和记录孔内混凝土灌注高程和导管入孔长度，提管时控制和保证导管埋入混凝土面内有 3～5m 深度。防止导管提升过猛，管底提离混凝土面或埋入过浅，而使导管内进水造成断桩夹泥。但也要防止导管埋入过深，而造成导管内混凝土压不出或导管为混凝土埋住凝结，不能提升，导致终止浇灌而成断桩。

(4) 灌注的桩顶高程应比设计值预加一定高度，此范围的浮浆和混凝土应凿除，以确保桩顶混凝土的质量。预加高度一般为 0.5m，深桩应酌量增加。

待桩身混凝土达到设计强度，按规定检验后方可灌注系梁、盖梁或承台。

二、桩基施工质量检验

工程质量问题是百年大计，为确保桩基工程质量，应对桩基进行必要的检测，验证能否满足设计要求，保证桩基的正常使用。桩基工程为地下隐蔽工程，建成后在某些方面难以检测。为控制和检验桩基质量，施工一开始就应按工序严格监测，推行全面的质量管理(TQC)，每道工序均应检验，及时发现和解决问题，并认真做好施工和检测记录，以备最后综合对桩基质量作出评价。

桩的类型和施工方法不同，所需检验的内容和侧重点也有不同，但纵观桩基质量检验，通常均涉及以下三方面内容。

(一)桩的几何受力条件检验

桩的几何受力条件主要是指有关桩位的平面布置、桩身倾斜度、桩顶和桩底高程等，要求这些指标在容许误差的范围之内。例如,桩的中心位置误差不宜超过 50mm,桩身的倾斜度应不大于 1/100 等,以确保桩在符合设计要求的受力条件下工作。

(二)桩身质量检验

桩身质量检验是指对桩的尺寸、构造及其完整性进行检测,验证桩的制作或成桩的质量。

1. 预制桩

预制桩制作时应对桩的钢筋骨架、尺寸量度、混凝土强度等级和浇筑方面进行检测,验证是否符合选用的桩标准图或设计图的要求。检测的项目有主筋间距、箍筋间距、吊环位置与露出桩表面的高度、桩顶钢筋网片位置、桩尖中心线、桩的横截面尺寸和桩长、桩顶平整度及其与桩轴线的垂直度、钢筋保护层厚度等。关于钢筋骨架和桩外形尺度在制作时的允许偏差,可参阅《建筑桩基技术规范》(JGJ 94—2008)中所作的具体规定。

对混凝土质量应检查其原材料质量与计量、配合比和坍落度、桩身混凝土试块强度及成桩后表面有否产生蜂窝麻面及收缩裂缝的情况。一般桩顶与桩尖不容许有蜂窝和损伤,表面蜂窝面积不应超过桩表面积的 0.5%,收缩裂缝宽度不应大于 0.2mm。长桩分节施工时需检验接桩质量,接头平面尺寸不允许超出桩的平面尺寸,注意检查电焊质量。

2. 钻孔灌注桩

钻孔灌注桩的尺寸取决于钻孔的大小、桩身质量与施工工艺,因此桩身质量检验应对钻孔、成孔与清孔,钢筋笼制作与安放,水下混凝土配制与灌注三个主要过程进行质量监测与检查。

检验孔径应不小于设计桩径;成孔是否有扩孔、颈缩现象。

孔深应比设计深度稍深:摩擦桩不小于设计规定,柱桩比设计深度深至少 5cm。

钻孔过程中泥浆各项指标应满足:相对密度 1.06～1.20;黏度 19～25s;失水率≤18mL/30min;泥皮厚≤2.0mm;含砂率≤4%。

清孔后的泥浆各项指标应满足:相对密度 1.06～1.1;黏度 18～22s;失水率≤10mL/30min;泥皮厚≤1.0mm;含砂率≤0.5%。

孔内沉淀土厚度 t 应不大于设计规定。对于摩擦桩,当设计无要求时,对直径≤1.5m 的桩,t≤30cm;对桩径>1.5m 或桩长>40m 或土质较差的桩,t≤50cm,且 $0.1 < t/d < 0.3$。

钢筋笼顶面与底面高程与设计规定值误差应在 ±50mm 范围内。

成孔后的钻孔灌注桩桩身结构完整性检验方法很多,常用的有以下几种方法(其具体测试方法和原理详见有关参考书)。

1)低应变动测法

(1)反射波法。

它是用力锤敲击桩顶,给桩一定的能量,使桩中产生应力波,检测和分析应力波在桩体中的传播历程,便可分析出基桩的完整性。

(2)水电效应法。

在桩顶安装一高约 1m 的水泥圆筒,筒内充水,在水中安放电极和水听器,电极高压放电,瞬时释放大电流产生声学效应,给桩顶一冲击能量,由水听器接收桩—土体系的响应信号,对信号进行频谱分析,根据频谱曲线所含有的桩基质量信息,判断桩的质量和承载力。

(3)机械阻抗法。

它是把桩—土体系看成一线性不变振动系统,在桩头施加一激励力,就可在桩头同时观测到系统的振动响应信号,如位移、速度、加速度等,并可获得速度导纳曲线(导纳即响应与激励之比)。分析导纳曲线,即可判定桩身混凝土的完整性,确定缺陷类型。

(4)动力参数法。

该方法是通过简便地敲击桩头,激起桩—土体系的竖向自由振动,按实测的频率及桩头振动初速度或单独按实测频率,根据质量弹簧振动理论推算出单桩动刚度,再进行适当的动静对比修正,换算成单桩的竖向承载力。

(5)声波透射法。

它是将置于被测桩的声测管中的发射换能器发出的电信号,经转换、接收、放大处理后存储,并把它显示在显示器上加以观察、判读,即可作出被测桩混凝土的质量判定。

对灌注桩的桩身质量判定,可分为以下四类。

优质桩:动测波形规则衰减,无异常杂波,桩身完好,达到设计桩长,波速正常,混凝土强度等级高于设计要求。

合格桩:动测波形有小畸变,桩底反射清晰,桩身有小畸变,如轻微缩径、混凝土局部轻度离析等,对单桩承载力没有影响。桩身混凝土波速正常,达到混凝土设计强度等级。

严重缺陷桩:动测波形出现较明显的不规则反射,对应桩身缺陷,如裂纹、混凝土离析、缩径 1/3 桩截面以上,桩身混凝土波速偏低,达不到设计强度等级,对单桩承载力有一定的影响。该类桩要求设计单位复核单桩承载力后提出是否处理的意见。

不合格桩:动测波形严重畸变,对应桩身缺陷如裂缝、混凝土严重离析、夹泥、严重缩径、断裂等。这类桩一般不能使用,需进行工程处理。

工程上还习惯于将上述四种判定类别按 Ⅰ 类桩、Ⅱ 类桩、Ⅲ 类桩、Ⅳ 类桩划分。但不管怎样划分,其划分标准基本上是一致的。

2)钻芯检验法

钻芯验桩就是利用专用钻机,从混凝土结构中钻取芯样以检测混凝土强度的方法。它是大直径基桩工程质量检测的一种手段,是一种既简便又直观的验桩方法,它具有以下特点:

(1)可检查基桩混凝土胶结、密实程度及其实际强度,发现断桩、夹泥及混凝土稀释层等不良状况,检查桩身混凝土灌注质量;

(2)可测出桩底沉渣厚度并检验桩长,同时直观认定桩端持力层岩性;

(3)用钻芯桩孔对出现断桩、夹泥或稀释层等缺陷桩进行压浆补强处理。

由于具有以上特点,钻心验桩法广泛应用于大直径基桩质量检测工作中,它特别适用于大直径大载荷端承桩的质量检测。对于长径比比较大的摩擦桩,则易因孔斜使钻具中途穿出桩外而受限制。

(三)桩身强度与单桩承载力检验

桩的承载力取决于桩身强度和地基强度。桩身强度检验除了保证上述桩的完整性外,还要检测桩身混凝土的抗压强度。预留试块的抗压强度应不低于设计采用混凝土相应的抗压强度,对于水下混凝土应高出 20%。钻孔桩在凿平桩头后应抽查桩头混凝土质量检验抗压强度。对于大桥的钻孔桩有必要时尚应抽查,钻取桩身混凝土芯样检验其抗压强度。

单桩承载力的检测,在施工过程中,对于打入桩惯用最终贯入度和桩底高程进行控制,而钻孔灌注桩还缺少在施工过程中监测承载力的直接手段。成桩可做单桩承载力的检验,常采静载试验或高应变动力试验确定单桩承载力。单桩静载试验包括垂直静载试验和水平静载试验两项。

垂直静载试验法之一：在桩顶逐级施加轴向荷载，直至桩达到破坏状态为止，并在试验过程中查明桩的沉降情况，测定各土层的桩侧摩阻力和桩底反力，测量并记录每级荷载下不同时间的桩顶沉降，根据沉降与荷载及时间的关系，分析确定单桩的轴向承载力。

垂直静载试验法之二：即桩承载力自平衡测试法，在桩身指定位置安放荷载箱，荷载箱内布置大吨位千斤顶，通过测试直观地反映荷载箱上下两段各自的承载力。将荷载箱上段的侧摩阻力经处理后与下段桩端阻力相加，即为桩的极限承载力。

水平静载试验：在桩顶施加水平荷载（单向多循环加卸载法或慢速连续法），直至桩达到破坏标准为止。测量并记录每级荷载下不同时间的桩顶水平位移，根据水平位移与水平荷载及时间的关系，分析确定单桩的横向水平承载力。

通过桩的静载试验，可验证基桩的设计参数并检查选用的钻孔施工工艺是否合理和完善，以便对设计文件规定的桩长、桩径和承载能力进行复核，对钻孔施工工艺和机具进行改善和调整。一些新工艺一般都是通过荷载试验的检验鉴定才能获得推广应用。对特大桥和地质复杂的钻孔灌注桩必须进行桩的承载力试验。

国内外工程实践证明，用静力检验法测试单桩竖向承载力，尽管检验仪器、设备笨重、造价高、劳动强度大、试验时间长，但迄今为止还是其他任何动力检验法无法替代的基桩承载力检测方法，其试验结果的可靠性也是毋庸置疑的。而对于动力检验法确定单桩竖向承载力，无论是高应变法还是低应变法，均是近几十年来国内外发展起来的新的测试手段，目前仍处于发展和继续完善阶段。大桥与重要工程、地质条件复杂或成桩质量可靠性较低的桩基工程，均需做单桩承载力的检验。

第四节 单桩承载力

桩基础是由若干根基桩组成，在设计桩基础时，应从分析单桩入手，确定单桩承载力，然后结合桩基础的结构和构造形式进行基桩受力分析计算，从而检验桩基础的承载力及其变形。

单桩承载力是指单桩在荷载作用下，地基土和桩本身的强度和稳定性均能得到保证，变形也在容许范围内，以保证结构物的正常使用所能承受的最大荷载。一般情况下，桩受到轴向力、横轴向力以及弯矩作用，因此须分别研究和确定单桩的轴向承载力和横轴向承载力。

一、单桩轴向荷载传递机理和特点

桩的承载力是桩与土共同作用的结果，了解单桩在轴向荷载作用下桩土间的传力途径和单桩承载力的构成特点及其发展过程，以及单桩破坏机理等基本概念，将对正确确定单桩轴向承载力有指导意义。

（一）荷载传递过程与土对桩的支承力

当轴向荷载逐步施加于单桩桩顶，桩身上部受到压缩而产生相对于土的向下位移，与此同时桩侧表面就会受到向上的摩阻力。桩顶荷载通过所发挥出来的摩阻力传递到桩周土层中去，致使桩身轴力和桩身压缩变形随深度递减。在桩土相对位移为零处，其摩阻力尚未开始发挥作用而等于零。随着荷载增加，桩身压缩量和位移增大，桩身下部的摩阻力随之逐步调动起来，桩底土层也因受到压缩而产生桩端阻力。因此，可以认为土对桩的支承力是由桩侧摩阻力和桩端阻力两部分组成。桩端土层的压缩加大了桩土相对位移，从而使桩身摩阻力进一步发挥到极限值，而桩端极限阻力的发挥则需要比发生桩侧极限摩阻力大得多的位移值,这时总是桩侧摩阻力先充分发挥出来。当桩身摩阻力全部发挥出来达到极限后,若继续增加荷载,其荷载增量将全部由桩端阻力承担。由于桩端持力层的大量压缩和塑性挤出,位移增长速度显著增加,直至桩端阻力达到极限,位移迅速增大而破坏。此时桩所受的荷载就是桩的极限承载力。

桩侧摩阻力和桩底阻力的发挥程度与桩土间的变形性状有关,并各自达到极限值时所需要的位移量是不同的。试验表明:桩底阻力的充分发挥需要有较大的位移值,在黏性土中约为桩底直径的25%,在砂性土中为8%~10%;而桩侧摩阻力只要桩土间有不太大的相对位移就能得到充分的发挥,具体数值目前认识尚不能有一致意见,但一般认为黏性土为4~6mm,砂性土为6~10mm。因此,确定桩的承载力时,应考虑这一特点。端承桩由于桩底位移很小,桩侧摩阻力不易得到充分发挥。对于一般柱桩,桩底阻力占桩支承力的绝大部分,桩侧摩阻力很小常忽略不计。但对较长的柱桩且覆盖层较厚时,由于桩身的弹性压缩较大,也足以使桩侧摩阻力得以发挥,对于这类柱桩国内已有规范建议可予以计算桩侧摩阻力。对于桩长很大的摩擦桩,也因桩身压缩变形大,桩底反力尚未达到极限值,桩顶位移已超过使用要求所容许的范围,且传递到桩底的荷载也很微小,此时确定桩的承载力时桩底极限阻力不宜取值过大。

(二) 桩侧摩阻力的影响因素及其分布

桩侧摩阻力除与桩土相对位移有关,还与土的性质、桩的刚度、时间因素和土中应力状态以及桩的施工方法等因素有关。

桩侧摩阻力实质上是桩侧土的剪切问题。桩侧土极限摩阻力值与桩侧土的剪切强度有关,随着土的抗剪强度的增大而增加。而土的抗剪强度又取决于其类别、性质、状态和剪切面上的法向应力。不同类别、性质、状态和深度处的桩侧土将具有不同的桩侧摩阻力。

从位移角度分析,桩的刚度对桩侧摩阻力也有影响。桩的刚度较小时,桩顶截面的位移较大而桩底较小,桩顶处桩侧摩阻力常较大;当桩刚度较大时,桩身各截面位移较接近,由于桩下部侧面土的初始法向应力较大,土的抗剪强度也较大,以致桩下部桩侧摩阻力大于桩上部。

由于桩底地基土的压缩是逐渐完成的,因此桩侧摩阻力所承担荷载将随时间由桩身上部向桩下部转移。在桩基施工过程中及完成后桩侧土的性质、状态在一定范围内会有变化,影响桩侧摩阻力,并且往往也有时间效应。

影响桩侧摩阻力的诸因素中,土的类别、性状是主要因素。在分析基桩承载力等问题时,各因素对桩侧摩阻力大小与分布的影响,应分别情况予以注意。例如,在塑性状态黏性土中打桩,在桩侧造成对土的扰动,再加上打桩的挤压影响会在打桩过程中使桩周围土内孔隙水压力上升,土的抗剪强度降低,桩侧摩阻力变小。待打桩完成经过一段时间后,超孔隙水压力逐渐消散,再加上黏土的触变性质,使桩周围一定范围内的抗剪强度不但能得到恢复,而且往往还可能超过其原来强度,桩侧摩阻力得到提高。在砂性土中打桩时,桩侧摩阻力的变化与砂土的初始密度有关,如密实砂性土有剪胀性会使摩阻力出现峰值后有所下降。

桩侧摩阻力的大小及其分布决定着桩身轴向力随深度的变化及数值,因此掌握、了解桩侧摩阻力的分布规律,对研究和分析桩的工作状态有重要作用。由于影响桩侧摩阻力的因素即桩土间的相对位移、土中的侧向应力及土质分布及性状均随深度变化,因此要精确地用物理力学方程描述桩侧摩阻力沿深度的分布规律较复杂。只能用试验研究方法,即桩在承受竖向荷载工程中,量测桩身内力或应变,计算各截面轴力,求得侧阻力分布或端阻力值。现以图4-22来说明其分布变化,其曲线上的数字为相应桩顶荷载。在黏性土中沉桩(预制桩)的桩侧摩阻力沿深度分布的形状近乎抛物线,在桩顶处的摩阻力为零,桩身中段处的摩阻力比桩的下段大;而钻孔灌注桩的施工方法与沉桩不同,其桩侧摩阻力将具有某些不同于沉桩的特点。从图4-22中可见,从地面起的桩侧摩阻力呈线性增加,其深度仅为桩径的5~10倍,而沿桩长的摩阻力分布则比较均匀。为简化起见,现常近似假设沉桩侧摩阻力在地面处为零,沿桩入土深度呈线性分布,而对钻孔灌注桩则近似假设桩侧摩阻力沿桩身均匀分布。

(三) 桩底阻力的影响因素及其深度效应

桩底阻力与土的性质、持力层上覆荷载(覆盖土层厚度)、桩径、桩底作用力、时间及桩底进入持力层深度等因素有关,其主要影响因素仍为桩底地基土的性质。桩底地基土的受压刚度和抗剪强度大则桩底阻力也大,桩底极限阻力取决于持力层土的抗剪强度和上覆荷载及桩径大小。由于桩底地基土层的受压固结作用是逐渐完成的,因此随着时间的增长,桩底土层的固结强度和桩底阻力也相应增长。

模型和现场试验研究表明,桩的承载力(主要是桩底阻力)随着桩的入土深度,特别是进入持力层的深度而变化,这种特性称为深度效应。

桩底端进入持力砂土层或硬黏土层时,桩的极限阻力随着进入持力层的深度线性增加,达到一定深度后,桩底阻力的极限值保持稳值。这一深度称为临界深度h_c。它与持力层的上覆荷载和持力层土的密度有关。上覆荷载越小、持力层土密度越大,则h_c越大。当持力层下存在软弱土层时,桩底距下卧软弱土层顶面的距离t小于某一值t_c时,桩底阻力将随着t的减小而下降。t_c称为桩底硬层临界厚度。持力层土密度越高、桩径越大,则t_c越大。

由此可见,对于以夹于软层中的硬层作为桩底持力层时,要根据夹层厚度,综合考虑基桩进入持力层的深度和桩底硬层的厚度(图4-22)。

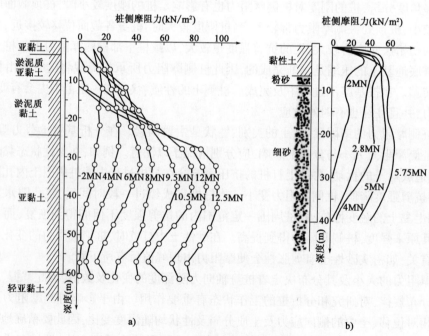

图4-22 桩侧摩阻力分布曲线
a) 沉桩(预制桩);b) 钻孔灌注桩

(四) 单桩在轴向受压荷载作用下的破坏模式

轴向受压荷载作用下,单桩的破坏是由地基土强度破坏或桩身材料强度破坏所引起的,而以地基土强度破坏居多。下面介绍工程实践中常见的几种典型破坏模式(图4-23)。

(1) 桩底支承在很坚硬的地层,桩侧土为软土层其抗剪强度很低时,桩在轴向受压荷载作用下,如同一受压杆件呈现纵向挠曲破坏,如图4-23a) 所示。在荷载—沉降(P-S) 曲线上呈现出明确的破坏荷载。桩的承载力取决于桩身的材料强度。

(2) 当具有足够强度的桩穿过抗剪强度较低的土层而达到强度较高的土层时,桩在轴向受压荷载作用下,由于桩底持力层以上的软弱土层不能阻止滑动土楔的形成,桩底土体将形成滑动面而出现整体剪切破坏,如图4-23b) 所示。在 P-S 曲线上可见明确的破坏荷载。桩的承载力主要取决于桩底土的支承力,桩侧摩阻力也起一部分作用。

(3) 当具有足够强度的桩入土深度较大或桩周土层抗剪强度较均匀时,桩在轴向受压荷载作用下,将出现刺入式破坏,如图4-23c) 所示。根据荷载大小和土质不同,其 P-S 曲线通常无明显的转折点。桩所受荷载由桩侧摩阻力和桩底反力共同承担,一般摩擦桩或纯摩擦桩多为此类破坏,且基桩承载力往往由桩顶所允许的沉降量控制。

因此,桩的轴向受压承载力,取决于桩周土的强度或桩本身的材料强度。一般情况下桩的轴向承载力都是由土的支承能力控制的,对于柱桩和穿过土层土质较差的长摩擦桩,则两种因素均有可能是决定因素。

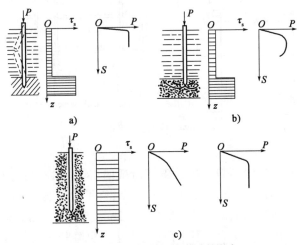

图4-23 土强度对桩破坏模式的影响

二、按土的支承力确定单桩轴向承载力特征值

在工程设计中,单桩轴向承载力特征值,是指单桩在轴向荷载作用下,地基土和桩本身的强度和稳定性均能够得到保证,变形也在容许范围之内所容许承受的最大荷载,它是以单桩轴向极限承载力(极限桩侧摩阻力与极限桩底阻力之和)考虑必要的安全度后求得。

单桩轴向承载力特征值的确定方法较多,考虑到地基土具有多变性、复杂性和地域性等特点,往往需选用几种方法作综合考虑和分析,以合理确定单桩轴向承载力特征值。

(一) 静载试验法

垂直静载试验法即在桩顶逐级施加轴向荷载,直至桩达到破坏状态为止,并在试验过程中测量每级荷载下不同时间的桩顶沉降,根据沉降与荷载及时间的关系,分析确定单桩轴向承载力特征值。

试桩可在已打好的工程桩中选定,也可专门设置与工程桩相同的试验桩。考虑到试验场地的差异以及试验的离散性,试桩数目应不小于基桩总数的2%,且不应少于两根;试桩的施工方法以及试桩的材料和尺寸、入土深度均应与设计桩相同。

1. 试验装置

试验装置主要有加载系统和观测系统两部分。加载主要有堆载法与锚桩法(图4-24)两种。堆载法是在荷载平台上堆放重物,一般为钢锭或砂包,也有在荷载平台上置放水箱,向水箱中充水作为荷载。堆载法适用于极限承载力较小的桩。锚桩法是在试桩周围布置4~6根锚桩,常利用工程桩群。锚桩深度不宜小于试桩深度,且与试桩有一定距离,一般应大于$3d$且不小于1.5m(d为试桩直径或边长),以减少锚桩对试桩承载力的影响。观测系统主要有桩顶位移和加载数值的观测。位移通过安装在基准梁上的位移计或百分表量测。加载数值通过油压表或压力传感器观测。每根基准梁固定在两个无位移影响的支点或基准点上,支点或基准桩与试桩中心距应大于$4d$且不小于2m(d为试桩直径或边长)。锚桩法的优点是适应桩的承载力范围广,当试桩极限承载力较大时,加荷系统相对简单。但锚桩一般须事先确定,因为锚桩一般需要通长配筋,且钢筋总抗拉强度要大于其负担的上拔力的1.4倍。

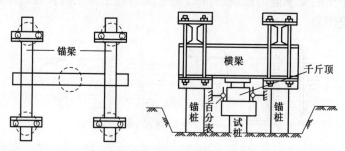

图4-24 锚桩法试验装置

2. 试验方法

试桩加载应分级进行,每级荷载为预估破坏荷载的1/10~1/15;有时也采用递变加载方式,开始阶段每级荷载取预估破坏荷载的1/2.5~1/5,终了阶段取1/10~1/15。

测读沉降时间,在每级加荷后的第一小时内,按2min、5min、15min、30min、45min、60min测读一次,以后每隔30min测读一次,直至沉降稳定为止。沉降稳定的标准,通常规定为对砂性土为30min内不超过0.1mm;对黏性土为1h内不超过0.1mm。待沉降稳定后,方可施加下一级荷载。循此加载观测,直到桩达到破坏状态,终止试验。

当出现下列情况之一时,一般认为桩已达破坏状态,所相应施加的荷载即为破坏荷载:

(1)桩的沉降量突然增大,总沉量大于40mm,且本级荷载下的沉降量为前一级荷载下沉降量的5倍。

(2)本级荷载下桩的沉降量为前一级荷载下沉降量的2倍,且24h桩的沉降未趋稳定。

3. 极限荷载和轴向承载力特征值的确定

破坏荷载求得以后,可将其前一级荷载作为极限荷载,从而确定单桩轴向承载力特征值:

$$R_a = \frac{P_j}{K} \tag{4-3}$$

式中：R_a——单桩轴向受压承载力特征值(kN)；

P_j——试桩的极限荷载(kN)；

K——安全系数，一般为2。

实际上，在破坏荷载下，处于不同土层中的桩，其沉降量和沉降速率是不同的，人为地统一规定某一沉降值或沉降速率作为破坏荷载标准，难以正确评价基桩的极限承载力，因此，宜根据试验曲线采用多种方法分析，以综合评定基桩的极限承载力。

1) P-S 曲线明显转折点法

在 P-S 曲线上，以曲线出现明显下弯转折点所对应的荷载作为极限荷载，如图4-25所示。因为当荷载超过该荷载后，桩底下土体达到破坏阶段发生大量塑性变形，引起桩发生较大或较长时间仍不停滞的沉降，所以在 P-S 曲线上呈现出明显的下弯转折点。然而，若 P-S 曲线转折点不明显，则极限荷载难以确定，需借助其他方法辅助判断。例如，用对数坐标绘制 lgP-lgS 曲线，可能使转折点显得明显些。

2) S-lgt 法(沉降速率法)

该方法是根据沉降随时间的变化特征来确定极限荷载，大量试桩资料分析表明，桩在破坏荷载以前的每级下沉量(S)与时间(t)的对数呈线性关系(图4-26)，可用公式表示为：

$$S = m\lg t \tag{4-4}$$

直线的斜率 m 在某种程度上反映了桩的沉降速率。m 值不是常数，它随着桩顶荷载的增加而增大，m 越大则桩的沉降速率越大。当桩顶荷载继续增大时，如发现绘得的 S-lgt 线不是直线而是折线时，则说明在该级荷载作用下桩沉降骤增，即地基土塑性变形骤增，桩呈现破坏。因此，可将相应于 S-lgt 线形由直线变为折线的那一级荷载定为该桩的破坏荷载，其前一级荷载即为桩的极限荷载。

采用静载试验法确定单桩承载力特征值直观可靠，配合其他测试设备，还能较直接了解桩的荷载传递特征，提供有关资料，因此也是桩基础研究分析常用的试验方法。

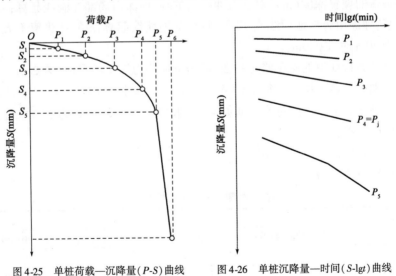

图4-25 单桩荷载—沉降量(P-S)曲线　　图4-26 单桩沉降量—时间(S-lgt)曲线

(二) 经验公式法

《公路桥涵地基与基础设计规范》(JTG 3363—2019)规定了以经验公式计算单桩轴向受压承载力特征值的方法，这是一种简化计算方法。该规范根据全国各地大量的静载试验资料，经过理论分析和统计整理,给出不同类型的桩,按土的类别、密实度、稠度、埋置深度等条件下有关桩侧摩阻力及桩底阻力的经验系数、数据及相应公式。以下各经验公式除特殊说明者外均适用于钢筋混凝土桩、混凝土桩及预应力混凝土桩。

1. 摩擦桩单桩轴向受压承载力特征值计算

钻(挖)孔灌注桩与沉桩,由于施工方法不同,根据试验资料所得桩侧摩阻力和桩底阻力数据不同,所给出的计算公式和有关数据也不同,现分述如下:

(1)钻(挖)孔灌注桩的轴向受压承载力特征值计算。

$$R_a = \frac{1}{2}u\sum_{i=1}^{n}q_{ik}l_i + A_p q_r \tag{4-5}$$

$$q_r = m_0 \lambda [f_{a0} + k_2 \gamma_2 (h-3)] \tag{4-6}$$

式中:R_a——单桩轴向受压承载力特征值(kN),桩身自重与置换土重(当自重计入浮力时,置换土重也计入浮力)的差值计入作用效应;

u——桩身周长(m);

A_p——桩端截面面积(m^2),对扩底桩,可取扩底截面面积;

n——土的层数;

l_i——承台底面或局部冲刷线以下各土层的厚度(m),扩孔部分不计;

q_{ik}——与 l_i 对应的各土层与桩侧的摩阻力标准值(kPa),宜采用单桩摩阻力试验确定,当无试验条件时按表4-2选用,扩孔部分及变截面以上2d长度范围内不计摩阻力;

q_r——桩端处土的承载力特征值(kPa),当持力层为砂土、碎石土时,当计算值超过下列值,宜按下列值采用:粉砂1000kPa;细砂1150kPa;中砂、粗砂、砾砂1450kPa;碎石土2750kPa;

f_{a0}——桩端处土的承载力特征值(kPa);

h——桩端的埋置深度(m),对于有冲刷的桩基,埋深由局部冲刷线起算;对无冲刷的桩基,埋深由天然地面线或实际开挖后的地面线起算;h 的计算值不大于40m,当大于40m时,取40m;

k_2——承载力特征值的深度修正系数,根据桩端持力层土类取值(表2-21);

γ_2——桩端以上各土层的加权平均重度(kN/m^3),若持力层在水位以下且不透水时,不论桩端以上土层的透水性质如何,一律取饱和重度;当持力层透水时,水中部分土层应取浮重度;

λ——修正系数,按表4-3选用;

m_0——清底系数,按表4-4选用。

钻孔桩桩侧土的摩阻力标准值 q_{ik}　　　　表4-2

土　类		q_{ik}
中密炉渣、粉煤灰		40~60
黏性土	流塑 $I_L > 1$	20~30
	软塑 $0.75 < I_L \leq 1$	30~50
	可塑、硬塑 $0 < I_L \leq 0.75$	50~80
	坚硬 $I_L \leq 0$	80~120
粉土	中密	30~55
	密实	55~80

续上表

土 类		q_{ik}
中密炉渣、粉煤灰		40~60
粉砂、细砂	中密	35~55
	密实	55~70
中砂	中密	45~60
	密实	60~80
粗砂、砾砂	中密	60~90
	密实	90~140
圆砾、角砾	中密	120~150
	密实	150~180
碎石、卵石	中密	160~220
	密实	220~400
漂石、块石		400~600

注：挖孔桩的摩阻力标准值可参照本表采用。

修正系数 λ 值　　　　　　表4-3

桩端土情况	h/d		
	4~20	20~25	>25
透水性土	0.70	0.70~0.85	0.85
不透水性土	0.65	0.65~0.72	0.72

注：h 为桩的埋置深度，取值同式(4-6)；d 为桩的设计直径。

清底系数 m_0 值　　　　　　表4-4

t_0/d	0.3~0.1
m_0	0.7~1.0

注：1. t_0、d 为桩端沉渣厚度和桩的直径。
　　2. $d \leq 1.5$m 时，$t_0 \leq 300$mm；$d > 1.5$m 时，$t_0 \leq 500$mm。同时满足条件 $0.1 < t_0/d < 0.3$。

（2）沉桩的轴向受压承载力特征值计算。

$$R_a = \frac{1}{2}\left(u\sum_{i=1}^{n}\alpha_i q_{ik} l_i + \alpha_r \lambda_p A_p q_{rk}\right) \qquad (4-7)$$

式中：R_a——单桩轴向受压承载力特征值(kN)，桩身自重与置换土重(当自重计入浮力时，置换土重也计入浮力)的差值计入作用效应；

u——桩身周长(m)；

n——土的层数；

l_i——承台底面或局部冲刷线以下各土层的厚度(m)；

q_{ik}——与 l_i 对应的各土层与桩侧的摩阻力标准值(kPa)，宜采用单桩摩阻力试验确定或通过静力触探试验测定，当无试验条件时按表4-5选用；

q_{rk}——桩端处土的承载力特征值(kPa)，宜采用单桩试验确定或通过静力触探试验测定，当无试验条件时按表4-6选用；

α_i、α_r——分别为振动沉桩对各土层桩侧摩阻力和桩端承载力的影响系数，按表4-7采用，对于锤击、静压沉桩其值均取为1.0；

λ_p——桩端土塞效应系数。对闭口桩取1.0；对开口桩，$1.2\text{m} < d \leq 1.5\text{m}$ 时取0.3~0.4，$d > 1.5$m 时取0.2~0.3。

沉桩桩侧土的摩阻力标准值 q_{ik} 表 4-5

土 类	状 态	摩阻力标准值 q_{ik} (kPa)
黏性土	流塑($1.5 \geq I_L \geq 1$)	15~30
	软塑($1 > I_L \geq 0.75$)	30~45
	可塑($0.75 > I_L \geq 0.5$)	45~60
	可塑($0.5 > I_L \geq 0.25$)	60~75
	硬塑($0.25 > I_L \geq 0$)	75~85
	坚硬($0 > I_L$)	85~95
粉土	稍密	20~35
	中密	35~65
	密实	65~80
粉、细砂	稍密	20~35
	中密	35~65
	密实	65~80
中砂	中密	55~75
	密实	75~90
粗砂	中密	70~90
	密实	90~105

注:1. 表中土的液性指数 I_L 是按 76g 平衡锥测定的数值。
2. 对钢管桩宜取小值。

沉桩桩端处土的承载力标准值 q_{rk} 表 4-6

土 类	状 态	桩端承载力标准值 q_{rk} (kPa)		
黏性土	$I_L \geq 1$	1000		
	$0.65 \leq I_L < 1$	1600		
	$0.35 < I_L < 0.65$	2200		
	$I_L < 0.35$	3000		
	—	桩尖进入持力层的相对深度		
		$\dfrac{h_c}{d} < 1$	$1 \leq \dfrac{h_c}{d} < 4$	$\dfrac{h_c}{d} \geq 4$
粉土	中密	1700	2000	2300
	密实	2500	3000	3500
粉砂	中密	2500	3000	3500
	密实	5000	6000	7000
细砂	中密	3000	3500	4000
	密实	5500	6500	7500
中、粗砂	中密	3500	4000	4500
	密实	6000	7000	8000
圆砾石	中密	4000	4500	5000
	密实	7000	8000	9000

注:表中 h_c 为桩端进入持力层的深度(不包括桩靴);d 为桩的直径或边长。

系 数 α_i、α_r 值　　　　表 4-7

桩径或边长 d(m)	系数 α_i、α_r			
	黏土	粉质黏土	粉土	砂土
$d \leqslant 0.8$	0.6	0.7	0.9	1.1
$0.8 < d \leqslant 2.0$	0.6	0.7	0.9	1.0
$d > 2.0$	0.5	0.6	0.7	0.9

当采用静力触探试验测定时,沉桩承载力特征值计算中的 q_{ik} 和 q_{rk} 取为:

$$q_{ik} = \beta_i \overline{q_i}$$
$$q_{rk} = \beta_r \overline{q_r} \tag{4-8}$$

式中:$\overline{q_i}$——桩侧第 i 层土的静力触探测得的局部侧摩阻力的平均值(kPa),当 $\overline{q_i}$ 小于 5kPa 时,采用 5kPa;

$\overline{q_r}$——桩端(不包括桩靴)高程以上和以下各 $4d$(d 为桩的直径或边长)范围内静力触探端阻的平均值(kPa),若桩端高程以上 $4d$ 范围内端阻的平均值大于桩端高程以下 $4d$ 的端阻平均值时,则取桩端以下 $4d$ 范围内端阻的平均值;

β_i、β_r——分别为侧摩阻和端阻的综合修正系数,其值按下面判别标准选用相应的计算公式,当土层的 $\overline{q_r}$ 大于 2000kPa,且 $\overline{q_i}/\overline{q_r} \leqslant 0.014$ 时:

$$\beta_i = 5.067(\overline{q_i})^{-0.45}$$
$$\beta_i = 3.975(\overline{q_r})^{-0.25}$$

若不满足上述 $\overline{q_r}$ 和 $\overline{q_i}/\overline{q_r}$ 条件时:

$$\beta_i = 10.045(\overline{q_i})^{-0.55}$$
$$\beta_i = 12.064(\overline{q_r})^{-0.35}$$

上列综合修正系数计算公式不适合城市杂填土条件下的短桩;综合修正系数用于黄土地区时,应做试桩校核。

由于土的类别和性状以及桩土共同作用过程都较复杂,有些土的试桩资料也较少,因此对重要工程的桩基础在运用规范法确定单桩轴向承载力特征值的同时,应以静载试验或其他方法验证其承载力;经验公式中有些问题也有待进一步探讨研究,例如公式(4-7)是根据桩侧土极限摩阻力和桩底土极限阻力的经验值计算出单桩轴向极限承载力,然后除以安全系数 K(我国一般取 $K=2$)来确定单桩轴向承载力特征值的,即对桩侧摩阻力和桩底阻力引用了单一的安全系数。而实际上由于桩侧摩阻力和桩底阻力不是同步发挥,且其发生极限状态时的时效也不同,因此各自的安全度是不同的,因此单桩轴向承载力特征值宜用分项安全系数表示为:

$$R_a = \frac{P_{su}}{K_s} + \frac{P_{pu}}{K_p} \tag{4-9}$$

式中:R_a——单桩轴向受压承载力特征值(kN);

P_{su}——桩侧极限摩阻力(kN);

P_{pu}——桩底极限阻力(kN);

K_s——桩侧阻力安全系数(kN);

K_p——桩端阻力安全系数(kN)。

一般情况下,$K_s < K_p$;但对于短粗的柱桩,$K_s > K_p$。

采用分项安全系数确定单桩承载力特征值要比单一安全系数更符合桩的实际工作状态。但要付诸应用,还有待积累更多的资料。

钢管桩因需要考虑桩底端闭塞效应及其挤土效应特点,钢管桩单桩轴向极限承载力 P_j,可按下式计算:

$$P_j = \lambda_s u \sum q_{ik} l_i + \lambda_p A_p q_{rk} \tag{4-10}$$

当 $h_b/d_s < 5$ 时:

$$\lambda_p = 0.16 \frac{h_b}{d_s} \cdot \lambda_s \tag{4-11}$$

当 $h_b/d_s \geq 5$ 时:

$$\lambda_p = 0.8\lambda_s \tag{4-12}$$

式中:λ_p——桩底端闭塞效应系数,对于闭口钢管桩 $\lambda_p = 1$,对于敞口钢管桩宜按式(4-11)、式(4-12)取值;

λ_s——侧阻挤土效应系数,对于闭口钢管桩 $\lambda_s = 1$,敞口钢管桩 λ_s 宜按表4-8确定;

h_b——桩底端进入持力层深度(m);

d_s——钢管桩内直径;

其余符号意义同式(4-7)。

敞口钢管桩桩侧阻挤土效应系数 λ_s 表4-8

钢管桩内径(mm)	<600	700	800	900	1 000
λ_s	1.00	0.93	0.87	0.82	0.77

(3)桩端后压浆灌注桩单桩轴向受压承载力特征值确定。

桩端后压浆灌注桩单桩轴向受压承载力特征值,应通过静载试验确定。在符合《公路桥涵地基与基础设计规范》(JTG 3363—2019)附录K后压浆技术规定的条件下,后压浆单桩轴向受压承载力特征值可按下式计算:

$$R_a = \frac{1}{2} u \sum_{i=1}^{n} \beta_{si} q_{ik} l_i + \beta_p A_p q_r \tag{4-13}$$

式中:R_a——桩端后压浆灌注桩单桩轴向受压承载力特征值(kN),桩身自重与置换土重(当自重计入浮力时,置换土重也计入浮力)的差值作为荷载考虑;

β_{si}——第 i 层土的侧阻力增强系数,可按表4-9取值,当在饱和土层中压浆时,仅对桩端以上8.0~12.0m范围内的桩侧阻力进行增强修正;当在非饱和土层中压浆时,仅对桩端以上4.0~5.0m的桩侧阻力进行增强修正;对于非增强影响范围,$\beta_{si} = 1$;

β_p——端阻力增强系数,可按表4-9取值。

后压浆侧阻力增强系数 β_s、端阻力增强系数 β_p 表4-9

土层名称	淤泥质土	黏土、粉质黏土	粉土	粉砂	细砂	中砂	粗砂、砾砂	角砾、圆砾	碎石、卵石	全风化岩、强风化岩
β_s	1.2~1.3	1.3~1.4	1.4~1.5	1.5~1.6	1.6~1.7	1.7~1.9	1.8~2.0	1.6~1.8	1.9~2.0	1.2~1.4
β_p	—	1.6~1.8	1.8~2.1	1.9~2.2	2.0~2.3	2.0~2.3	2.2~2.4	2.2~2.5	2.3~2.5	1.3~1.6

(4)管柱轴向受压承载力特征值计算。

管柱轴向受压承载力特征值可按沉桩式(4-7)计算,也可由专门试验确定。

(5)单桩轴向受拉承载力特征值计算。

由于对桩的受拉机理的研究尚不够充分,所以对于重要的建筑物和在没有经验的情况下,最有效的单桩受拉承载力特征值的确定方法是进行现场拔桩静载试验。对于非重要的建筑物,无当地经验时按《公路桥涵地基与基础设计规范》(JTG 3363—2019)规定,当桩的轴向力由结构自重、预加力、土重、土侧压力、汽车荷载和人群荷载的频遇组合引起时,桩不得受拉;当桩的轴向力由上述荷载与其他可变作用、偶然作用的频遇组合或偶然组合引起时,桩可受拉。摩擦型桩单桩轴向受拉承载力特征值按下式计算:

$$R_t = 0.3u \sum_{i=1}^{n} \alpha_i q_{ik} l_i \tag{4-14}$$

式中:R_t——单桩轴向受拉承载力特征值(kN);

u——桩身周长(m),对于等直径桩,$u = \pi d$;对于扩底桩,自桩端起算的长度$\sum l_i \leq 5d$时,取$u = \pi D$其余长度均取$u = \pi d$(其中D为桩的扩底直径,d为桩身直径);

α_i——振动沉桩对各土层桩侧摩阻力的影响系数,按表4-7采用;对于锤击、静压沉桩和钻孔桩$\alpha_i = 1$。

计算作用于承台底面由外荷载引起的轴向力时,应扣除桩身自重。

2. 端承桩

支承在基岩上或嵌入基岩内的钻(挖)孔桩、沉桩的单桩轴向受压承载力特征值R_a,可按下式计算:

$$R_a = c_1 A_p f_{rk} + u \sum_{i=1}^{m} c_{2i} h_i f_{rki} + \frac{1}{2} \zeta_s u \sum_{i=1}^{n} l_i q_{ik} \tag{4-15}$$

式中:R_a——单桩轴向受压承载力特征值(kN),桩身自重与置换土重(当自重计入浮力时,置换土重也计入浮力)的差值作为荷载考虑;

c_1——根据清孔情况、岩石破碎程度等因素而定的端阻发挥系数,按表4-10采用;

A_p——桩端横截面面积(m²),对于扩底桩,取扩底截面面积;

f_{rk}——桩端岩石饱和单轴抗压强度标准值(kPa),黏土质岩取天然湿度单轴抗压强度标准值,当f_{rk}小于2MPa时按摩擦桩计算;f_{rki}为第i层的f_{rk}值;

c_{2i}——根据清孔情况、岩石破碎程度等因素而定的第i层岩层的侧阻发挥系数,按表4-10采用;

u——各土层或各岩层部分的桩身周长(m);

h_i——桩嵌入各岩层部分的厚度(m),不包括强风化层和全风化层;

m——岩层的层数,不包括强风化层和全风化层;

ζ_s——覆盖层土的侧阻力发挥系数,其值应根据桩端f_{rk}确定,见表4-11,当2MPa$\leq f_{rk}$<15MPa时,$\xi_s = 0.8$;当15MPa$\leq f_{rk}$<30MPa时,$\xi_s = 0.5$;当f_{rk}>30MPa时,$\xi_s = 0.2$;

l_i——各土层的厚度(m);

q_{ik}——桩侧第i层土的侧摩阻力标准值(kPa),宜采用单桩摩阻力试验确定,当无试验条件时,对于钻(挖)孔桩按表4-2选用,对于沉桩按表4-5选用;

n——土层的层数,强风化岩和全风化岩层按土层考虑。

发挥系数 c_1、c_2 值　　　　　　表 4-10

岩石层情况	c_1	c_2
完整、较完整	0.6	0.05
较破碎	0.5	0.04
破碎、极破碎	0.4	0.03

注:1. 当入岩深度小于或等于 0.5m 时, c_1 乘以 0.75 的折减系数, $c_2 = 0$。
　　2. 对于钻孔桩,系数 c_1、c_2 值应降低 20% 采用。桩端沉渣厚度 t 应满足以下要求:$d ≤ 1.5m$ 时, $t ≤ 50mm$;$d > 1.5m$ 时, $t ≤ 100mm$。
　　3. 对于中风化层作为持力层的情况, c_1、c_2 应分别乘以 0.75 的折减系数。

覆盖层土的侧阻力发挥系数 ζ_s　　　　　　表 4-11

f_{rk}	2	15	30	60
ζ_s	1.0	0.8	0.5	0.2

注:ζ_s 值可内插计算。当 $f_{rk} > 60MPa$ 时,可按 $f_{rk} = 60MPa$ 取值。

(三)动测试桩法

动测法是指给桩顶施加一动荷载(用冲击、振动等方式施加),量测桩土系统的响应新号,然后分析计算桩的性能和承载力,可分为高应变动测法和低应变动测法两种。低应变动测法由于施加桩顶的荷载远小于桩的使用荷载,不足以使桩土间发生相对位移,而只通过应力波沿桩身的传播和反射的原理作分析,可用来检验桩身质量,不宜做桩承载力测定,但可估算和校核基桩的承载力。高应变动测法一般以重锤敲击桩顶,使桩贯入,桩土间产生相对位移,从而可以分析土体对桩的外来抗力和测定桩的承载力,也可检验桩体质量。

高应变动测单桩承载力的方法主要有锤击贯入法和波动方程法。

1. 锤击贯入法(简称锤贯法)

桩在锤击下入土的难易,在一定程度上反映对桩的抵抗力。因此,桩的贯入度(桩在一次锤击下的入土深度)与土对桩的支承能力间存在一定的关系,即贯入度大表现为承载力低,贯入度小表现为承载力高;且当桩周土达到极限状态后而破坏,则贯入度将有较大增加,锤贯法根据这一原理,通过不同落距的锤击试验来分析确定单桩的承载力。

试验时,桩锤落距由低到高(动荷载由小到大,相当于静载试验中的分级加载),锤击 8 ~ 12 击,量测每锤的动荷载(可通过动态电阻应变仪和光线示波器测定)和相应的贯入度(可采用大量程百分表或位移传感器或位移遥测仪量测),然后绘制动荷载 P_d 和累计贯入度 Σe_d 曲线,即 P_d-Σe_d 曲线或 lgP_d-Σe_d 曲线,便可用类似静载试验的分析方法确定单桩轴向受压极限承载力或承载力特征值。

《建筑基桩检测技术规范》(JGJ 106—2014)要求:重锤应材质均匀、形状对称、锤底平整。高径(宽)比不得小于1,并采用铸铁或铸钢制作。当采用自由落锤安装加速度传感器的方式实测锤击力时,重锤应整体铸造,且高径(宽)比应在 1.0 ~ 1.5 范围内。进行承载力检测时,锤的重量应大于预估单桩极限承载力的 1.0% ~ 1.5%,混凝土桩的桩径大于 600mm 或桩长大于 30m 时取高值。

2. 波动方程法

波动方程法是将打桩锤击看成是杆件的撞击波传递问题来研究,运用波动方程的方法分析打桩时整个力学过程,可预测打桩应力及单桩承载力。

波动方程的研究和应用,在国内外均有很大发展,已有多种分析方法和计算程序,同时也出现了多种应用波动方程理论和实用计算程序的动测设备。普遍认为波动方程理论为基础的高应变动力试桩法(尤为其中采用的实测波形拟合法),是较先进的确定桩承载力的动测方法,但在分析计算中还有不少桩土参数仍靠经验决定,尚待进一步深入研究来完善。

(四)静力分析法

静力分析法是根据土的极限平衡理论和土的强度理论,计算桩底极限阻力和桩侧极限摩阻力,也即利用土的强度指标计算桩的极限承载力,然后将其除以安全系数,从而确定单桩承载力特征值。

1. 桩底极限阻力的确定

把桩作为深埋基础,并假定地基的破坏滑动面模式(图4-27是假定地基为刚-塑性体的几种破坏滑动面形式,除此之外,还有多种其他有关地基破坏面的假定),运用塑性力学中的极限平衡理论,导出地基极限荷载(即桩底极限阻力)的理论公式。各种假定所导出的桩底地基的极限荷载公式均可归纳为式(4-16)所列一般形式,只是所求得有关系数不同。关于各理论公式的推导和有关系数的表达式可参考有关土力学书籍。

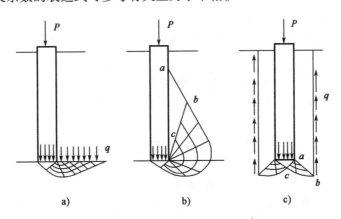

图4-27 桩底地基破坏滑动面图形
a)太沙基理论;b)梅耶霍夫理论;c)别列选采夫理论

$$q_R = a_c N_c c + a_q N_q \gamma h \tag{4-16}$$

式中:q_R——桩底地基单位面积的极限荷载(kPa);

$a_c 、a_q$——与桩底形状有关的系数;

$N_c 、N_q$——承载力系数,均与土的内摩擦角 φ 有关;

c——地基土的黏聚力(kPa);

γ——桩底平面以上土的加权平均重度(kN/m^3);

h——桩的入土深度(m)。

在确定计算参数土的抗剪强度指标 $c 、\varphi$ 时,应区分总应力法及有效应力法两种情况。

若桩底土层为饱和黏土时,排水条件较差,常采用总应力法分析。这时用 $\varphi = 0$,c 采用土的不排水抗剪强度 c_u,$N_q = 1$,带入公式计算。

对于砂性土有较好的排水条件,可采用有效应力法分析。此时,$c = 0$,$q = \gamma h$,取桩底处有效竖向应力 $\bar{p}_{v0}$,带入公式计算。

2. 桩侧极限摩阻力的确定

桩侧单位面积的极限摩阻力取决于桩侧土间的剪切强度。按库仑强度理论得知：

$$q = p_h \tan\delta + c_a = K p_v \tan\delta + c_a \tag{4-17}$$

式中：q——桩侧单位面积的极限摩阻力（桩土间剪切面上的抗剪强度）(kPa)；

p_h、p_v——土的水平应力及竖向应力(kPa)；

c_a、δ——桩、土间的黏结力(kPa)及摩擦角；

K——土的侧压力系数。

式(4-17)的计算仍有总应力法和有效应力法两类。在具体确定桩侧极限摩阻力时，根据各家计算表达式所用系数不同，人们将其归纳为 α 法、β 法和 λ 法。下面简要介绍前两种方法。

(1) α 法。

对于黏性土，根据桩的试验结果，认为桩侧极限摩阻力与土的不排水抗剪强度有关，可寻求其相关关系，即：

$$q = \alpha c_u \tag{4-18}$$

式中：α——黏结力系数，它与土的类别、桩的类别、设置方法及时间效应等因素有关，α 值的大小，各个文献提供资料不一致，一般为 0.3~1.0，软土取值低、硬土取值高。

(2) β 法(有效应力法)。

该法认为，由于打桩后桩周土扰动，土的黏聚力很小，故 c_a 与 $\bar{p}_h \tan\delta$ 相比也很小可以略去，则式(4-15)可改写为：

$$q = \bar{p}_h \tan\delta = K \bar{p}_v \tan\delta \text{ 或 } q = \beta \bar{p}_v \tag{4-19}$$

式中：$\bar{p}_h$、$\bar{p}_v$——土的水平向有效应力及竖向有效应力值(kPa)；

β——系数。

对正常固结黏性土的钻孔桩及打入桩，由于桩侧土的径向位移较小，可认为，侧压力系数 $K = K_0$ 及 $\delta \approx \varphi'$。

$$K_0 = 1 - \sin\varphi' \tag{4-20}$$

式中：K_0——静止土压力系数；

φ'——桩侧土的有效内摩角。

对正常固结黏性土，若取 $\varphi' = 15° \sim 30°$，得 $\beta = 0.2 \sim 0.3$，其平均值为 0.25；软黏土的桩试验得到 $\beta = 0.25 \sim 0.4$，平均取 $\beta = 0.32$。

3. 单桩轴向承载力特征值的确定

桩的极限阻力等于桩底极限阻力与桩侧极限摩阻力之和，单桩轴向承载力特征值 R_a 计算表达式为：

$$R_a = \frac{桩侧极限摩阻力 P_{su} + 桩底极限阻力 P_{pu}}{安全系数 K} \tag{4-21}$$

三、按桩身材料强度确定单桩承载力

一般说来，桩的竖向承载力往往由土对桩的支承能力控制。但当桩穿过极软弱土层，支承（或嵌固）于岩层或坚硬的土层上时，单桩竖向承载力往往由桩身材料强度控制。此时，基桩将像一根受压杆件，在竖向荷载作用下，将发生纵向挠曲破坏而丧失稳定性，而且这种破坏往往发生于截面承压强度破坏以前，因此验算时尚需考虑纵向挠曲影响，即截面强度应乘上稳定

系数 φ。根据《公路钢筋混凝土及预应力混凝土桥涵设计规范》(JTG 3362—2018),对于钢筋混凝土桩,当配有普通箍筋时,可按下式确定基桩的竖向承载力:

$$\gamma_0 P = 0.90\varphi(f_{cd}A + f'_{sd}A'_s) \tag{4-22}$$

式中:P——计算的单桩轴向承载力;

φ——桩的纵向挠曲系数,对低桩承台基桩可取 $\varphi = 1$;高桩承台基桩可由表4-12查取;

f_{cd}——混凝土轴心抗压强度设计值;

A——验算截面处桩的毛截面面积;当纵向钢筋配筋率大于3%时,应采用桩身截面混凝土面积 A_h,即扣除纵向钢筋面积 A'_s,故 $A_h = A - A'_s$;

f'_{sd}——纵向钢筋抗压强度设计值;

A'_s——纵向钢筋截面面积;

γ_0——桥梁结构的重要性系数。

钢筋混凝土桩的纵向挠曲系数 φ 表4-12

l_p/b	≤8	10	12	14	16	18	20	22	24	26	28
l_p/d	≤7	8.5	10.5	12	14	15.5	17	19	21	22.5	24
l_p/r	≤28	35	42	48	55	62	69	76	83	90	97
φ	1.00	0.98	0.95	0.92	0.87	0.81	0.75	0.70	0.65	0.60	0.56
l_p/b	30	32	34	36	38	40	42	44	46	48	50
l_p/d	26	28	29.5	31	33	34.5	36.5	38	40	41.5	43
l_p/r	104	111	118	125	132	139	146	153	160	167	174
φ	0.52	0.48	0.44	0.40	0.36	0.32	0.29	0.26	0.23	0.21	0.19

注:l_p 为考虑纵向挠曲时桩的稳定计算长度,应结合桩在土中支承情况,根据两端支承条件确定,近似计算可参照表4-13;r 为截面的回转半径,$r = \sqrt{I/A}$,I 为截面的惯性矩,A 为截面面积;d 为桩的直径;b 为矩形截面桩的短边长。

桩受弯时的计算长度 l_p 表4-13

单桩或单排桩桩顶铰接					多排桩桩顶固定			
桩底支承于非岩石土中		桩底嵌固于岩石内		桩底支承于非岩石土中		桩底嵌固于岩石内	
$h < \dfrac{4.0}{\alpha}$	$h \geq \dfrac{4.0}{\alpha}$	$h < \dfrac{4.0}{\alpha}$	$h \geq \dfrac{4.0}{\alpha}$	$h < \dfrac{4.0}{\alpha}$	$h \geq \dfrac{4.0}{\alpha}$	$h < \dfrac{4.0}{\alpha}$	$h \geq \dfrac{4.0}{\alpha}$
(图示)	(图示)	(图示)	(图示)	(图示)	(图示)	(图示)	(图示)
$l_p = l_0 + h$	$l_p = 0.7 \times \left(l_0 + \dfrac{4.0}{\alpha}\right)$	$l_p = 0.7 \times (l_0 + h)$	$l_p = 0.7 \times \left(l_0 + \dfrac{4.0}{\alpha}\right)$	$l_p = 0.7 \times (l_0 + h)$	$l_p = 0.5 \times \left(l_0 + \dfrac{4.0}{\alpha}\right)$	$l_p = 0.5 \times (l_0 + h)$	$l_p = 0.5 \times \left(l_0 + \dfrac{4.0}{\alpha}\right)$

注:α 为桩的变形系数。

四、关于桩的负摩阻问题

(一)负摩阻力的意义及其产生原因

一般情况下,桩受轴向荷载作用后,桩相对于桩侧土体作向下位移,土对桩产生向上作用的摩阻力,称正摩阻力[图 4-28a)]。但当桩周土体因某种原因发生下沉,其沉降变形大于桩身的沉降变形时,在桩侧表面一定深度内将出现向下作用的摩阻力,称其为负摩阻力[图 4-28b)]。

桩的负摩阻的发生将使桩侧土的部分重力传递给桩,因此,负摩阻力不但不能成为桩承载力的一部分,反而变成施加在桩上的外荷载。对入土深度相同的桩来说,若有负摩阻力发生,则桩的外荷载增大,桩的承载力相对降低,桩基沉降加大,这在确定桩的承载力和桩基设计中应予以注意。对于桥梁工程,特别要注意桥头路堤高填土的桥

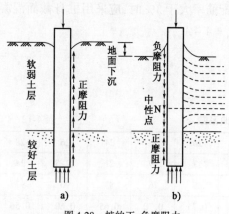

图 4-28 桩的正、负摩阻力

台桩基础的负摩阻力问题,因路堤高填土是一个很大的地面荷载且位于桥台的一侧,若产生负摩阻力,还会有桥台台背和路堤填土间的摩阻问题和影响桩基础的不均匀沉降问题。

桩的负摩阻能否产生,主要看桩与桩周土的相对位移发展情况。桩的负摩阻力产生的原因有:

(1)在桩附近地面大量堆载,引起地面沉降。

(2)土层中抽取地下水或其他原因,地下水位下降,使土层产生自重固结下沉。

(3)桩穿过欠固结土层(如填土)进入硬持力层,土层产生自重固结下沉。

(4)桩数很多的密集群桩打桩时,使桩周土中产生很大的超孔隙水压力,打桩停止后桩周土的再固结作用引起下沉。

(5)在黄土、冻土中的桩,因黄土湿陷、冻土融化产生地面下沉。

从上述可见,当桩穿过软弱高压缩性土层而支承在坚硬持力层上时最易发生桩的负摩阻力问题。

要确定桩身负摩阻的大小,就要先确定土层产生负摩阻力的范围和负摩阻力强度的大小。

(二)中性点的概念

产生桩身负摩阻力的范围就是桩侧土层对桩产生相对下沉的范围。它与桩侧土的压缩、桩身弹性压缩变形及桩底下沉等直接有关。桩侧土层的压缩决定于地表作用荷载(或土的自重)和土的压缩性质,并随深度而逐渐减小;而桩在荷载作用下,桩身压缩多处于弹性阶段,其压缩变形基本上随深度呈线性减少,桩身变形曲线如图 4-29c)所示。因此,桩侧下沉量有可能在某一深度处与桩身的位移量相等,此处,桩侧摩阻力为零,而在此深度以上桩侧土下沉大于桩的位移,桩侧摩阻力为负;在此深度以下,桩的位移大于桩侧土的下沉,桩侧摩阻力为正。正、负摩阻力变化处的位置称为中性点,如图 4-29 O_1 点所示。

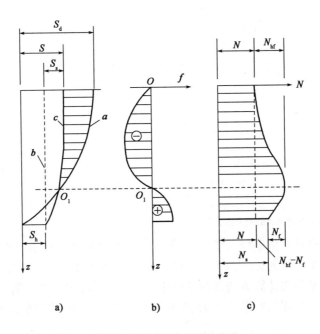

图 4-29 中性点位置及荷载传递
a) 位移曲线；b) 桩侧摩阻力分布曲线；c) 桩身轴力分布曲线
S_d-地面沉降；S-桩的沉降；S_s-桩身压缩；S_h-桩底下沉；N_{hf}-由负摩阻力引起的桩身最大轴力；N_f-总的正摩阻力

(三) 负摩阻力的计算

目前，国内外对负摩阻力的计算方法研究尚不够完善，计算方法较多，且差异较大，而现场试验投入大、周期长。因此，多根据有关资料按经验公式进行估算。建议按以下方法计算单桩负摩阻力：

$$N_n = u \sum_{i=1}^{n} q_{ni} l_i \tag{4-23}$$

$$q_{ni} = \beta \sigma'_{vi} \tag{4-24}$$

式中：N_n——单桩负摩阻力(kN)；
u——桩身周长(m)；
l_i——中性点以上各土层的厚度(m)，中性点深度 l_n 应按桩周土层沉降与桩沉降相等的条件计算确定，无法按计算确定的，也可参照表 4-14 确定；
q_{ni}——与 l_i 对应的各土层与桩侧负摩阻力计算值(kPa)，当计算值大于正摩阻力时，取正摩阻力值；
β——负摩阻力系数，可按表 4-15 取值；
σ'_{vi}——桩侧第 i 层土平均竖向有效应力(kPa)，$\sigma'_{vi} = p + \gamma'_i \cdot z_i$；
γ'_i——第 i 层土层以上桩周土按厚度计算的加权平均浮重度；
z_i——自地面起算的第 i 层土中点深度；
p——地面均布荷载。

中 性 点 深 度 l_n　　　　　表 4-14

持力层性质	黏性土、粉土	中密以上砂	砾石、卵石	基岩
中性点深度比 l_n/l_0	0.5~0.6	0.7~0.8	0.9	1.0

注:1. l_n、l_0 分别为中性点深度和桩周沉降变形土层下限深度。
  2. 桩穿越自重湿陷性黄土层时,按表列值增大10%(持力层为基岩除外)。

负摩阻力系数 β　　　　　表 4-15

土 类	β	土 类	β
饱和软土	0.15~0.25	砂土	0.35~0.50
黏性土、粉土	0.25~0.40	自重湿陷性黄土	0.20~0.35

注:1. 在同类土中,对于打入桩或沉管灌注桩,取表中较大值;对于钻(冲)挖孔灌注桩,取表中较小值。
  2. 填土按其组成取表中同类土的较大值。

注意,按式(4-23)计算得单桩负摩阻力值不应大于单桩所分配承受的桩周下沉土重(以桩为中心,水平方向1/2桩间距、竖向 l_n 深度范围内土体的重量)。而对于群桩的负摩阻问题,建议按照单桩负摩阻力计算方法进行群桩中任一单桩的下拉荷载计算。

在桩基设计中,可采用某些措施(如预制桩表面涂沥青层等)来降低或消除负摩阻力。

五、单桩横轴向承载力特征值的确定

桩的横轴向承载力,是指桩在与桩轴线垂直方向受力时的承载力。桩在横向力(包括弯矩)作用下的工作情况较轴向受力时要复杂些,但仍然是从保证桩身材料和地基强度与稳定以及桩顶水平位移满足使用要求方面来分析和确定桩的横轴向承载力。

(一)在横向荷载作用下,桩的破坏机理和特点

桩在横向荷载作用下,桩身产生横向位移或挠曲,并与桩侧土协调变形。桩身对土产生侧向压应力,同时桩侧土反作用于桩,产生侧向土抗力。桩土共同作用、相互影响。

为了确定桩的横轴向承载力,应对桩在横向荷载作用下的工作性状和破坏机理作一分析。通常有下列两种情况:

第一种情况,当桩径较大、入土深度较小或周围土层较松软,即桩的刚度远大于土层刚度,桩的相对刚度较大时,受横向力作用时桩身挠曲变形不明显,如同刚体一样围绕桩轴某一点转动,如图 4-30a)所示。如果不断增大横向荷载,则可能由于桩侧土强度不够而失稳,使桩丧失承载力或破坏。因此,基桩的横轴向承载力特征值可能由桩侧土的强度及稳定性决定。此种桩称为刚性桩。

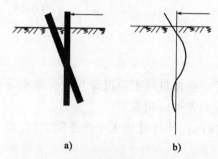

图 4-30 桩在横向力作用下变形示意图
a)刚性桩;b)弹性桩

第二种情况,当桩径较小、入土深度较大或周围土层较坚实,即桩的相对刚度较小时,由于桩侧土有足够大的抗力,桩身发生挠曲变形,其侧向位移随着入土深度增大而逐渐减小,以至达到一定深度后,几乎不受荷载影响。形成一端嵌固的地基梁,桩的变形呈如图 4-30b)所示的波状曲线。如果不断增大横向荷载,可使桩身在较大弯矩处发生断裂或使桩发生过大的侧向位移超过了桩或结构物的容许变形值。因此,基桩的横轴向承载力特征值将由桩身材料的抗弯强度或侧

向变形条件决定。此种桩称为弹性桩。

以上是桩顶自由的情况,当桩顶受约束而呈嵌固条件时,桩的内力和位移情况以及桩的横轴向承载力仍可由上述两种条件确定。

(二) 单桩横轴向承载力特征值的确定方法

确定单桩横轴向承载力特征值有水平静载试验和分析计算法两种途径。

1. 单桩水平静载试验

桩的水平静载试验是确定桩的横轴向承载力较可靠的方法,也是常用的研究分析试验方法。试验是在现场进行,所确定的单桩横轴向承载力和地基土的水平抗力系数最符合实际情况。如果预先已在桩身埋有量测元件,则可测定出桩身内力变化,并由此求得桩身弯矩分布。

1) 试验装置

试验装置如图4-31所示。采用千斤顶施加水平荷载,其施力点位置放在实际受力点位置。在千斤顶与试桩接触处宜安置一球形铰支座,以保证千斤顶作用力能水平通过桩身轴线。桩的水平位移宜采用大量程百分表测量。固定百分表的基准桩宜打设在试桩侧面靠位移的反方向,与试桩的净距不小于1倍试桩直径。

2) 试验方法

试验方法主要有两种:单向多循环加卸载法和慢速连续法。一般采用前者,对于个别受长期横向荷载的桩也可采用后者。

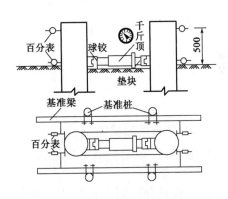

图4-31 桩水平静载试验装置示意图
(尺寸单位:mm)

(1) 单向多循环加卸载法。

这种方法可模拟基础承受反复水平荷载(风载、地震荷载、制动力和波浪冲击力等循环性荷载)。

①试验方法。

试验加载分级,一般取预估横向极限承载力的1/10~1/15作为每级荷载的加载增量。根据桩径大小并适当考虑土层软硬,对于直径300~1 000mm的桩,每级荷载增量可取2.5~20kN。每级荷载施加后,恒载4min测度横向位移,然后卸载至零,待2min后测度残余横向位移,至此完成一个加卸载循环。5次循环后,开始加下一级荷载。当桩身折断或水平位移超过30~40mm(软土40mm)时,终止试验。

②单桩横向临界荷载与极限荷载的确定。

根据试验数据可绘制荷载—时间—位移(H_0-T-U_0)曲线(图4-32)和荷载—位移梯度(H_0-$\Delta U_0/\Delta H_0$)曲线(图4-33)。据此可综合确定单桩横向临界荷载H_{cr}与极限荷载H_U。

横向临界荷载H_{cr}是指桩身受拉区混凝土开裂退出工作前的荷载,会使桩的横向位移增大。相应地可取H_0-T-U_0曲线出现突变点的前一级荷载作为横向临界荷载(图4-32),或H_0-$\Delta U_0/\Delta H_0$曲线第一直线段终点相对应的荷载为横向临界荷载综合考虑。

横向极限荷载可取H_0-T-U_0曲线明显陡降(图中位移包络线下凹)的前一级荷载作为极限荷载,或取H_0-$\Delta U_0/\Delta H_0$曲线的第二直线段的终点相对应的荷载作为极限荷载综合考虑。

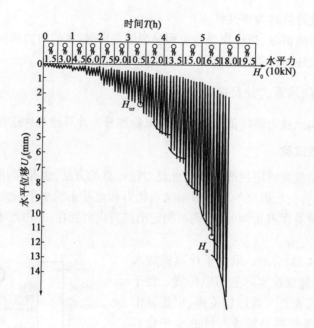

图 4-32 荷载-时间-位移(H_0-T-U_0)曲线

(2) 慢速连续加载法。

此法类似于垂直静载试验。

① 试验方法。

试验荷载分级同上种方法。每级荷载施加后维持其恒定值,并按 5min、10min、15min、30min……测读位移,直至每小时位移小于 0.1mm,开始施加下一级荷载。当加载至桩身折断或水平位移超过 30~40mm 便终止加载。卸载时按加载量的 2 倍逐渐进行,每 30min 卸载一级,并于每次卸载前测度一次位移。

② 横向临界荷载与极限荷载的确定。

根据试验数据绘制 H_0-U_0 曲线(图 4-34)和 H_0-$\Delta U_0/\Delta H_0$ 曲线(图 4-33)。

可取曲线 H_0-U_0 及 H_0-$\Delta U_0/\Delta H_0$ 上第一拐点的前一级荷载作为临界荷载,取 H_0-U_0 曲线陡降点的前一级荷载和 H_0-$\Delta U_0/\Delta H_0$ 曲线的第二拐点相对应的荷载为极限荷载。

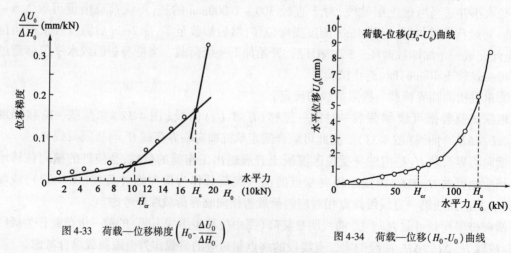

图 4-33 荷载—位移梯度 $\left(H_0 - \dfrac{\Delta U_0}{\Delta H_0}\right)$

图 4-34 荷载—位移(H_0-U_0)曲线

此外,国内还采用一种称为单向单循环恒速水平加载法。此法加载方法是加载每级维持 20min,第 0min、5min、10min、15min、20min 测度位移。卸载每级维持 10min,第 0min、5min、10min 测度。零荷载维持 30min,第 0min、10min、20min、30min 测度。

在恒定荷载下,横变急剧增加、变位速率逐渐加快;或已达到试验要求的最大荷载或最大变位时即可终止加载。

此法确定临界荷载及极限荷载的方法同慢速加载法。

用上述方法求得的极限荷载除以安全系数,即得桩的横轴向承载力特征值,安全系数一般取 2。

用水平静载试验确定单桩横轴向承载力特征值时,还应注意到按上述强度条件确定的极限荷载的位移,是否超过结构使用要求的水平位移,否则按变形条件来控制。水平位移容许值可根据桩身材料强度、土发生横向抗力的要求以及墩台顶水平位移和使用要求来确定,目前在水平静载试验中根据《公路桥涵地基与基础设计规范》(JTG 3363—2019)有关的内容可取试桩在地面处水平位移不超过 6mm,定为确定单桩横轴向承载力判断标准,以满足结构物和桩、土变形安全度要求,这亦一种较概略的标准。

2. 分析计算法

此法是根据某些假定而建立的理论(如弹性地基梁理论),计算桩在横向荷载作用下,桩身内力与位移及桩对土的作用力,验算桩身材料和桩侧土的强度与稳定以及桩顶或墩台顶位移等,从而可评定桩的横轴向承载力特征值。

关于桩身内力与位移计算以及有关验算的内容将在本章第五节中介绍。

第五节 单排桩基桩内力和位移计算

前面已经介绍了单桩的轴向和横轴向承载力特征值的计算方法,本节主要介绍考虑桩和桩侧土共同承受轴向及横轴向力和弯矩时,桩身内力的计算,从而解决桩的强度问题,并包括桩底端在不同支承条件下桩顶的位移计算,着重讲述桩在横轴向力作用下内力计算问题。

一、基 本 概 念

(一)文克尔地基模型与弹性地基梁

文克尔地基模型是由文克尔(E. Winkler)于 1867 年提出的。该模型假定地基土表面上任一点处的变形 s_i 与该点所承受的压力强度 p_i 成正比,而与其他点上的压力无关,即:

$$p_i = Cs_i \tag{4-25}$$

式中:C——地基抗力系数,也称地基系数(kN/m^3)。

文克尔地基模型是把地基视为在刚性基座上由一系列侧面无摩擦的土柱组成,并可以用一系列独立的弹簧来模拟,如图 4-35 所示。其特征是地基仅在荷载作用区域下发生与压力成正比例的变形,在区域外的变形为零。基底反力分布图形与地基表面的竖向位移图形相似。显然当基础的刚度很大,受力后不发生挠曲,则按照文克尔地基的假定,基底反力成直线分布,如图 4-35 所示。受中心荷载时,则为均匀分布。将设置在文克尔地基上的梁称为弹性地基梁。

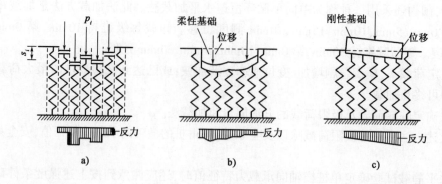

图 4-35 文克尔地基模型示意图
a) 侧面无摩阻力的土柱弹簧体系;b) 柔性基础下的弹簧地基模型;c) 刚性基础下的弹簧地基模型

(二) 桩的弹性地基梁解法

关于桩在横向荷载作用下,桩身内力与位移的计算,国内外学者提出了许多方法,现在较普遍采用的是将桩视为弹性地基上的梁。这是因为在桩顶受到轴向力、横轴向力和弯矩作用时,如果略去轴向力的影响,桩就可以看作一个设置在弹性地基中的竖梁(若作用于杆的力或弯矩均与杆的轴线相垂直,并使该杆发生弯曲,这杆就称为梁)。求解其内力的方法有三种:一种是直接用数学方法解桩在受荷后的弹性挠曲微分方程,再从力的平衡条件求出桩各部分的内力和位移(这是当前广泛采用的一种);另一种是将桩分成有限段,用差分式近似代替桩的弹性挠曲微分方程中的各阶导数式而求解的有限差分法;再一种则是将桩划分为有限单元的离散体,然后根据力的平衡和位移协调条件,解得桩的各部分内力和位移的有限元法。本节主要介绍当前较普遍采用的第一种方法。从土力学的观点认为以文克尔假定为基础的弹性地基梁解法是不严密的,但由于其概念明确,方法较简单,所得的结果一般较安全,故国内外使用得较为普遍,我国铁路、水利、公路在桩的设计中常用"m"法以及"K"法、"C值"法、"常数"法等都属于此种方法。

(三) 土的弹性抗力及其分布规律

1. 土的弹性抗力

在桩基础计算中,首先应确定桥梁上部荷载通过承台传递给每根基桩桩顶(或地面处,或局部冲刷线处)的外力(包括轴向力、横轴向力和力矩),如图 4-36 所示,然后再计算各桩的内力及其分布规律。由于桩基础在荷载作用下要产生位移(包括竖向位移、水平位移及转角),桩的竖向位移引起桩侧土的摩阻力和桩底土的抵抗力;桩身的水平位移及转动挤压桩侧土体,桩侧土必然对桩产生一横向土抗力 p_{zx} (图 4-37),它起抵抗外力和稳定桩基础的作用,土的这种作用力称为土的弹性抗力。p_{zx} 指深度为 z 处的横向(x 轴向)土抗力,其大小取决于土体性质、桩身刚度、桩的入土深度、桩的截面形状、桩距及荷载等因素。因此,它的分布规律也是较为复杂的。为了便于分析,将地基土视作弹性变形介质,而把桩视为置于这种弹性变形介质中的梁,并认为土的横向抗力 p_{zx} 与土的横向变形成正比,如图 4-37 所示。桩基中第 i 根桩在荷载 P_i、Q_i、M_i 作用下产生弹性挠曲,若已知深度 z 处桩的横向位移为 x_z(也等于该点土的横向变形值),按上述假定该点土的弹性抗力 p_{zx} 为:

$$p_{zx} = Cx_z \qquad (4\text{-}26)$$

式中：p_{zx}——土的横轴向弹性抗力（kN/m^2）；

C——横轴向地基系数，它表示单位面积土在弹性限度内产生单位变形时所需施加的力（kN/m^3），它的大小与地基土的类别、物理力学性质有关；

x_z——深度 z 处桩的横向位移（m）。

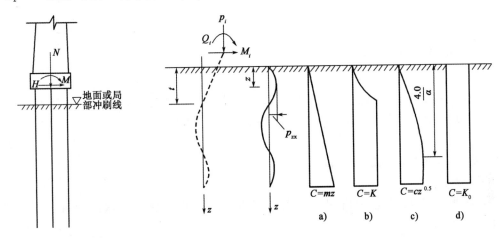

图 4-36 基桩桩顶所受外力   图 4-37 地基系数变化规律

2. 地基系数的分布规律

水平向地基系数 C 值可通过各种试验方法取得，如可以对试桩在不同类别土质及不同深度进行实测 x_z 及 p_{zx} 后反算得到。大量的试验表明，地基系数 C 值不仅与土的类别及其性质有关，而且也随着深度而变化。由于实测的客观条件和分析方法不尽相同等原因，所采用的 C 值随深度的分布规律也各有不同。目前国内采用的地基系数分布规律的几种不同图示如图 4-37 所示，相应产生几种与之相应的基桩内力和位移的计算方法，即：

1）"m"法

认为地基系数 C 随深度成正比例增长，如图 4-37a）所示，即：

$$C = mz \qquad (4\text{-}27)$$

式中：m——非岩石地基水平向地基系数随深度变化的比例系数（kN/m^4），其值可根据试验实测确定，无实测数据时，可参照表 4-16 中的数值选用。

非岩石类土的 m 值和 m_0 值　　　　　　表 4-16

土 的 名 称	m 和 m_0（kN/m^4）
流塑性黏土 $I_L > 1.0$，软塑性黏土 $1.0 \geq I_L > 0.75$，淤泥	3000～5000
可塑黏性土 $0.75 \geq I_L > 0.25$，粉砂，稍密粉土	5000～10000
硬塑黏性土 $0.25 \geq I_L \geq 0$，细砂，中砂，中密粉土	10000～20000
坚硬、半坚硬黏性土 $I_L \leq 0$，粗砂，密实粉土	20000～30000
砾砂，角砾，圆砾，碎石，卵石	30000～80000

注：1. 本表用于基础在地面处位移最大值不应超过 6mm 的情况，当位移较大时，应适当降低。
2. 当基础侧面设有斜坡或台阶，且其坡度（横:竖）或台阶总宽与深度之比大于 1:20 时，表中 m 值减小 50% 取用。

非岩石地基桩端竖向地基系数 $C_0 = m_0 h$，m_0 为竖向地基系数随深度变化的比例系数。当 $h \leq 10\text{m}$ 时，$C_0 = 10 m_0$，当 $h > 10\text{m}$ 时，竖向地基系数与水平向地基系数基本相等，所以 10m 以下, $C_0 = m_0 h = mh$。对于岩石地基抗力系数 C_0,认为不随岩层的埋藏深度而变,可参考表 4-17 采用。

岩石地基抗力系数 C_0　　　　　表 4-17

编　号	f_{rk}(kPa)	C_0(kN/m^4)
1	1000	300000
2	≥25000	15000000

注:f_{rk}为岩石的单轴饱和抗压强度标准值,对于无法进行饱和的试样,可采用天然含水率单轴抗压强度标准值,当 1000 < f_{rk} <25000 时,可用直线内插法确定 C_0。

2)"K"法

认为地基系数 C 自地面沿深度呈曲线增加,当深度达到桩挠曲曲线第一个零点后,地基系数不再增加而为常数,如图 4-37b)所示,在深度 t 以下时:

$$C = K \tag{4-28}$$

式中:K——可按实测确定(kN/m^3)。

3)"C"法

认为地基系数 C 随深度呈抛物线规律增加,当无量纲入土深度达 4 后为常数,如图 4-37c)所示,即:

$$C = cz^{0.5} \tag{4-29}$$

式中:C——地基系数的比例系数(kN/m$^{3.5}$),其值可根据试验实测确定。

4)"常数"法

认为地基系数 C 随深度为均匀分布,不随深度变化,如图 4-37d)所示,即:

$$C = K_0 \tag{4-30}$$

式中:K_0——常数(kN/m^3)。

上述四种方法各自假定的地基系数随深度分布规律不同,其计算结果有所差异。实测资料分析表明,对桩的变位和内力主要影响的为上部土层,故宜根据土质特性来选择恰当的计算方法。对于超固结黏土和地面为硬壳层的情况,可考虑选用"常数"法;对于其他土质一般可选用"m"法或"C"法;当桩径大、容许位移小时宜选用"C"法。由于"K"法误差较大,现较少采用。

本节着重介绍的是当前我国应用较广并列入《公路桥涵地基与基础设计规范》(JTG 3363—2019)中的"m"法。

3. 关于"m"值的说明

(1)由于桩的水平荷载与位移关系是非线性的,即 m 值随荷载与位移增大而有所减少,因此,m 值的确定要与桩的实际荷载相适应。一般结构在地面处最大位移不超过 10mm,对位移敏感的结构及桥梁结构为 6mm。位移较大时,应适当降低表列 m 值。

(2)当基础侧面为数种不同土层时,将地面或局部冲刷线以下 h_m 深度内各土层的 m_i,换算为一个当量 m 值,作为整个深度的 m 值。

事实上,桩周土对抵抗水平力所起的作用与其本身的变形有关:土体压缩得越厉害,其抗力发挥的程度越大,而自桩顶向下,桩的水平方向变形是越来越小的,土体埋深越大,土体对抵抗水平荷载的贡献应该是越低,其 m 值的大小也越不重要。在换算中,埋深越大的土体在换算中所应分配的权重应越低。

当 h_m 深度内存在两层不同土时(图 4-38),《公路桥涵地基与基础设计规范》(JTG 3363—2019)根据桩身位移挠曲线的形状图 4-39a),并考虑深度影响建立综合权函数进行换算。尽管该方法大大提高了计算精度,但是采用该换算方法需要进行迭代计算,其过程复杂不适用于手工计算。因此将权函数简化为一个三角形,如图 4-39b)所示,其换算深度为:

$$h_m = 2(d + 1),且 h_m \leq h \tag{4-31}$$

权值最大点深度:

$$h' = 0.2 h_m \tag{4-32}$$

故双层地基当量 m 值:

$$m = \frac{m_1 A_1 + m_2 A_2}{A_1 + A_2} \tag{4-33}$$

进一步简化可得 m 值的计算式为:

$$m = \gamma m_1 + (1 - \gamma) m_2 \tag{4-34}$$

$$\gamma = \begin{cases} 5(h_1/h_m)^2 & h_1/h_m \leq 0.2 \\ 1 - 1.25(1 - h_1/h_m)^2 & h_1/h_m > 0.2 \end{cases} \tag{4-35}$$

式中:γ ——深度影响系数。

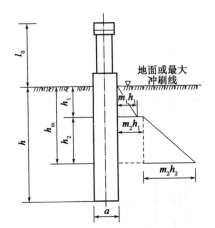

图 4-38 两层土 m 值换算计算示意图

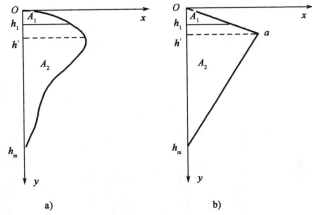

图 4-39 权函数比较
a)挠曲线加权;b)简化方法加权

(3)桩端地基竖向抗力系数 C_0:

$$C_0 = m_0 h \tag{4-36}$$

式中:m_0——桩端处的地基竖向抗力系数的比例系数,近似取 $m_0 = m$;
    h——桩的入土深度,当 $h \leq 10m$ 时,按 10m 计算。

(四)单桩、单排桩与多排桩

计算基桩内力应先根据作用在承台底面的外力 N、H、M 计算出作用在每根桩顶的荷载 P_i、Q_i、M_i 值,然后才能计算各桩在荷载作用下各截面的内力和位移。桩基础按其作用力 H 与基桩的布置方式之间的关系可归纳为单桩、单排桩与多排桩两类来计算各桩顶的受力,如图 4-40 所示。

1. 单桩、单排桩的概念与力的分配

1)概念

单桩、单排桩是指在与水平外力 H 作用面相垂直的平面上,由单根或多根桩组成的单根

（排）桩的桩基础,如图 4-40a)、b)所示。

2) 力的分配

对于单桩来说,上部荷载全由它承担。对于单排桩,如图 4-41 所示桥墩作纵向验算时,若作用于承台底面中心的荷载为 N、H、M_y,当 N 在承台横桥向无偏心时,可以假定它是平均分布在各桩上的,即:

$$P_i = \frac{N}{n}$$

$$Q_i = \frac{H}{n}$$

$$M_i = \frac{M_y}{n} \tag{4-37}$$

式中:n——桩的根数。

当竖向力 N 在承台横桥向有偏心距 e 时,如图 4-41b)所示,即 $M_x = Ne$,因此每根桩上的竖向作用力可按偏心受压计算,即:

$$P_i = \frac{N}{n} \pm \frac{M_x y_i}{\sum y_i^2} \tag{4-38}$$

当按上述公式求得单排桩中每根桩桩顶作用力后,则可以单桩形式计算桩的内力。

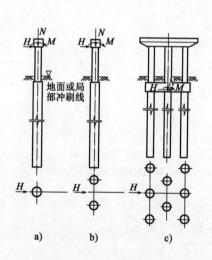

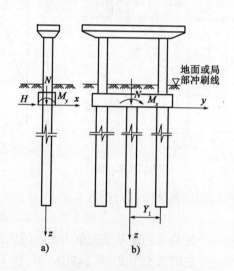

图 4-40　单桩、单排桩及多排桩

图 4-41　单排桩的计算

2. 多排桩的概念及力的分配

1) 概念

多排桩是指在水平外力作用平面内有一根以上桩的桩基础(对单排桩作横桥向验算时也属此情况),如图 4-40c)所示。

2) 力的分配

由于各桩与荷载的相对位置不尽相同,桩顶在外荷载作用下其变位也就不同,外荷载分配到桩顶上的 P_i、Q_i、M_i 也各异,所以不能直接应用上述公式计算各桩顶作用力,须应用结构力学方法另行计算。

(五)桩的计算宽度

试验研究分析可得,桩在水平外力作用下,除了桩身宽度范围内桩侧土受挤压外,在桩身宽度以外的一定范围内的土体都受到一定程度的影响(空间受力),且对不同截面形状的桩,土受到的影响范围大小也不同。为了将空间受力简化为平面受力,并综合考虑桩的截面形状及多排桩桩间的相互遮蔽作用,将桩的设计宽度(直径)换算成相当于实际工作条件下矩形截面桩的宽度 b_1,b_1 称为桩的计算宽度。根据已有的试验资料分析,现行规范认为计算宽度的换算方法可用下式表示。

当 $d \geq 1.0$ m 时:
$$b_1 = kk_f(d+1) \tag{4-39}$$

当 $d < 1.0$ m 时:
$$b_1 = kk_f(1.5d+0.5) \tag{4-40}$$

对单排桩或 $L_1 \geq 0.6h_1$ 的多排桩:
$$k = 1.0 \tag{4-41}$$

对 $L_1 < 0.6h_1$ 的多排桩:
$$k = b_2 + \frac{1-b_2}{0.6} \cdot \frac{L_1}{h_1} \tag{4-42}$$

式中:b_1——桩的计算宽度(m),$b_1 \leq 2d$;

d——桩径或垂直于水平外力作用方向桩的宽度(m);

k_f——桩形状换算系数,视水平力作用面(垂直于水平力作用方向)而定,圆形或圆端截面 $k_f=0.9$,矩形截面 $k_f=1.0$;对圆端形与矩形组合截面 $k_f = \left(1-0.1\dfrac{a}{d}\right)$(图 4-42);

k——平行于水平力作用方向的桩间相互影响系数;

L_1——平行于水平力作用方向的桩间净距(图 4-43);梅花形布桩时,相邻两排桩中心距 c 小于 $(d+1)$m 时,可按水平力作用面各桩间的投影距离计算(图 4-44);

h_1——地面或局部冲刷线以下桩柱的计算埋入深度,可取 $h_1 = 3(d+1)$,但不得大于地面或局部冲刷线以下桩入土深度 h(图 4-43);

b_2——与平行于水平力作用方向的一排桩的桩数 n 有关的系数,当 $n=1$ 时,$b_2=1.0$;当 $n=2$ 时,$b_2=0.6$;当 $n=3$ 时,$b_2=0.5$;当 $n \geq 4$ 时,$b_2=0.45$。

在桩平面布置中,若平行于水平力作用方向的各排桩数量不等,且相邻(任何方向)桩间中心距 $\geq (d+1)$ 时,则所验算各桩可取同一个桩间影响系数 k,其值按桩数最多的一排选取。此外,若垂直于水平力作用方向上有 n 根桩时,计算宽度取 nb_1,但须满足 $nb_1 \leq B+1$(B 为 n 根桩垂直于水平力作用方向的外边缘距离,以 m 计,见图 4-45)。

为了不致发生计算宽度重叠现象,要求以上综合计算得出的 $b_1 \leq 2d$。

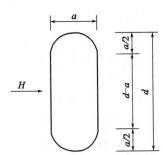

图 4-42 计算圆端形与矩形组合截面 k_f 值示意图

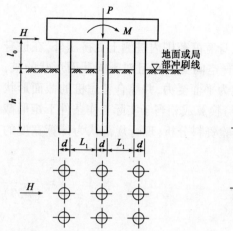
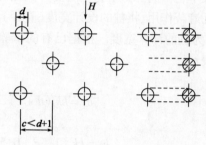
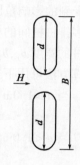

图 4-43　计算 k 值时桩基示意图　　　图 4-44　梅花形示意图　　　图 4-45　单桩宽度计算示意图

(六) 刚性桩与弹性桩

为计算方便起见，按照桩与土的相对刚度，将桩分为刚性桩和弹性桩。

1. 弹性桩

当桩的入土深度 $h > \dfrac{2.5}{\alpha}$ 时，这时桩的相对刚度小，必须考虑桩的实际刚度，按弹性桩来计算。其中 α 称为桩的变形系数，$\alpha = \sqrt[5]{\dfrac{mb_1}{EI}}$（详见后述）。一般情况下，桥梁桩基础的桩多属弹性桩。

2. 刚性桩

当桩的入土深度 $h \leq \dfrac{2.5}{\alpha}$ 时，则桩的相对刚度较大，计算时认为属刚性桩（第五章介绍的沉井基础就看看作刚性桩构件），其内力位移计算方法详见第五章。

二、"m"法弹性单排桩基桩内力与位移的计算

考虑到桩与土共同承受外荷载的作用，为便于计算，在基本理论中做了一些必要的假定，具体如下：

(1) 将土视作弹性变形介质，它具有随深度成比例增长的地基系数（$C = mz$）。
(2) 土的应力应变关系符合文克尔假定。
(3) 计算公式推导时，不考虑桩与土之间的摩擦力和黏结力。
(4) 桩与桩侧土在受力前后始终密贴。
(5) 桩作为一弹性构件。

下面讨论单桩在地面或局部冲刷线处受水平外力 Q_0 及弯矩 M_0 作用下桩的内力计算方法。

(一)桩的挠曲微分方程的建立及其解

如图 4-46 所示,桩的入土深度为 h,桩的宽度为 b(或直径),计算宽度为 b_1,桩顶若与地面(或局部冲刷线)平齐,且已知桩顶在荷载为水平力 Q_0 及弯矩 M_0 作用下,产生横向位移 x_0、转角 φ_0。我们对桩因 Q_0、M_0 作用,在不同深度 z 处产生的 φ_z、Q_z、M_z、x_z 的符号作以下规定:横向位移 x_z 顺 x 轴正方向为正值;转角 φ_z 逆时针方向为正值;弯矩 M_z 当左侧纤维受拉时为正;横向力 Q_z 顺 x 轴正方向为正值,如图 4-47 所示。

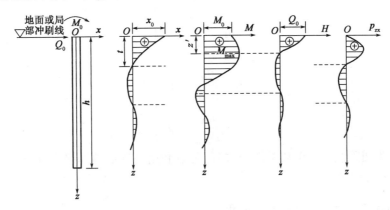

图 4-46 桩身受力示意图

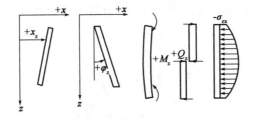

图 4-47 力与位移的符号规定

在此情况下,桩将发生弹性挠曲,从材料力学中可知,梁轴的挠曲与梁上分布荷载 q 之间的关系式,即梁的挠曲微分方程为:

$$EI\frac{d^4x}{dz^4} = -q \tag{4-43}$$

由图 4-46 可知,在深度 z 处 $q = p_{zx} \cdot b_1$,而 $p_{zx} = Cx_z$,其假定地基系数 $C = mz$,代入式(4-43)则得:

$$EI\frac{d^4x_z}{dz^4} = -q = -p_{zx} \cdot b_1 = -mzx_z \cdot b_1 \tag{4-44}$$

式中:EI——桩身抗弯刚度;

b_1——桩的计算宽度;

m——地基系数的比例系数;

x_z——桩在深度 z 处的横向位移。

将上式整理可得:

$$\frac{d^4 x_z}{dz^4} + \frac{mb_1}{EI} z x_z = 0 \tag{4-45}$$

如设 $\alpha = \sqrt[5]{\frac{mb_1}{EI}}$，称为桩的变形系数（$m^{-1}$）。带入式（4-45）则得：

$$\frac{d^4 x_z}{dz^4} + \alpha^5 z x_z = 0 \tag{4-46}$$

并知道当 $z = 0$ 时，即地面处（或局部冲刷线处）：

$$\left. \begin{array}{r} x_{(z=0)} = x_0 \\ \dfrac{d_x}{dz}_{(z=0)} = \varphi_0 \\ EI \dfrac{d^2 x}{dz^2}_{(z=0)} = M_0 \\ EI \dfrac{d^3 x}{dz^3}_{(z=0)} = Q_0 \end{array} \right\} \tag{4-47}$$

式（4-46）为四阶线性变系数常微分方程，可以利用高等数学幂级数展开的方法求解（具体解法可参考有关专著）。

（二）计算桩身内力及位移的无量纲法

根据微分方程（4-46）计算 x_z、φ_z、M_z、Q_z 时，计算工作量相当繁重，若桩的支承条件及入土深度符合一定要求，可采用无量纲法进行计算，即直接由已知的 M_0、Q_0 求解。

1. $\alpha h > 2.5$ 的摩擦桩及 $\alpha h \geq 3.5$ 的柱桩

$$x_z = \frac{Q_0}{\alpha^3 EI} A_x + \frac{M_0}{\alpha^2 EI} B_x \tag{4-48a}$$

$$\varphi_z = \frac{Q_0}{\alpha^2 EI} A_\varphi + \frac{M_0}{\alpha EI} B_\varphi \tag{4-48b}$$

$$M_z = \frac{Q_0}{\alpha} A_M + M_0 B_M \tag{4-48c}$$

$$Q_z = Q_0 A_Q + \alpha M_0 B_Q \tag{4-48d}$$

2. $\alpha h > 2.5$ 的嵌岩桩

$$x_z = \frac{Q_0}{\alpha^3 EI} A_x^0 + \frac{M_0}{\alpha^2 EI} B_x^0 \tag{4-49a}$$

$$\varphi_z = \frac{Q_0}{\alpha^2 EI} A_\varphi^0 + \frac{M_0}{\alpha EI} B_\varphi^0 \tag{4-49b}$$

$$M_z = \frac{Q_0}{\alpha} A_M^0 + M_0 B_M^0 \tag{4-49c}$$

$$Q_z = Q_0 A_Q^0 + \alpha M_0 B_Q^0 \tag{4-49d}$$

式（4-48）、式（4-49）即为桩在地面下位移及内力的无量纲法计算公式，其中 A_x、B_x、A_φ、B_φ、A_M、B_M、A_Q、B_Q 及 A_x^0、B_x^0、A_φ^0、B_φ^0、A_M^0、B_M^0、A_Q^0、B_Q^0 为无量纲系数，均为 αh 和 αz 的函数，已将

其制成表格供查用(附表1~附表12)。使用时,应根据不同的桩底支承条件,选择不同的计算公式,然后再按 αh、αz 查出相应的无量纲系数,再将这些系数代入式(4-48)或式(4-49),就可以求出所需的未知量。

当 $\alpha h \geq 4$ 时,无论桩底支承情况如何,均可采用式(4-48)或式(4-49)及相应的系数来计算,其计算结果极为接近。

由式(4-48)及式(4-49)可较迅速地求得桩身各截面的水平位移、转角、弯矩、剪力以及桩侧土抗力。由此便可验算桩身强度、决定配筋量,验算桩侧土抗力及其墩台位移等。

(三)桩身最大弯矩位置 $z_{M_{max}}$ 和最大弯矩 M_{max} 的确定

桩身各截面处弯矩 M_z 的计算,主要是检验桩的截面强度和配筋计算(关于配筋的具体计算方法,见结构设计原理教材内容),为此要找出弯矩最大的截面所在的位置 $z_{M_{max}}$ 相应的最大弯矩值 M_{max} 值,一般可将各深度 z 处的 M_z 值求出后绘制 z-M_z 图,即可从图中求得。也可用数解法求得 $z_{M_{max}}$ 及 M_{max} 值如下。

在最大弯矩截面处,其剪力 Q 等于零,因此 $Q_z = 0$ 处的截面即为最大弯矩所在位置 $z_{M_{max}}$。

由式(4-48d)令 $Q_z = Q_0 A_Q + \alpha M_0 B_Q = 0$,则

$$\frac{\alpha M_0}{Q_0} = -\frac{A_Q}{B_Q} = C_Q \tag{4-50}$$

式中:C_Q——与 αz 有关的系数,可按附表13采用。C_Q 值从式(4-50)求得后即可从附表13中求得相应的 $\bar{z} = \alpha z$ 值,因为 $\alpha = \sqrt[5]{\frac{mb_1}{EI}}$ 为已知,所以最大弯矩所在的位置 $z = z_{M_{max}}$ 即可求得。

由式(4-50)可得:

$$M_0 = \frac{Q_0}{\alpha} C_Q \tag{4-51}$$

将式(4-51)代入式(4-48c)则得:

$$M_{max} = \frac{M_0}{C_Q} A_M + M_0 B_M = M_0 K_M \tag{4-52}$$

式中:$K_M = \frac{A_M}{C_Q} + B_M$,亦为无量纲系数,同样可由附表13查取。

(四)桩顶位移的计算

如图4-48所示为置于非岩石地基中的桩,已知桩露出地面(或局部冲刷线)长 l_0,若桩顶为自由端,其上作用有 Q 及 M,顶端的位移可应用叠加原理计算。设桩顶的水平位移为 x_1,它是由下列各项组成:桩在地面(或局部冲刷线)处的水平位移 x_0、地面(或局部冲刷线)处转角 φ_0 所引起的桩顶在桩顶的位移 $\varphi_0 l_0$、桩露出地面(或局部冲刷线)段作为悬臂梁桩顶在水平力 Q 作用下产生的水平位移 x_Q 以及在 M 作用下产生的水平位移 x_M,即:

$$x_1 = x_0 - \varphi_0 l_0 + x_Q + x_M \tag{4-53}$$

因 φ_0 逆时针为正,所以式中用负号。

桩顶转角 φ_1 则由地面(或局部冲刷线)处的转角 φ_0,水平力 Q 作用下引起的转角 φ_Q 及弯矩作用下所引起的转角 φ_M 组成,即:

$$\varphi_1 = \varphi_0 + \varphi_Q + \varphi_M \tag{4-54}$$

上两式中的 x_0 及 φ_0 可按计算所得的 $M_0 = Ql_0 + M$ 及 $Q_0 = Q$ 分别代入式(4-48a)及式(4-48b)(此时式中的无量纲系数均用 $z=0$ 时的数值)求得,即:

$$x_0 = \frac{Q}{\alpha^3 EI} A_x + \frac{M + Ql_0}{\alpha^2 EI} B_x \tag{4-55}$$

$$\varphi_0 = -\left(\frac{Q}{\alpha^2 EI} A_\varphi + \frac{M + Ql_0}{\alpha EI} B_\varphi \right) \tag{4-56}$$

式(4-53)、式(4-54)中的 x_Q、x_M、φ_Q、φ_M 是把露出段作为下端嵌固、跨度为 l_0 的悬臂梁计算而得,即:

$$\left. \begin{array}{l} x_Q = \dfrac{Ql_0^3}{3EI}, x_M = \dfrac{Ml_0^2}{2EI} \\[2mm] \varphi_Q = \dfrac{-Ql_0^2}{2EI}, \varphi_M = \dfrac{-Ml_0}{EI} \end{array} \right\} \tag{4-57}$$

由式(4-55)~式(4-57)算得 x_0、φ_0 及 x_Q、x_M、φ_Q、φ_M 代入式(4-53)、式(4-54)再经整理归纳,便可写成如下表达式:

$$\left. \begin{array}{l} x_1 = \dfrac{Q}{\alpha^3 EI} A_{x_1} + \dfrac{M}{\alpha^2 EI} B_{x_1} \\[2mm] \varphi_1 = -\left(\dfrac{Q}{\alpha^2 EI} A_{\varphi_1} + \dfrac{M}{\alpha EI} B_{\varphi_1} \right) \end{array} \right\} \tag{4-58}$$

式中:$A_{x_1} = A_{\varphi_1}$,$B_{x_1} = B_{\varphi_1}$ 均为 $\bar{h} = \alpha h$ 及 $\bar{l}_0 = \alpha l_0$ 的函数,现列于附表14~附表16中。

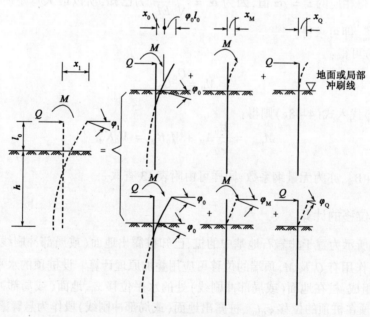

图 4-48 桩顶位移计算

对于桩底嵌固于岩基中,桩顶为自由端的桩顶位移计算,只要按式(4-49a)、式(4-49b)计算出 $z=0$ 时的 x_0、φ_0 即可按上述方法求出桩顶水平位移 x_1 及转角 φ_1,其中 x_Q、x_M、φ_Q、φ_M 仍可按式(4-57)计算。

当桩露出地面(或局部冲刷线)部分为变截面,其上部截面抗弯刚度为 $E_1 I_1$(直径为 d_1,高

度为 h_1),下部抗弯刚度为 EI(直径为 d,高度为 h_2)。如图 4-49 所示,设 $n = \dfrac{E_1 I_1}{EI}$,则桩顶 x_1 和 φ_1 分别为:

$$\left.\begin{aligned} x_1 &= \frac{1}{\alpha^2 EI}\left(\frac{Q}{\alpha}A'_{x_1} + MB'_{x_1}\right) \\ \varphi_1 &= -\frac{1}{\alpha EI}\left(\frac{Q}{\alpha}A'_{\varphi_1} + MB'_{\varphi_1}\right) \end{aligned}\right\} \quad (4\text{-}59)$$

式中:

$$A'_{x_1} = A_{x_1} + \frac{\overline{h}_2^3}{3n}(1-n)$$

$$B'_{x_1} = A'_{\varphi_1} = A_{\varphi_1} + \frac{\overline{h}_2^2}{2n}(1-n)$$

$$B'_{\varphi_1} = B_{\varphi_1} + \frac{\overline{h}_2}{n}(1-n)$$

$$\overline{h}_2 = \alpha h_2$$

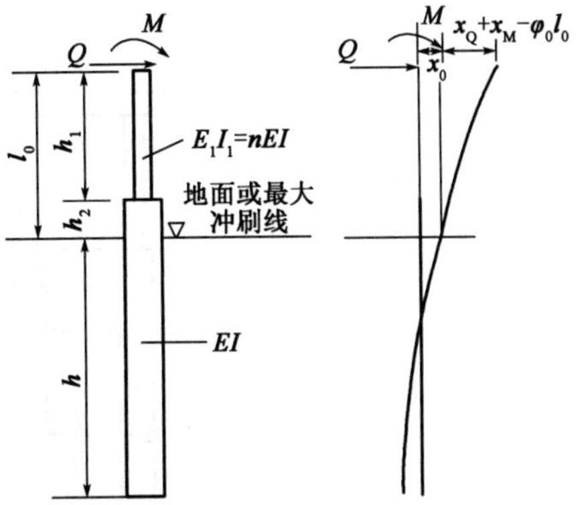

图 4-49 变截面桩示意图

(五)单桩、单排桩计算步骤及验算要求

综合前述,对单桩、单排桩基础的设计计算,首先应根据上部结构的类型、荷载性质与大小、地质与水文资料、施工条件等情况,初步拟定出桩的直径、承台位置、桩的根数及排列等,然后进行如下计算:

(1)计算各桩桩顶所承受的荷载 P_i、Q_i、M_i。

(2)确定桩在局部冲刷线下的入土深度(桩长的确定),一般情况下可根据持力层位置、荷载大小、施工条件等初步确定,通过验算再予以修改;在地基土较单一,桩底端不易根据土质判断时,也可根据已知条件用单桩轴向受压承载力特征值计算公式初步反算桩长。

(3)验算单桩的轴向受压承载力。

(4)确定桩的计算宽度 b_1。

(5)计算桩的变形系数 α 值。

(6)计算地面处桩截面的作用力 Q_0、M_0,并验算桩在地面或最大冲刷线处的横向位移 x_0(要求≤6mm),然后计算桩身各截面的内力,进行桩身配筋及桩身截面强度和稳定性验算。

(7)计算桩顶位移和墩台顶位移。

(8)弹性桩桩侧最大土抗力是否验算,目前尚无一致意见,现行《公路桥涵地基与基础设计规范》(JTG 3363—2019)对此也未作要求。

三、单排桩基础算例(双柱式桥墩钻孔灌注桩基础)

(一)设计资料(图 4-50)

1. 地质与水文资料

地基土为密实细砂夹砾石,地基土水平向抗力系数的比例系数 $m = 10000\text{kN}/\text{m}^4$;地基土的桩侧摩阻力标准值 $q_k = 70\text{kPa}$;地基土内摩擦角 $\varphi = 40°$,黏聚力 $c = 0$;地基土承载力特征值

$f_{a0}=400\text{kPa}$,地基土重度 $\gamma'=11.80\text{kN/m}^3$(已考虑浮力),一般冲刷线高程为335.34m,常水位高程为339.00m,最大冲刷线高程为330.66m,如图4-50所示。

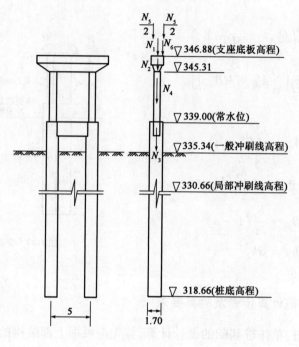

图4-50 设计资料(尺寸单位:m)

2. 桩、墩尺寸与材料

墩帽顶高程为346.88m,桩顶高程为339.00m,墩柱顶高程为345.31m;墩柱直径1.50m,桩直径1.70m;墩柱及桩身混凝土用C30,其受压弹性模量为量 $E_c=3.00\times10^4\text{MPa}$。

3. 荷载情况

桥墩为单排双柱式,桥面净宽7m,设计荷载为公路-Ⅱ级,两侧人行道各宽1.5m,人群荷载为 3.00kN/m^2,结构重要系数为1.0。

上部为30m预应力混凝土梁,每一根柱承受荷载为:

(1) 两跨恒载反力 $N_1=1376.00\text{kN}$。

(2) 盖梁自重反力 $N_2=256.50\text{kN}$。

(3) 系梁自重反力 $N_3=76.40\text{kN}$。

(4) 一根墩柱自重 $N_4=279.00\text{kN}$。

(5) 局部冲刷线以上桩每延米自重: $q=\dfrac{\pi\times1.7^2}{4}\times(25-10)=34.05(\text{kN})$(已扣除浮力);局部冲刷线以下桩每延米自重: $q'=\dfrac{\pi\times1.7^2}{4}\times(15-11.8)=7.26(\text{kN})$(桩身自重与置换土重差值,已扣除浮力)。

(6) 活载反力:

①两跨汽车荷载反力:

$$N_5=800.60(\text{kN})(已计入冲击系数的影响)$$

②单跨汽车荷载反力:

$$N_6 = 400.30(\text{kN})(\text{已计入冲击系数的影响})$$

汽车荷载反力已按偏心受压原理考虑横向分布的分配影响。

N_6 在顺桥向引起的弯矩 $M = 120.09(\text{kN}\cdot\text{m})$。

③两跨人群荷载反力：
$$N_7 = 270.00\ (\text{kN})$$

④一跨人群荷载反力：
$$N_8 = 135.00\ (\text{kN})$$

N_8 在顺桥向引起的弯矩 $M = 40.50(\text{kN}\cdot\text{m})$

⑤制动力：
$$H = 30.00\ (\text{kN})(\text{已按墩台及支座刚度进行分配})$$

⑥纵向风力：

盖梁部分 $W_1 = 3.00\ (\text{kN})$，对桩顶力臂为 7.06m；

墩身部分 $W_2 = 2.70\ (\text{kN})$，对桩顶力臂为 3.15m。

桩基础采用旋转钻孔灌注桩基础，摩擦桩。

(二) 计算

1. 桩长的计算

由于地基土层单一，根据《公路桥涵地基与基础设计规范》(JTG 3363—2019) 中确定单桩轴向受压承载力特征值的经验公式初步反算桩长。设该灌注桩局部冲刷线以下的桩长为 h，则：

$$N_h = R_a = \frac{1}{2}u\sum_{i=1}^{n}q_{ik}l_i + \lambda m_0 A_p[f_{a0} + k_2\gamma_2(h-3)]$$

式中：N_h——单桩受到的全部竖向荷载(kN)。

根据《公路桥涵地基与基础设计规范》(JTG 3363—2019) 第 3.0.6 条，在本例中，地基进行竖向承载力验算时，传至基底的作用效应应按正常使用极限状态频遇值组合采用，且作用组合表达式中的频遇值系数和准永久值系数均应取 1.0。当两跨活载时，桩底所承受的竖向荷载最大，则：

$$N_h = 1.0 \times (N_1 + N_2 + N_3 + N_4 + l_0 q + q'h) + 1.0 \times N_5 + 1.0 \times N_7$$
$$= 1.0 \times [1376.00 + 256.50 + 76.40 + 279.00 + (339.00 - 330.66) \times 34.05 + 7.26h] +$$
$$1.0 \times 800.6 + 1.0 \times 270 = 3342.48 + 7.26h$$

计算 R_a 时取以下数据：

桩的设计直径为 1.70m，桩周长 $U = \pi d = \pi \times 1.7 = 5.34(\text{m})$，$A_p = \dfrac{\pi d^2}{4} = \dfrac{\pi \times 1.7^2}{4} = 2.27(\text{m}^2)$，$\lambda = 0.7$，$m_0 = 0.8$，$k_2 = 4$，$f_{a0} = 400.00\text{kPa}$，$\gamma_2 = 11.80(\text{kN/m}^3)$ (已扣除浮力)，$q_k = 70\text{kPa}$，所以得：

$$R_a = \frac{1}{2} \times (5.34 \times 70 \times h) + 0.7 \times 0.8 \times 2.27 \times [400.00 + 4.0 \times 11.80 \times (h-3)]$$
$$= N_h = 3342.48 + 7.26h$$

解得：$h = 12.58\text{m}$。

现取 $h = 13.00\text{m}$，桩底高程为 317.66m，桩总长为 21.34m。

由上式计算可知，$h = 13.00\text{m}$ 时，$R_a = 3538.19\text{kN} > N_h = 3429.6\text{kN}$，桩的轴向受压承载力

符合要求。

2. 桩的内力计算(m法)

(1)确定桩的计算宽度b_1。

$$b_1 = kk_f(d+1) = 1.0 \times 0.9 \times (1.7+1) = 2.43(\text{m})$$

(2)计算桩的变形系数α。

$$\alpha = \sqrt[5]{\frac{mb_1}{EI}} = \sqrt[5]{\frac{10000 \times 2.43}{0.8 \times 3.00 \times 10^7 \times \frac{\pi \times 1.7^4}{64}}} = 0.301(\text{m}^{-1})$$

桩的换算深度:$\bar{h} = \alpha h = 0.301 \times 13.00 = 3.913 > 2.5$

所以按弹性桩计算。

(3)计算墩柱顶上外力P_i、Q_i、M_i及局部冲刷线处桩上外力P_0、Q_0、M_0。墩柱顶的外力计算按一跨活载计算。

根据《公路桥涵地基与基础设计规范》(JTG 3363—2019)第1.0.5条,按承载能力极限状态要求,结构构件自身承载力应采用作用效应基本组合验算。

根据《公路桥涵设计通用规范》(JTG D60—2015),恒载分项系数取1.2,汽车荷载、人群荷载及制动作用的分项系数取1.4,风荷载分项系数取1.1;在作用组合中除汽车荷载(含汽车冲击力、离心力)外的其他可变作用的组合系数取0.75。

$P_i = 1.2 \times (1376.00 + 256.50) + 1.4 \times 400.30 + 0.75 \times 1.4 \times 135.00 = 2661.17(\text{kN})$

$Q_i = 0.75 \times (1.4 \times 30.00 + 1.1 \times 3.00) = 33.98(\text{kN})$

$M_i = 1.4 \times 120.09 + 0.75 \times [1.4 \times 30.00 \times (346.88 - 345.31) + 1.4 \times 40.50 + 1.1 \times 3.00 \times (7.06 - 6.31)] = 261.96(\text{kN} \cdot \text{m})$

换算到局部冲刷线处:

$P_0 = 2661.17 + 1.2 \times [76.40 + 279.00 + 34.05 \times 8.34] = 3428.42(\text{kN})$

$Q_0 = 0.75 \times [1.4 \times 30.00 + 1.1 \times (3.00 + 2.70)] = 36.20(\text{kN})$

$M_0 = 1.4 \times 120.09 + 0.75 \times [1.4 \times 30.00 \times (346.88 - 330.66) + 1.4 \times 40.50 + 1.1 \times (3.00 \times 15.4 + 2.70 \times 11.49)]$

$\quad = 785.29(\text{kN} \cdot \text{m})$

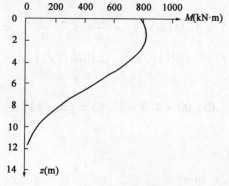

图4-51 M_z-z图

(4)局部冲刷线以下深度z处M_z及桩身最大弯矩$M_{\max}$计算。

①局部冲刷线以下深度z处桩截面的弯矩M_z的计算。

$$M_z = \frac{Q_0}{\alpha}A_M + M_0 B_M = \frac{36.20}{0.301}A_M + 785.29 B_M$$

$$= 120.27 A_M + 785.29 B_M$$

式中,无量纲系数A_M、B_M可根据附表3、附表7查得,M_z计算列表见表4-18,其结果如图4-51所示。

M_z 计算列表 表 4-18

$\bar{z}=\alpha z$	z	A_M	B_M	$\dfrac{Q_0}{\alpha}A_M$	$M_0 B_M$	M_z
0.0	0.00	0.00000	1.00000	0.00000	785.29	785.29
0.2	0.66	0.19695	0.99806	23.68691	783.76	807.45
0.4	1.33	0.37728	0.98614	45.37593	774.40	819.78
0.6	1.99	0.52904	0.95850	63.62710	752.70	816.33
0.8	2.66	0.64482	0.91299	77.55251	716.96	794.51
1.0	3.32	0.72157	0.85041	86.78272	667.82	754.60
1.2	3.99	0.75937	0.77336	91.32939	607.31	698.64
1.4	4.65	0.76124	0.68575	91.55442	538.51	630.07
1.8	5.98	0.67770	0.49662	81.50749	389.99	471.49
2.2	7.31	0.52016	0.31665	62.55916	248.66	311.22
2.6	8.64	0.33910	0.17064	40.78325	134.00	174.79
3.0	9.97	0.17605	0.07077	21.17356	55.58	76.75
3.5	11.63	0.04197	0.01119	5.04783	8.79	13.84

② 桩身最大弯矩 M_{max} 及最大弯矩位置计算。

由 $Q_z = 0$ 得：

$$C_Q = \frac{\alpha M_0}{Q_0} = \frac{0.301 \times 785.29}{36.20} = 6.530$$

由 $C_Q = 6.530$ 及 $\bar{h} = 3.913$，查表 13 得：$\bar{z}_{M_{max}} = 0.469$，故：$z_{M_{max}} = \dfrac{0.469}{0.301} = 1.56(\text{m})$

由 $\bar{z}_{M_{max}} = 0.469$ 及 $\bar{h} = 3.913$，查附表 13 得：$K_M = 1.049$。

$$M_{max} = K_M M_0 = 1.049 \times 785.29 = 823.77(\text{kN} \cdot \text{m})$$

（5）局部冲刷线以下深度 z 处横向土抗力 p_{zx} 计算。

$$p_{zx} = \frac{\alpha Q_0}{b_1}\bar{z}A_x + \frac{\alpha^2 M_0}{b_1}\bar{z}B_x = \frac{0.301 \times 36.20}{2.43}\bar{z}A_x + \frac{0.301^2 \times 785.29}{2.43}\bar{z}B_x = 4.484\bar{z}A_x + 29.279\bar{z}B_x$$

无量纲系数 A_x、B_x 由附表 1、附表 5 分别查得，p_{zx} 计算列表见表 4-19，其结果如图 4-52 所示。

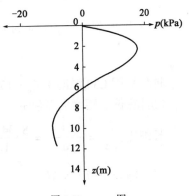

图 4-52 p_{zx}-z 图

p_{zx} 计算列表 表 4-19

$\bar{z}=\alpha z$	z	A_x	B_x	$\dfrac{\alpha Q_0}{b_1}\bar{z}A_x$	$\dfrac{\alpha^2 M_0}{b_1}\bar{z}B_x$	p_{zx}
0.0	0.00	2.45129	1.62444	0.00	0.00	0.00
0.2	0.66	2.12773	1.29409	1.91	7.58	9.49
0.4	1.33	1.81198	1.00361	3.25	11.75	15.00
0.6	1.99	1.51124	0.75255	4.07	13.22	17.29
0.8	2.66	1.23155	0.53977	4.42	12.64	17.06
1.0	3.32	0.97752	0.36344	4.38	10.64	15.02
1.2	3.99	0.75219	0.22106	4.05	7.77	11.81
1.4	4.65	0.55716	0.10961	3.50	4.49	7.99
1.8	5.98	0.25696	-0.03481	2.07	-1.83	0.24
2.2	7.31	0.06423	-0.09962	0.63	-6.42	-5.78

续上表

$\bar{z}=\alpha z$	z	A_x	B_x	$\dfrac{\alpha Q_0}{b_1}\bar{z}A_x$	$\dfrac{\alpha^2 M_0}{b_1}\bar{z}B_x$	p_{zx}
2.6	8.64	-0.04554	-0.11329	-0.53	-8.62	-9.16
3.0	9.97	-0.10084	-0.09911	-1.36	-8.71	-10.06
3.5	11.63	-0.13170	-0.06557	-2.07	-6.72	-8.79

(6)桩身配筋计算及桩身材料截面强度验算。

由上可知,最大弯矩发生在局部冲刷线以下 $z=1.56\text{m}$ 处,该处 $M_j=823.77\text{kN}\cdot\text{m}$。

计算轴向力 N_j 时,根据《公路桥涵设计通用规范》(JTG D60—2015),恒载分项系数取 1.2,汽车荷载分项系数取 1.4,人群荷载分项系数取 1.4,人群荷载组合系数取 0.75,则:

$$N_j = 1.2 \times \Big[1376.00 + 256.50 + 76.40 + 279.00 + 34.05 \times (339.00 - 330.66) + 7.26$$

$$\times 1.56 - \frac{1}{2}uq_k z\Big] + 1.4 \times 400.30 + 0.75 \times 1.4 \times 135.00$$

$$= 1.2 \times \Big(2283.20 - \frac{1}{2} \times 5.34 \times 70 \times 1.56\Big) + 702.17 = 3092.13(\text{kN})$$

①纵向钢筋面积。

桩内竖向钢筋按配筋率 0.5% 配置,则:

$$A_g = \frac{\pi}{4} \times 1.7^2 \times 0.5\% = 11349(\text{mm}^2)$$

现选用 20 根直径 28mm 的 HRB400 级钢筋:

$$A_s = 12316(\text{mm}^2), f'_{sd} = 330(\text{MPa})$$

桩柱采用 C30 混凝土 $f_{cd}=13.8\text{MPa}$。

②计算偏心距增大系数 η。

长细比:$\dfrac{l_p}{d} = \dfrac{l_0+h}{d} = \dfrac{8.34+13}{1.7} = 12.55 > 4.4$

所以偏心距增大系数:$\eta = 1 + \dfrac{1}{1300e_0/h_0}\Big(\dfrac{l_p}{h}\Big)^2 \zeta_1 \zeta_2$

其中:$e_0 = \dfrac{M_{\max}}{N_j} = \dfrac{823.77}{3092.13} = 0.266(\text{m}) > \dfrac{d}{30} = 0.057(\text{m})$;$h_0 = r + r_s = 0.85 + 0.765 = 1.615(\text{m})$;$h = 2r = 1.7\text{m}$;$\zeta_1 = 0.2 + 2.7\dfrac{e_0}{h_0} = 0.645$;$\zeta_2 = 1.15 - 0.01\dfrac{l_p}{h} = 1.024 > 1$,故取 $\zeta_2 = 1$。

$$\eta = 1 + \dfrac{1}{1300 \times 0.266/1.615} \times \Big(\dfrac{21.34}{1.7}\Big)^2 \times 1 \times 0.645 = 1.475$$

③计算实际偏心距 ηe_0。

$$\eta e_0 = \eta \dfrac{M_{\max}}{N_j} = 1.475 \times 0.266 = 0.392(\text{m})$$

④在垂直于弯矩作用平面内承载力复核。

垂直于弯矩作用平面内的截面抗压承载力为：
$$N_u = 0.9\varphi(f_{cd}A_c + f'_{sd}A_s) = 0.9 \times 0.91 \times \left(13.8 \times \frac{\pi \times 1700^2}{4} + 330 \times 12316\right)$$
$$= 28982.39(\text{kN}) > N_j = 3092.13(\text{kN})$$

⑤在弯矩作用平面内承载力复核。

$$\eta \frac{e_0}{r} = 1.475 \times \frac{0.266}{0.85} = 0.46$$

$$\rho \frac{f_{sd}}{f_{cd}} = 0.005 \times \frac{330}{13.8} = 0.12$$

根据 JTG 3363—2018 附表 F-1 查得到：$n_u = 0.5788$。

$$N_u = n_u A f_{cd} = 0.5788 \times \frac{\pi \times 1700^2}{4} \times 13.8 = 18129.90(\text{kN}) > N_j = 3109.38(\text{kN})$$

桩抗压承载力满足要求。

⑥桩顶纵向水平位移计算。

桩在局部冲刷线处水平位移 x_0 和转角位移 φ_0：

$$x_0 = \frac{Q_0}{\alpha^3 EI}A_x + \frac{M_0}{\alpha^2 EI}B_x$$

$$\varphi_0 = \frac{Q_0}{\alpha^2 EI}A_\varphi + \frac{M_0}{\alpha EI}B_\varphi$$

因为 $z = 0(\text{m})$，查表得：$A_x = 2.45128$；$B_x = 1.62444$；$A_\varphi = -1.62444$；$B_\varphi = -1.75175$，所以

$$x_0 = \frac{36.20}{0.301^3 \times 9.840 \times 10^6} \times 2.45128 + \frac{785.29}{0.301^2 \times 9.840 \times 10^6} \times 1.62444 = 0.0018(\text{m})$$

$$\varphi_0 = \frac{36.20}{0.301^2 \times 9.840 \times 10^6} \times (-1.62444) + \frac{785.29}{0.301 \times 9.840 \times 10^6} \times (-1.75175) = -0.00053(\text{rad})$$

由 $I_1 = \frac{\pi \times 1.5^4}{64} = 0.249(\text{m}^4)$，$E_1 = E$，$I = \frac{\pi \times 1.7^4}{64} = 0.410(\text{m}^4)$，得：$n = \frac{E_1 I_1}{EI} = \frac{1.5^4}{1.7^4} = 0.606$。

墩顶纵桥向水平位移的计算：

$l'_0 = 345.31 - 330.66 = 14.65(\text{m})$，$\alpha l'_0 = 4.410$，$h_2 = 339.00 - 330.66 = 8.34(\text{m})$，$\alpha h_2 = 2.510$，查附表 14 和附表 15 得：$A_{x_1} = 79.44748$，$A_{\varphi_1} = 19.07464$。

由式(4-59)中计算得：$A'_{x_1} = 82.87595$，$B'_{x_1} = 21.12325$。

$$x_1 = \frac{1}{\alpha^2 EI}\left(\frac{Q}{\alpha}A'_{x_1} + MB'_{x_1}\right) = \frac{1}{0.301^2 \times 9.840 \times 10^6}$$

$$\frac{33.98}{0.301} \times 82.87595 + 261.96 \times 21.12325 = 0.0167(\text{m}) = 16.7(\text{mm})$$

第六节 "m" 法弹性多排桩基桩内力与位移计算

如图 4-53 所示为多排桩基础，它具有一个对称面的承台，且外力作用于此对称平面内，在

外力作用面内由几根桩组成,并假定承台与桩头为刚性连接。由于各桩与荷载的相对位置不尽相同,桩顶在外荷载作用下的变位就会不同,外荷载分配到各个桩顶上的荷载 P_i、Q_i、M_i 也各异。因此,不能再用单排桩的办法计算多排桩中基桩桩顶的 P_i、Q_i、M_i 值。一般将外力作用平面内的桩看作平面框架,用结构位移法解出各桩顶上的 P_i、Q_i、M_i 后,就可以应用单桩的计算方法来进行桩的承载力与位移验算。

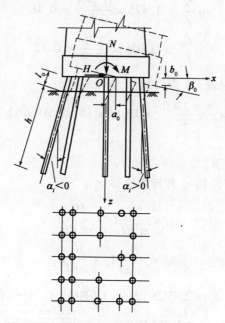

图 4-53 多排桩桩顶位移与承台位移的关系

一、桩顶荷载的计算

(一)计算公式及其推导

为计算群桩在外荷载 N、H、M 作用下各桩桩顶的 P_i、Q_i、M_i 的数值,先要求得承台的变位,并确定承台变位与桩顶变位的关系,然后再由桩顶的变位来求得各桩顶受力值。

假设承台为一绝对刚性体,桩头嵌固于承台内,当承台在外荷载作用下产生变位后,各桩顶之间的相对位置不变,各桩桩顶的转角与承台的转角相等,现设承台底面中心点 O 在外荷载 N、H、M 作用下,产生横轴向位移 a_0、竖轴向位移 c_0 及转角 β_0(a_0、c_0 以坐标轴正方向为正,β_0 以顺时针转动为正),则可得第 i 排桩桩顶(与承台联结处)沿 x 轴和 z 轴方向的线位移 a_{i0}、c_{i0} 和桩顶的转角 β_{i0} 分别为:

$$\left.\begin{array}{l} a_{i0} = a_0 \\ c_{i0} = c_0 + x_i \beta_0 \\ \beta_{i0} = \beta_0 \end{array}\right\} \quad (4\text{-}60)$$

式中:x_i——第 i 排桩桩顶的 x 坐标。

若以 a_i、c_i、β_i 分别代表第 i 排桩桩顶处沿桩的横轴向位移、轴向位移及转角,则桩顶横轴向位移、轴向位移及转角分别为:

$$\left.\begin{aligned} a_i &= a_{i0}\cos\alpha_i - c_{i0}\sin\alpha_i \\ &= a_0\cos\alpha_i - (c_0 + x_i\beta_0)\sin\alpha_i \\ c_i &= a_{i0}\sin\alpha_i + c_{i0}\cos\alpha_i \\ &= a_0\sin\alpha_i + (c_0 + x_i\beta_0)\cos\alpha_i \\ \beta_i &= \beta_{i0} = \beta_0 \end{aligned}\right\} \tag{4-61}$$

式中：α_i——第 i 根桩桩轴线与竖直线夹角，即倾斜角，见图 4-53。

若第 i 根桩桩顶的作用力 P_i、Q_i、M_i 如图 4-54 所示，则可以利用图 4-55 中桩的变位图式计算 P_i、Q_i、M_i 值，若令：

(1) 当第 i 根桩桩顶处仅产生单位轴向位移（$c_i = 1$）时，在桩顶引起的轴向力为 ρ_{PP}。

(2) 当第 i 根桩桩顶处仅产生单位横轴向位移（$a_i = 1$）时，在桩顶引起的横轴向力为 ρ_{HH}。

(3) 当第 i 根桩桩顶处仅产生单位横轴向位移（$a_i = 1$）时，在桩顶引起的弯矩为 ρ_{MH}；或当桩顶仅产生单位转角（即 $\beta_i = 1$）时，在桩顶引起的横轴向力为 ρ_{HM}。

(4) 当第 i 根桩桩顶处仅产生单位转角（$\beta_i = 1$）时，在桩顶引起的弯矩为 ρ_{MM}。

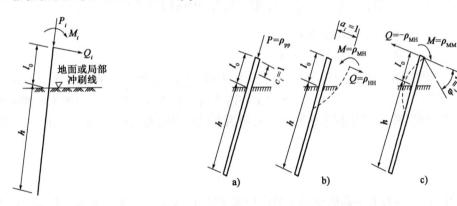

图 4-54　第 i 根桩桩顶的作用力　　　　图 4-55　第 i 根桩的变位计算图示

由此，当承台产生变位 a_0、c_0、β_0 时，第 i 根桩桩顶所引起的桩顶的轴向力 P_i、横轴向力 Q_i 及弯矩 M_i 值为：

$$\begin{aligned} P_i &= \rho_{PP} c_i = \rho_{PP}[a_0\sin\alpha_i + (c_0 + x_i\beta_0)\cos\alpha_i] \\ Q_i &= \rho_{HH} a_i - \rho_{HM}\beta_i = \rho_{HH}[a_0\cos\alpha_i - (c_0 + x_i\beta_0)\sin\alpha_i] - \rho_{HM}\beta_0 \\ M_i &= \rho_{MM}\beta_i - \rho_{MH} a_i = \rho_{MM}\beta_0 - \rho_{MH}[a_0\cos\alpha_i - (c_0 + x_i\beta_0)\sin\alpha_i] \end{aligned} \tag{4-62}$$

由此可见，只要能解出 a_0、c_0、β_0 及 ρ_{PP}、ρ_{HH}、ρ_{MH}、ρ_{MM}（单桩的桩顶刚度系数）后，即可由式(4-62)求得 P_i、Q_i 和 M_i 值，然后就可以利用单桩的计算方法求出桩的内力与位移。

1. ρ_{PP} 的求解

桩顶承受轴向力 P 而产生的轴向位移包括：桩身材料的弹性压缩变形 δ_c 及桩底处地基土的沉降 δ_k 两部分。

计算桩身弹性压缩变形时应考虑桩侧土的摩阻力影响。对于打入摩擦桩和振动下沉摩擦桩，考虑到由于打入和振动会使桩侧土愈往下愈挤密，所以可近似地假设桩侧土的摩阻力随深度呈三角形分布，如图 4-56a)所示。对于钻、挖孔灌注桩，则假定桩侧土摩阻力在整个入土深度内近似地沿桩身成均匀分布，如图 4-56b)所示。对端承桩，则不考虑桩侧土摩阻力的作用。

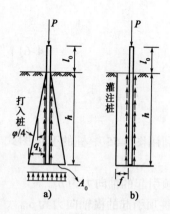

图 4-56 桩侧土摩阻力分布图

当桩侧土的摩阻力按三角形分布时,设桩底平面 A_0 处的摩阻力为 q_h,桩身周长为 u,令桩底承受的荷载与总荷载 P 之比值为 γ',则:

$$q_h = \frac{2P(1-\gamma')}{uh}$$

作用于地面以下深度 z 处桩身截面上的轴力 P_z 为:

$$P_z = P - \frac{z^2}{h^2}P(1-\gamma')$$

因此桩身的弹性压缩变形 δ_c 为:

$$\delta_c = \frac{Pl_0}{EA} + \frac{1}{EA}\int_0^h P_z dz = \frac{Pl_0}{EA} + \frac{P}{EA} \cdot h \cdot \frac{2}{3}\left(1+\frac{\gamma}{2}\right)$$

$$= \frac{P}{EA}\left[l_0 + \frac{2h}{3}\left(1+\frac{\gamma}{2}\right)\right] = \frac{l_0 + \xi h}{EA} \cdot P \quad (4\text{-}63)$$

式中:ξ——系数,$\xi = \frac{2}{3}\left(1+\frac{\gamma}{2}\right)$,摩阻力均匀分布时 $\xi = \frac{1}{2}(1+\gamma')$;

A——桩身的横截面面积;

E——桩身的受压弹性模量。

桩底平面处地基沉降的计算,假定外力借桩侧土的摩阻力和桩身作用自地面以 $\varphi/4$ 角扩散至桩底平面处的面积 A_0 上(φ 为土的内摩擦角),如此面积大于以相邻底面中心距为直径所得的面积,则 A_0 采用相邻桩底面中心距为直径所得的面积(图 4-56)。因此,桩底地基土沉降 δ_k 即为:

$$\delta_k = \frac{P}{C_0 A_0} \quad (4\text{-}64)$$

式中:C_0——桩底平面的地基土竖向地基系数,$C_0 = m_0 h$,比例系数 m_0 按"m"法规定取用。

由此得桩顶的轴向变形 c_i 为:

$$c_i = \delta_c + \delta_k = \frac{P(l_0 + \xi h)}{AE} + \frac{P}{C_0 A_0} \quad (4\text{-}65)$$

式(4-63)、式(4-65)中 γ' 目前一般都认为可暂不考虑。《公路桥涵地基与基础设计规范》(JTG 3363—2019)对于打入桩和振动桩由于桩侧摩阻力假定为三角形分布取 $\xi = 2/3$,钻(挖)孔桩采用 $\xi = 1/2$,柱桩则取 $\xi = 1$。

令式(4-65)中 $c_i = 1$,所求得的 P 值即为 ρ_{PP},由此可得:

$$\rho_{PP} = \frac{1}{\dfrac{l_0 + \xi h}{AE} + \dfrac{1}{C_0 A_0}} \quad (4\text{-}66)$$

2. ρ_{HH}、ρ_{MH}、ρ_{MM} 的求解

从单桩的计算公式中得知桩顶的横轴向位移 x_1 及转角位移 φ_1 为:

$$a_i = x_1 = \frac{Q}{\alpha^3 EI}A_{x_1} + \frac{M}{\alpha^2 EI}B_{x_1}$$

$$\beta_i = \varphi_1 = \frac{Q}{\alpha^2 EI}A_{\varphi_1} + \frac{M}{\alpha EI}B_{\varphi_1}$$

当桩顶仅产生单位横轴向位移 $a_i = 1$ 而转角 $\beta_i = 0$ 时，即可求得 ρ_{HH}、ρ_{MH}。

当桩顶仅产生单位转角 $\beta_i = 1$ 而横轴向位移 $a_i = 0$ 时，即可求得 ρ_{MM}、ρ_{HM}。解此两式，整理得：

$$\left.\begin{array}{l}\rho_{HH} = \alpha^3 EI x_Q \\ \rho_{MH} = \alpha^2 EI x_M \\ \rho_{MM} = \alpha EI \varphi_M\end{array}\right\} \quad (4\text{-}67)$$

式中：x_Q、x_M、φ_M ——无量纲系数，均是 $\bar{h} = ah$ 及 $\bar{l}_0 = al_0$ 的函数，对于 $\alpha h > 2.5$ 的摩擦桩，$\alpha h \geq 3.5$ 的端承桩，$\alpha h \geq 4.0$ 的嵌岩桩均列于附表 17～附表 19 中，其余可在有关设计手册中查取。

3. a_0、c_0、β_0 的求解

a_0、c_0、β_0 可按结构力学的位移法求得。沿承台底面取隔离体，如图 4-57 所示，考虑力的平衡，即 $\Sigma N = 0$，$\Sigma H = 0$，$\Sigma M = 0$（对 o 点取矩），即可列出位移法典型方程如下：

$$\left.\begin{array}{l}a_0 \gamma_{ca} + b_0 \gamma_{cc} + \beta_0 \gamma_{c\beta} - N = 0 \quad (\Sigma N = 0) \\ a_0 \gamma_{aa} + b_0 \gamma_{ac} + \beta_0 \gamma_{a\beta} - H = 0 \quad (\Sigma H = 0) \\ a_0 \gamma_{\beta a} + b_0 \gamma_{\beta c} + \beta_0 \gamma_{\beta\beta} - M = 0 \quad (\Sigma M = 0)\end{array}\right\} \quad (4\text{-}68)$$

式中：γ_{ca}、γ_{aa} … $\gamma_{\beta\beta}$ ——桩群刚度系数。

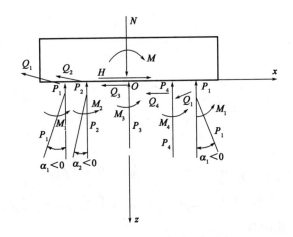

图 4-57 取隔离体显示桩顶内力示意图

当承台产生单位横轴向位移（$a_0 = 1$）时，所有桩顶对承台作用的竖轴向反力之和、横轴向反力之和、反弯矩之和为 γ_{ca}、γ_{aa}、$\gamma_{\beta a}$。

$$\left.\begin{array}{l}\gamma_{ca} = \sum_{i=1}^{n}(\rho_{PP} - \rho_{HH})\sin\alpha_i\cos\alpha_i \\ \gamma_{aa} = \sum_{i=1}^{n}(\rho_{PP}\sin^2\alpha_i + \rho_{HH}\cos^2\alpha_i) \\ \gamma_{\beta a} = \sum_{i=1}^{n}(\rho_{PP} - \rho_{HH})x_i\sin\alpha_i\cos\alpha_i - \rho_{MH}\cos\alpha_i\end{array}\right\} \quad (4\text{-}69)$$

式中：n ——桩的根数。

承台产生单位竖向位移时（$c_i = 1$），所有桩顶对承台作用的竖轴向反力之和、横轴向反力之和及反弯矩之和为 γ_{cc}、γ_{ac}、$\gamma_{\beta c}$：

$$\left.\begin{aligned}\gamma_{cc} &= \sum_{i=1}^{n}(\rho_{PP}\cos^2\alpha_i + \rho_{HH}\sin^2\alpha_i) \\ \gamma_{ac} &= \gamma_{ca} \\ \gamma_{\beta c} &= \sum_{i=1}^{n}\left[(\rho_{PP}\cos^2\alpha_i + \rho_{HH}\sin^2\alpha_i)x_i + \rho_{MH}\sin\alpha_i\right]\end{aligned}\right\} \quad (4\text{-}70)$$

承台绕坐标原点产生单位转角($\beta_0 = 1$)时,所有桩顶对承台作用的竖轴向反力之和、横轴向反力之和及反弯矩之和为$\gamma_{c\beta}$、$\gamma_{a\beta}$、$\gamma_{\beta\beta}$:

$$\left.\begin{aligned}\gamma_{c\beta} &= \gamma_{\beta c} \\ \gamma_{a\beta} &= \gamma_{\beta a} \\ \gamma_{\beta\beta} &= \sum_{i=1}^{n}\left[(\rho_{PP}\cos^2\alpha_i + \rho_{HH}\sin^2\alpha_i)x_i^2 + 2x_i\rho_{MH}\sin\alpha_i + \rho_{MM}\right]\end{aligned}\right\} \quad (4\text{-}71)$$

联解式(4-68)即可求得承台位移a_0、c_0、β_0各值。

求得a_0、c_0、β_0及ρ_{PP}、ρ_{HH}、ρ_{MH}、ρ_{MM}后,可一并带入式(4-62)即可求出各桩顶所受作用力P_i、Q_i、M_i值,然后则可按单桩来计算桩身内力与位移。

(二)竖直对称多排桩的计算

上面讨论的桩可以是斜的,也可以是直的。目前钻孔灌注桩常采用竖直桩,且设置成对称型,这样计算就可简化。将坐标原点设于承台底面竖直对称轴上,此时$\gamma_{ac} = \gamma_{ca} = \gamma_{c\beta} = \gamma_{\beta c} = 0$,代入式(4-68)可得:

$$c_0 = \frac{N}{\gamma_{cc}} = \frac{N}{\sum_{i=1}^{n}\rho_{PP}} \quad (4\text{-}72)$$

$$a_0 = \frac{\gamma_{\beta\beta}H - \gamma_{a\beta}M}{\gamma_{aa}\gamma_{\beta\beta} - \gamma_{a\beta}^2} = \frac{\left(\sum_{i=1}^{n}\rho_{MM} + \sum_{i=1}^{n}x_i^2\rho_{PP}\right)H + \sum_{i=1}^{n}\rho_{MH}M}{\sum_{i=1}^{n}\rho_{HH}\left(\sum_{i=1}^{n}\rho_{MM} + \sum_{i=1}^{n}x_i^2\rho_{PP}\right) - \left(\sum_{i=1}^{n}\rho_{MH}\right)^2} \quad (4\text{-}73)$$

$$\beta_0 = \frac{\gamma_{aa}M - \gamma_{a\beta}H}{\gamma_{aa}\gamma_{\beta\beta} - \gamma_{a\beta}^2} = \frac{\sum_{i=1}^{n}\rho_{HH}M + \sum_{i=1}^{n}\rho_{MH}H}{\sum_{i=1}^{n}\rho_{HH}\left(\sum_{i=1}^{n}\rho_{MM} + \sum_{i=1}^{n}x_i^2\rho_{PP}\right) - \left(\sum_{i=1}^{n}\rho_{MH}\right)^2} \quad (4\text{-}74)$$

当桩基中各桩直径相同时,则:

$$c_0 = \frac{N}{n\rho_{PP}} \quad (4\text{-}75)$$

$$a_0 = \frac{(n\rho_{MM} + \rho_{PP}\sum_{i=1}^{n}x_i^2)H + n\rho_{MH}M}{n\rho_{HH}(n\rho_{MM} + \rho_{PP}\sum_{i=1}^{n}x_i^2) - n^2\rho_{MH}^2} \quad (4\text{-}76)$$

$$\beta_0 = \frac{n\rho_{HH}M + n\rho_{MH}H}{n\rho_{HH}(n\rho_{MM} + \rho_{PP}\sum_{i=1}^{n}x_i^2) - n^2\rho_{MH}^2} \quad (4\text{-}77)$$

因为桩均为竖直且对称,式(4-62)可写成:

$$\left.\begin{aligned}P_i &= \rho_{PP}c_i = \rho_{PP}(c_0 + x_i\beta_0) \\ Q_i &= \rho_{HH}a_0 - \rho_{MH}\beta_0 \\ M_i &= \rho_{MM}\beta_0 - \rho_{MH}a_0\end{aligned}\right\} \quad (4\text{-}78)$$

求得桩顶作用力后,桩身任一截面内力与位移可按单桩计算方法计算。

二、多排桩算例

(一)设计资料(图 4-58)

1. 地质与水文资料

河床土质为粉砂,内摩擦角 $\varphi = 24°$。地基土比例系数 $m = 4000\text{kN}/\text{m}^4$。

2. 荷载情况

上部为等跨 30m 钢筋混凝土预应力梁桥,荷载为纵向控制设计。
作用在承台底面中心的设计荷载:
恒载加一孔活载(控制桩截面强度荷载)时:
$\sum N = 11291.69\text{kN}$
$\sum H = 836.23\text{kN}$
$\sum M = 7782.9\text{kN} \cdot \text{m}$

3. 桩基础

桩基础采用高桩承台,根据施工条件,拟采用桩径 1.2m 的摩擦桩,以冲抓锥施工。

所需桩的根数经初步计算拟采用 6 根灌注桩,横桥向为竖直对称三排桩基础,局部冲刷线以上自由长度 $l_0 = 12.81\text{m}$,经试算入土深度 $h = 25.19\text{m}$。

桩身混凝土弹性模量 $E_c = 2.8 \times 10^7 \text{kN}/\text{m}^2$,混凝土重度为 $15.0\text{kN}/\text{m}^3$ (已扣除浮力),具体桩位布置如图 4-58 所示。

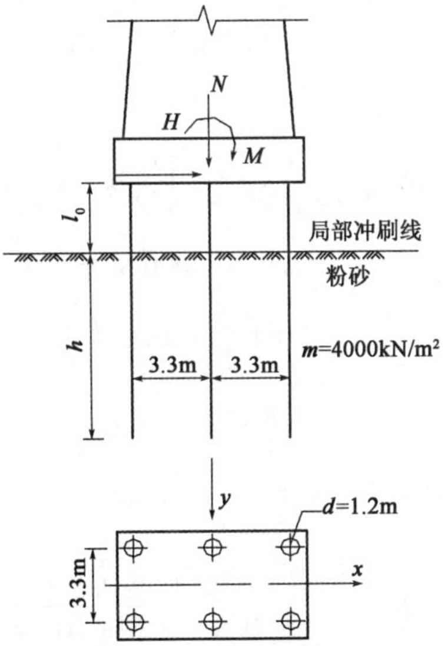

图 4-58 多排桩布置示意图

(二)计算

1. 桩的计算宽度 b_1

$b_1 = kk_f(d+1) = 0.9 \times (d+1) \cdot k$

$k = b_2 + \dfrac{1-b_2}{0.6} \cdot \dfrac{L_1}{h_1}$

$h_1 = 3(d+1) = 3 \times (1.2+1) = 6.6(\text{m})$

$L_1 = 3.3 - d = 2.1(\text{m}) < 0.6h_1 = 3.96(\text{m})$

$\because n = 3 \quad \therefore b_2 = 0.5$

则:

$k = 0.5 + \dfrac{1-0.5}{0.6} \times \dfrac{2.1}{6.6} = 0.765$

$b_1 = 0.9 \times (1.2+1) \times 0.765 = 1.515(\text{m})$

2. 桩的变形系数 α

$I = \dfrac{\pi d^4}{64} = \dfrac{3.14 \times 1.2^4}{64} = 0.102(\text{m}^4)$

$$EI = 0.8E_cI = 0.8 \times 2.8 \times 10^7 \times 0.102 = 2.285 \times 10^6 (\text{kN} \cdot \text{m}^2)$$

$$\alpha = \sqrt[5]{\frac{mb_1}{EI}} = \sqrt[5]{\frac{4000 \times 1.515}{2.285 \times 10^6}} = 0.305(\text{m}^{-1})$$

桩在局部冲刷线以下深度 $h = 25.19\text{m}$,计算长度为 h 为:$\bar{h} = \alpha h = 0.305 \times 25.19 = 7.69 > 2.5$,故按弹性桩设计。

3. 桩顶刚度系数 ρ_{PP}、ρ_{HH}、ρ_{MH}、ρ_{MM} 值计算

$$\rho_{PP} = \frac{1}{\dfrac{l_0 + \xi h}{E_cA} + \dfrac{1}{C_0A_0}}$$

其中:$l_0 = 12.81\text{m}$,$h = 25.19\text{m}$
对于钻孔灌注桩:

$$\xi = \frac{1}{2}$$

$$A = \frac{1}{4}\pi d^2 = \frac{1}{4} \times 3.14 \times 1.2^2 = 1.131(\text{m}^2)$$

$$C_0 = m_0 h = 4000 \times 25.19 = 100760(\text{kN/m}^3)$$

$$A_0 = \begin{cases} \pi\left(\dfrac{d}{2} + h\tan\dfrac{\bar{\varphi}}{4}\right)^2 \\ \dfrac{\pi}{4}S^2 \end{cases} = \begin{cases} 3.14 \times \left(\dfrac{1.2}{2} + 25.19 \times \tan\dfrac{24}{4}\right)^2 \\ \dfrac{3.14}{4} \times 3.3^2 \end{cases} = \begin{cases} 33.08(\text{m}^2) \\ 8.549(\text{m}^2) \end{cases}$$

取小值,故 $A_0 = 8.549\text{m}^2$。

$$\therefore \rho_{PP} = \frac{1}{\dfrac{12.81 + 0.5 \times 25.19}{0.8 \times 2.8 \times 10^7 \times 1.131} + \dfrac{1}{100760 \times 8.549}} = 5.0939 \times 10^5 = 0.202EI$$

已知 $\bar{h} = \alpha h = 0.305 \times 25.19 = 7.69 > 4$,取 $\bar{h} = 4.0\text{m}$ 计算。

$$\bar{l}_0 = \alpha l_0 = 0.305 \times 12.81 = 3.907(\text{m})$$

查表得:$x_Q = 0.06287$,$x_M = 0.17867$,$\varphi_M = 0.068474$。

$$\therefore \rho_{HH} = \alpha^3 EI x_Q = 0.305^3 \times 0.06287EI = 0.0018EI$$

$$\rho_{MH} = \rho_{HM} = \alpha^2 EI x_M = 0.305^2 \times 0.17867EI = 0.0166EI$$

$$\rho_{MM} = \alpha EI \varphi_M = 0.305 \times 0.68474EI = 0.2088EI$$

4. 承台底面原点 O 处位移 a_0、c_0、β_0

$$c_0 = \frac{N}{n\rho_{PP}} = \frac{11291.69}{6 \times 0.223EI} = \frac{9316.58}{EI}$$

$$a_0 = \frac{(n\rho_{MM} + \rho_{PP}\sum_{i=1}^{n}x_i^2)H + n\rho_{MH}M}{n\rho_{HH}(n\rho_{MM} + \rho_{PP}\sum_{i=1}^{n}x_i^2) - n^2\rho_{MH}^2}$$

$$= \frac{(6 \times 0.2088EI + 0.202EI \times 4 \times 3.3^2) \times 836.23 + 6 \times 0.0166EI \times 7782.9}{6 \times 0.0018EI \times (6 \times 0.2088EI + 0.202EI \times 4 \times 3.3^2) - (6 \times 0.0166EI)^2}$$

$$= \frac{93080.63}{EI}$$

$$\beta_0 = \frac{n\rho_{HH}M + n\rho_{MH}H}{n\rho_{HH}\left(n\rho_{MM} + \rho_{PP}\sum_{i=1}^{n}x_i^2\right) - n^2\rho_{MH}^2} = \frac{1696.50}{EI}$$

5. 计算作用在每根桩顶上作用力 P_i、Q_i、M_i

桩顶竖向力 P_i 为：

$$P_i = \rho_{PP}(c_0 + x_i\beta_0) = \begin{cases} 0.202EI \times \left(\dfrac{9316.58}{EI} + 3.3 \times \dfrac{1696.50}{EI}\right) \\ 0.202EI \times \left(\dfrac{9316.58}{EI} - 3.3 \times \dfrac{1696.50}{EI}\right) \\ 0.202EI \times \left(\dfrac{9316.58}{EI} + 0 \times \dfrac{1696.50}{EI}\right) \end{cases} = \begin{cases} 3012.84\,(kN) \\ 751.06\,(kN) \\ 1881.95\,(kN) \end{cases}$$

桩顶水平力 Q_i 为：

$$Q_i = a_0\rho_{HH} - \beta_0\rho_{HM} = 0.0018EI \times \frac{93080.63}{EI} - 0.0166EI \times \frac{1696.50}{EI} = 139.38\,(kN)$$

桩顶水平力 M_i 为：

$$M_i = \beta_0\rho_{MM} - a_0\rho_{MH} = \frac{1696.50}{EI} \times 0.2088EI - \frac{93080.63}{EI} \times 0.0166EI = -1190.91\,(kN\cdot m)$$

校核：

$$\sum nP_i = 2 \times (3012.84 + 751.06 + 1881.95) = 11291.70 kN \approx 11291.69 kN$$

$$Q_i = 139.38\,(kN) \approx \frac{\sum H}{n} = 139.37\,(kN)$$

$$\sum x_iP_i + nM_i = 2 \times (3012.84 \times 3.3 - 751.06 \times 3.3) - 6 \times 1190.91 = 7782.29 kN\cdot m$$
$$\approx 7782.9 kN\cdot m$$

6. 计算局部冲刷线处 P_0、Q_0、M_0

$$P_0 = 3012.84 + 1.131 \times 12.81 \times 15 = 3230.16\,(kN)$$
$$Q_0 = Q = 139.38\,(kN)$$
$$M_0 = M_i + Q_il_0 = -1190.91 + 139.38 \times 12.81 = 594.55\,(kN\cdot m)$$

求得 P_0、Q_0、M_0 后可按单桩进行计算和验算，需要时需进行群桩基础承载力和沉降验算，具体计算方法见本章第七节。

第七节 群桩基础的竖向分析及其验算

群桩基础在荷载作用下，由于基桩间的相互影响及其与承台的共同作用，其工作性状显然与单桩不同。前面已讨论了水平荷载（包括弯矩）作用下，基桩间的相互影响和基桩的受力分析与计算，本节主要讨论群桩基础在荷载作用下的竖向分析和群桩基础的竖向承载力与变形验算问题。

一、群桩基础的工作性状及其特点

群桩基础的竖向分析主要取决于荷载的传递特征，不同受力条件下的基桩有着不同的荷载传递特征，这也就决定了不同类型基桩的群桩基础呈现出不同的工作性状与特点。

1. 端承型群桩基础

端承型群桩基础通过承台分配到各基桩桩顶的荷载,绝大部分或全部由桩身直接传递到桩底,由桩底岩层(或坚硬土层)支承。由于桩底持力层刚硬,桩的贯入变形小,低桩承台的承台底面地基反力与桩侧摩阻力和桩底反力相比所占比例很小,可忽略不计。因此,承台分担荷载的作用和桩侧摩阻力的扩散作用一般不予以考虑。桩底压力分布面积较小,各桩的压力叠加作用也小(只可能发生在持力层深部),群桩基础中的各基桩的工作状态近同于独立单桩,如图 4-59 所示。可以认为端承型群桩基础的承载力等于各单桩承载力之和,其沉降量等于单桩沉降量。

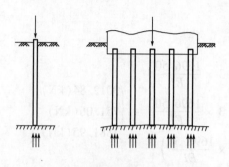

图 4-59 端承型桩桩底平面的应力分布

2. 摩擦型群桩基础

由摩擦桩组成的群桩基础,在竖向荷载作用下,桩顶荷载主要通过桩侧土的摩阻力传递到桩周和桩端土层中。由于桩侧摩阻力引起的土中附加应力通过桩周土体的扩散作用,使桩底处的压力分布范围要比桩身截面积大得多(图 4-60),以致群桩中各桩传递到桩底处的应力可能叠加,群桩桩底处地基土受到的压力比单桩大。同时,由于群桩基础的尺寸大,荷载传递的影响范围也比单桩深(图 4-61),因此桩底下地基土层产生的压缩变形和群桩基础的沉降都比单桩大。在桩的承载力方面,群桩基础的承载力也不是等于各单桩承载力总和的简单关系。工程实践表明,摩擦型群桩基础的承载力常小于各单桩承载力之和,但有时也可能会大于或等于各单桩承载力之和。桩基础除了上述桩底应力的叠加和扩散影响外,桩群对桩侧土的摩阻力也必然会有影响。总之,摩擦型群桩基础受竖向荷载后,由于承台、桩、土的相互作用使其桩侧阻力、桩端阻力、沉降等性状发生变化而与单桩明显不同,这种群桩不同于单桩的工作性状所产生的效应,称其为群桩效应。它主要表现在对桩基承载力和沉降的影响上。

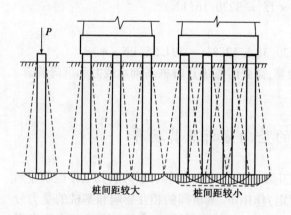

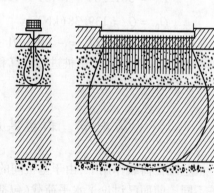

图 4-60 摩擦型桩桩底平面的应力分布　　图 4-61 群桩和单桩应力传布深度比较

影响群桩基础承载力和沉降的因素很复杂,与土的性质、桩长、桩距、桩数、群桩的平面排列和承台尺寸大小等因素有关。模型试验研究和现场测定结果表明,上述因素中,桩距大小的影响是主要的,其次是桩数。同时发现,当桩距较小、土质较坚硬时,在荷载作用下,桩间土与桩群作为一个整体而下沉,桩底下土层受压缩,破坏时呈"整体破坏",即指桩、土形成整体,破坏状态类似一个实体深基础。而当桩距足够大、土质较软时,桩与土之间产生剪切变形,桩群呈"刺入破坏"。在一般情况下,群桩基础兼有这两种性状。现通常认为当桩间中心距离≥$6b_1$(b_1为单桩的计算宽度)时,可不考虑群桩效应。

二、群桩基础承载力验算

由柱桩组成的群桩基础,群桩承载力等于单桩承载力之和,群桩基础沉降等于单桩沉降,群桩效应可以忽略不计,不需要进行群桩承载力验算。即使由摩擦桩组成的群桩基础,在一定条件下也不需要验算群桩基础的承载力。对9根桩及以上的多排摩擦型桩群桩,桩端平面内的中距大于桩径(或边长)的6倍时,群桩可作为整体基础验算桩端平面处土的承载力。当桩端平面以下有软土层或软弱地基时,还应验算软弱下卧层的承载力。

1. 桩底持力层承载力验算

群桩(摩擦桩)作为整体基础时,桩基可视为图4-62中 $acde$ 范围内的实体基础,桩侧外力认为以 $\bar{\varphi}/4$ 角向下扩散,可按下式验算桩底平面处土层的承载力。

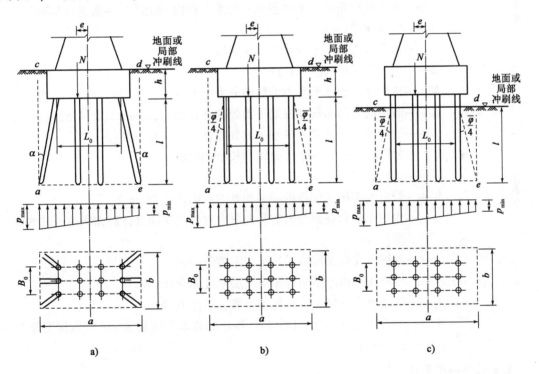

图4-62 群桩作为整体基础计算示意图

(1)当轴心受压时:

$$p = \bar{\gamma}l + \gamma h - \frac{BL\gamma h}{A} + \frac{N}{A} \leqslant f_a \tag{4-79}$$

(2)当偏心受压时,除满足第(1)条外,尚应满足下列条件:

$$p_{max} = \bar{\gamma}l + \gamma h - \frac{BL\gamma h}{A} + \frac{N}{A}\left(1 + \frac{eA}{W}\right) \leqslant \gamma_R f_a \tag{4-80}$$

$$A = a \cdot b \tag{4-81}$$

当桩的斜度 $\alpha \leqslant \dfrac{\bar{\varphi}}{4}$ 时：

$$a = L_0 + d + 2l\tan\dfrac{\bar{\varphi}}{4} \tag{4-82}$$

$$b = B_0 + d + 2l\tan\dfrac{\bar{\varphi}}{4} \tag{4-83}$$

$$\bar{\varphi} = \dfrac{\varphi_1 l_1 + \varphi_2 l_2 + \cdots + \varphi_n l_n}{l} \tag{4-84}$$

当桩的斜度 $\alpha > \dfrac{\bar{\varphi}}{4}$ 时：

$$a = L_0 + d + 2l\tan\alpha \tag{4-85}$$
$$b = B_0 + d + 2l\tan\alpha \tag{4-86}$$

式中：p——桩端平面处的平均压应力(kPa)；

p_{max}——桩端平面处的最大压应力(kPa)；

$\bar{\gamma}$——承台底面至桩端平面包括桩的重力在内的土的平均重度(kN/m^3)；

l——桩的深度(m)；

γ——承台底面以上土的重度(kN/m^3)；

L、B——承台的长度、宽度(m)；

N——作用于承台底面合力的竖向分力(kN)；

A——假定的实体基础在桩端平面处的计算面积，即 $a \times b$(图4-62)(m^2)；

a、b——假定的实体基础在桩端平面处的计算长度和宽度(m)；

L_0、B_0——外围桩中心围成矩形轮廓的长度、宽度(m)；

d——桩的直径(m)；

W——假定的实体基础在桩端平面处的截面抵抗矩(m^3)；

e——作用于承台底面合力的竖向分力对桩端平面处计算面积重心轴的偏心距(m)；

$\bar{\varphi}$——基桩所穿过土层的平均土内摩擦角(°)；

$\varphi_1 l_1$、$\varphi_2 l_2 \cdots \varphi_n l_n$——各层土的内摩擦角与相应土层厚度的乘积；

f_a——桩端平面处修正后的地基承载力特征值(kPa)；

h——承台的高度(m)，对图4-62所示的高承台桩基，$h=0$，埋置深度即为 l；

γ_R——抗力系数。

2. 软弱下卧层强度验算

软弱下卧层验算方法是按土力学中的土应力分布规律计算出软弱土层顶面处的总应力不得大于该处地基土的承载力特征值，可参见第三章有关内容。

三、群桩基础沉降验算

超静定结构桥梁或建于软土、湿陷性黄土地基或沉降较大的其他土层的静定结构桥梁墩台的群桩基础应计算沉降量并进行验算。

桩基为端承桩或桩端平面内桩的中心距大于6倍桩径(或边长)的摩擦型群桩基础，桩基的总沉降量可取单桩的沉降量。

当桩的中心距小于6倍桩径的摩擦型群桩基础,则作为实体基础考虑,可采用分层总和法计算沉降量。《公路桥涵地基与基础设计规范》(JTG 3363—2019)规定墩台基础的沉降应满足下列要求:

(1)相邻墩台间不均匀沉降差值(不包括施工中的沉降),不应使桥面形成大于0.2%的附加纵坡(折角)。

(2)超静定结构桥梁墩台间不均匀沉降差值还应满足结构的受力要求。

第八节 承台的设计计算

承台是桩基础的一个重要组成部分。承台应有足够的强度和刚度,以便把上部结构的荷载传递给各桩,并将各单桩联结成整体。

承台设计包括承台材料、形状、高度、底面高程和平面尺寸的确定以及强度验算,并要符合构造要求。除强度验算外,上述各项均可根据本章前叙有关内容初步拟定,经验算后若不能满足有关要求,仍须修改设计,直至满足为止。

承台按极限状态设计,一般应进行局部受压、抗冲剪、抗弯和抗剪验算。

一、桩顶处的局部受压验算

桩顶作用于承台混凝土的压力,如不考虑桩身与承台混凝土间的黏结力,局部承压时,按下式计算:

$$\gamma_0 N_d \leq 0.9\beta A_1 f_{cd} \tag{4-87}$$

$$\beta = \sqrt{\frac{A_b}{A_1}} \tag{4-88}$$

式中:γ_0——结构重要性系数;
　　N_d——承台内一根基桩承受的最大计算的轴向力(kN);
　　β——局部承压强度提高系数;
　　A_1——承台内基桩桩顶横截面面积(m^2);
　　A_b——承台内计算底面积(m^2),具体计算方法参见《公路圬工桥涵设计规范》(JTG D61—2005);
　　f_{cd}——混凝土轴心抗压强度设计值(kN/m^2)。

如验算结果不符合上式要求,应在承台内桩的顶面以上设置1~2层钢筋网,钢筋网的边长应大于桩径的2.5倍,钢筋直径不宜小于12mm,网孔为100mm×100mm,如图4-63所示。

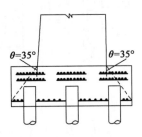

图4-63 承台桩顶处钢筋网

二、承台的冲切承载力验算

1. 柱或墩台向下冲切承台

柱或墩台向下冲切的破坏锥体应采用自柱或墩台边缘至相应桩顶边缘连线构成的锥体;桩顶位于承台顶面以下1倍有效高度h_0处。锥体斜面与水平面的夹角,不应小于45°;当小于45°时,取用45°。

柱或墩台向下冲切承台的冲切承载力按下列规定计算:

$$\gamma_0 F_{ld} \leq 0.6 f_{td} h_0 [2\alpha_{px}(b_y + a_y) + 2\alpha_{py}(b_x + a_x)] \qquad (4\text{-}89)$$

$$\alpha_{px} = \frac{1.2}{\lambda_x + 0.2}$$

$$\alpha_{py} = \frac{1.2}{\lambda_y + 0.2}$$

式中：F_{ld}——作用于冲切破坏棱体上的冲切力设计值，可取柱或墩台的竖向力设计值减去锥体范围内桩的反力设计值；

γ_0——桥梁结构的重要性系数；

b_x、b_y——柱或墩台作用面积的边长[图4-64a)]；

a_x、a_y——冲跨，冲切破坏锥体侧面顶边与底边间的水平距离，即柱或墩台边缘到桩边缘的水平距离，其值不应大于h_0[图4-64a)]；

λ_x、λ_y——冲跨比，$\lambda_x = a_x/h_0$，$\lambda_y = a_y/h_0$，当$a_x < 0.2h_0$ 或 $a_y < 0.2h_0$ 时，取$a_x = 0.2h_0$ 或 $a_y = 0.2h_0$；

α_{px}、α_{py}——分别与冲跨比λ_x、λ_y对应的冲切承载力系数；

f_{td}——混凝土轴心抗拉强度设计值。

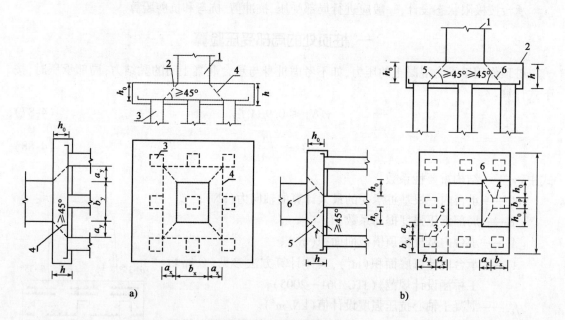

图4-64 承台冲切破坏棱体

a) 柱、墩台下冲切破坏锥体：1-柱、墩台；2-承台；3-桩；4-破坏锥体

b) 角桩和边桩上冲切破坏锥体：1-柱、墩台；2-承台；3-角桩；4-边桩；5-角桩上破坏棱体；6-边桩上破坏棱体

2. 柱或墩台向下冲切破坏锥体以外的角桩和边桩向上冲切承台

对于柱或墩台向下的冲切破坏锥体以外的角桩和边桩，其向上冲切承台的冲切承载力按下列规定计算：

（1）角桩。

$$\gamma_0 F_{ld} \leq 0.6 f_{td} h_0 \left[2\alpha'_{py}\left(b_y + \frac{a_y}{2}\right) + 2\alpha'_{py}\left(b_x + \frac{a_x}{2}\right)\right] \qquad (4\text{-}90)$$

$$\alpha_{px} = \frac{0.8}{\lambda_x + 0.2}$$

$$\alpha_{py} = \frac{0.8}{\lambda_y + 0.2}$$

式中：F_{ld}——角桩竖向力设计值；

b_x、b_y——承台边缘至桩内边缘的水平距离[图 4-64b)]；

a_x、a_y——冲跨，为桩边缘至相应柱或墩台边缘的水平距离，其值不应大于 h_0[图 4-64b)]；

λ_x、λ_y——冲跨比，$\lambda_x = a_x/h_0$，$\lambda_y = a_y/h_0$，当 $a_x < 0.2h_0$ 或 $a_y < 0.2h_0$ 时，取 $a_x = 0.2h_0$ 或 $a_y = 0.2h_0$；

α'_{px}、α'_{py}——分别与冲跨比 λ_x、λ_y 对应的冲切承载力系数。

(2)边桩。

当 $b_p + 2h_0 \leqslant b$ 时[b 见图 4-64b)]：

$$\gamma_0 F_{ld} \leqslant 0.6 f_{td} h_0 [2\alpha'_{py}(b_p + h_0) + 0.667 \times (2b_x + a_x)] \tag{4-91}$$

式中：F_{ld}——边桩竖向力设计值；

b_x——承台边缘至桩内边缘的水平距离；

b_p——方桩的边长；

a_x——冲跨，为桩边缘至相应柱或墩台边缘的水平距离，其值不应大于 h_0[图 4-64b)]。

按上述式(4-89)~式(4-91)计算时，圆形截面桩可换算为边长等于 0.8 倍圆桩直径的方形截面桩。

三、承台抗弯及抗剪强度验算

(一)承台抗弯承载力验算

1. 外排桩中心距墩台身边缘大于承台高度

当承台下面外排桩中心距墩台身边缘大于承台高度时，其正截面(垂直于 x 轴和 y 轴的竖向截面)抗弯承载力可作为悬臂梁按《公路钢筋混凝土及预应力混凝土桥涵设计规范》(JTG 3362—2018)中的"梁式体系"进行计算。

(1)承台截面计算宽度。

①当桩中距不大于 3 倍桩边长或桩直径时，取承台全宽；

②当桩中距大于 3 倍桩边长或桩直径时：

$$b_s = 2a + 3D(n - 1) \tag{4-92}$$

式中：b_s——承台截面计算宽度；

a——平行于计算宽度的边桩中心距承台边缘距离；

D——桩边长或桩直径；

n——平行于计算截面的桩的根数。

(2)承台计算截面弯矩设计值计算(图 4-65)。

$$M_{xcd} = \sum N_{id} y_{ci} \tag{4-93}$$

$$M_{ycd} = \sum N_{id} x_{ci} \tag{4-94}$$

式中：M_{xcd}、M_{ycd}——计算截面外侧各排桩竖向力产生的绕 x 轴和 y 轴在计算截面处的弯矩组合设计值；

N_{id}——计算截面外侧第 i 排桩的竖向力设计值,取该排桩根数乘以该排桩中最大单桩竖向力设计值;

x_{ci}、y_{ci}——垂直于 y 轴和 x 轴方向,自第 i 排桩中心线至计算截面的距离。

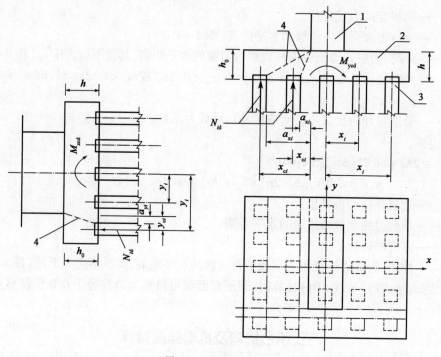

图 4-65 桩基承台计算
1-墩身;2-承台;3-桩;4-剪切破坏斜截面

在确定承台的计算截面弯矩后,可根据钢筋混凝土矩形截面受弯构件按极限状态设计法进行承台纵桥向及横桥向配筋计算或验算截面抗弯强度。

2. 外排桩中心距墩台身边缘等于或小于承台高度

当外排桩中心距墩台身边缘等于或小于承台高度时,承台短悬臂可按"撑杆—系杆体系"计算撑杆的抗压承载力和系杆的抗拉承载力(图 4-66)。

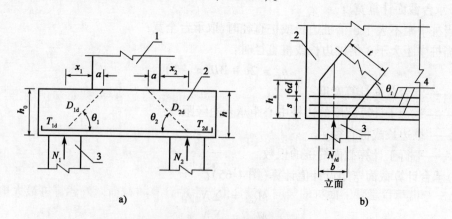

图 4-66 承台按"撑杆-系杆体系"计算
a)"撑杆-系杆"力系;b)撑杆计算高度
1-墩台身;2-承台;3-桩;4-系杆钢筋

(1)撑杆抗压承载力可按下式计算：

$$\gamma_0 D_{id} \leqslant t b_s f_{cd,s} \tag{4-95}$$

$$f_{cd,s} = \frac{f_{cu,k}}{1.43 + 304\varepsilon_1} \leqslant 0.48 f_{cu,k} \tag{4-96}$$

$$\varepsilon_1 = \left(\frac{T_{id}}{A_s E_s} + 0.002\right)\cot^2\theta_i \tag{4-97}$$

$$t = b\sin\theta_i + h_a\cos\theta_i \tag{4-98}$$

$$h_a = s + 6d \tag{4-99}$$

式中：D_{id}——撑杆压力设计值，包括 $D_{1d} = N_{1d}/\sin\theta_1$，$D_{2d} = N_{2d}/\sin\theta_2$，其中 N_{1d} 和 N_{2d} 分别为承台悬臂下面"1"排桩和"2"排桩内该排桩的根数乘以该排桩中最大单桩竖向力设计值，按式(4-95)计算撑杆抗压承载力时，式中 D_{id} 取 D_{1d} 和 D_{2d} 两者较大值；

$f_{cd,s}$——撑杆混凝土轴心抗压强度设计值；

t——撑杆计算高度；

b_s——撑杆计算宽度，按式(4-92)有关正截面抗弯承载力计算时对计算宽度的规定；

b——桩的支撑宽度，方形截面桩取截面边长，圆形截面桩取直径的0.8倍；

$f_{cu,k}$——边长为150mm 的混凝土立方体抗压强度标准值；

T_{id}——与撑杆相应的系杆拉力设计值，包括 $T_{1d} = N_{1d}/\tan\theta_1$，$T_{2d} = N_{2d}/\tan\theta_2$；

s——系杆钢筋的顶层钢筋中心至承台底的距离；

d——系杆钢筋直径，当采用不同直径的钢筋时，d 取加权平均值；

θ_i——撑杆压力线与系杆拉力线的夹角，包括 $\theta_1 = \tan^{-1}\dfrac{h_0}{a + x_1}$，$\theta_2 = \tan^{-1}\dfrac{h_0}{a + x_2}$，其中 h_0 为承台有效高度，a 为撑杆压力线在承台顶面的作用点至墩台边缘的距离，取 $a = 0.15 h_0$，x_1 和 x_2 为桩中心至墩台边缘的距离。

(2)系杆抗拉承载力可按下式计算：

$$\gamma_0 T_{id} \leqslant f_{sd} A_s \tag{4-100}$$

式中：T_{id}——系杆拉力设计值，取 T_{1d} 与 T_{2d} 两者较大者；

f_{sd}——系杆钢筋抗拉强度设计值。

(二)承台斜截面抗剪承载力验算

承台应有足够的厚度，防止沿墩身底面边缘的剪切破坏斜截面处产生剪切破坏(图4-64)。承台的斜截面抗剪承载力计算应符合下式规定：

$$\gamma_0 V_d \leqslant \frac{0.9 \times 10^{-4}(2 + 0.6P)\sqrt{f_{cu,k}}}{m} b_s h_0 \tag{4-101}$$

式中：V_d——由承台悬臂下面桩的竖向力设计值产生的计算斜截面以外各排桩最大剪力设计值(kN)的总和，每排桩的竖向力设计值，取其中一根最大值乘以该排桩的根数；

$f_{cu,k}$——边长为150mm 的混凝土立方体抗压强度标准值；

P——斜截面内纵向受拉钢筋的配筋百分率,$P = 100\rho$,$\rho = A_s/(bh_0)$,当时$P > 2.5$时,取$P = 2.5$,其中A_s为承台截面计算宽度内纵向受拉钢筋截面面积;

m——剪跨比,$m = a_{xi}/h_0$或$m = a_{yi}/h_0$,当$m < 0.5$时,取$m = 0.5$,其中a_{xi}和a_{yi}分别为沿x轴和y轴墩台边缘至计算斜截面外侧第i排桩边缘的距离,当为圆形截面桩时,可换算为边长等于0.8倍圆桩直径的方形截面桩;

b_s——承台计算宽度(mm);

h_0——承台有效高度(mm)。

当承台的同方向可作出多个斜截面破坏面时,应分别对每个斜截面进行抗剪承载力计算。

第九节　桩基础的设计

设计桩基础时,首先应该搜集必要的资料,包括上部结构形式与使用要求,荷载的性质与大小,地质和水文资料,以及材料供应和施工条件等。据此拟定出设计方案(包括选择桩基类型、桩长、桩径、桩数、桩的布置、承台位置与尺寸等),然后进行基桩和承台以及桩基础整体的强度、稳定、变形检验,经过计算、比较、修改,以保证承台、基桩和地基在强度、变形及稳定性方面满足安全和使用上的要求,并同时考虑技术和经济上的可能性与合理性,最后确定较理想的设计方案。

一、桩基础类型的选择

选择桩基础类型时,应根据设计要求和现场的条件,并考虑各种类型桩基础具有的不同特点,综合分析选择。

(一)承台底面高程的考虑

承台底面的高程应根据桩的受力情况,桩的刚度和地形、地质、水流、施工等条件确定。承台低稳定性较好,但在水中施工难度较大,因此可用于季节性河流、冲刷小的河流或旱地上其他结构物的基础。当承台埋设于冻胀土层中时,为了避免由于土的冻胀引起桩基础损坏,承台底面应位于冻结线以下不少于0.25m,对于常年有流水,冲刷较深,或水位较高,施工排水困难,在受力条件允许时,应尽可能采用高桩承台。承台如在水中或有流冰的河道,承台底面也应适当放低,以保证基桩不会直接受到撞击,否则应设置防撞装置。当作用在桩基础上的水平力和弯矩较大,或桩侧土质较差时,为减少桩身所受的内力,可适当降低承台底面高程。有时为节省墩台身圬工数量,则可适当提高承台底面高程。

(二)柱桩桩基和摩擦桩桩基的考虑

柱桩和摩擦桩的选择主要根据地质和受力情况确定。柱桩桩基础承载力大,沉降量小,较为安全可靠,因此当基岩埋深较浅时,应考虑采用柱桩桩基。若岩层埋置较深或受施工条件的限制不宜采用柱桩,则可采用摩擦桩,但在同一桩基础中不宜同时采用柱桩和摩擦桩,同时也不宜采用不同材料、不同直径和长度相差过大的桩,以避免桩基产生不均匀沉降或丧失稳定性。

当采用柱桩时,除桩底支承在基岩上(端承桩)外,如覆盖层较薄,或水平荷载较大,还需将桩底端嵌入基岩中一定深度成为嵌岩桩,以增加桩基的稳定性和承载能力。为保证嵌岩桩在横向荷载作用下的稳定性,需嵌入基岩的深度与桩嵌固处的内力及桩周岩石强度有关,应分别考虑弯矩和轴力要求,由要求较高的来控制设计深度。嵌岩桩嵌入深度的计算公式在 $f_{rk} \geq 2\mathrm{MPa}$ 时适用。公式按下列假定求得。

(1)嵌固端地层的侧壁应力呈直线变化,如图4-67所示。

(2)桩侧压应力的分布,对于矩形桩,假定最大压应力 σ_{max} 等于平均压应力 σ;对于圆形桩,假定最大压应力 σ_{max} 等于平均压应力 σ 的1.27倍。

(3)同土层相比较,假定嵌岩桩为刚性的。

(4)忽略桩与周围岩、土间的摩擦力和黏着力。

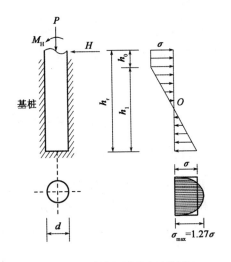

图4-67 桩侧压力分布示意图

1. 矩形桩

对于矩形桩,根据以上假设可得:

$$\begin{cases} \sum H_{水平} = 0 \\ H = \sigma h_0 b \end{cases} \quad (4\text{-}102)$$

$$\begin{cases} \sum M_O = 0 \\ H\left(h_0 + \dfrac{h_1}{2}\right) + M_H = \sigma h_0 b\left(\dfrac{h_0}{2} + \dfrac{h_1}{2}\right) + \dfrac{1}{6}\sigma b h_1^2 \end{cases} \quad (4\text{-}103)$$

$$h_r = h_0 + h_1 \quad (4\text{-}104)$$

$$\sigma_{max} = 0.5\beta f_{rk} \quad (4\text{-}105)$$

联立上式,可得:

$$h_0 = \frac{H}{\sigma b} \quad (4\text{-}106)$$

$$h_1 = h_r - h_0 = h_r - \frac{H}{\sigma b} \quad (4\text{-}107)$$

将 h_0、h_1 带入式(4-103)可得:

$$H\left(\frac{H}{\sigma b} + \frac{h_r}{2} - \frac{H}{2\sigma b}\right) + M_H = H\left(\frac{H}{\sigma b} + \frac{h_r}{2} - \frac{H}{2\sigma b}\right) + \frac{1}{6}\sigma b\left(h_r - \frac{H}{\sigma b}\right)^2 \quad (4\text{-}108)$$

对于矩形桩,$\sigma = \sigma_{max} = 0.5\beta f_{rk}$。

求解关于 h_r 的二元一次方程可求得最小嵌岩深度为:

$$h_r = \frac{H + \sqrt{3\beta f_{rk} b M_H + 3H^2}}{0.5\beta f_{rk} b} \quad (4\text{-}109)$$

式中:H——基岩顶面处的水平力(kN);

M_H——基岩顶面处的弯矩(kN·m);

h_r——嵌固深度(m);

h_0——嵌固段岩层达容许承载力时的厚度(m);

h_1——嵌固段地层弹性区厚度(m);

b——垂直于弯矩的平面桩边长(m);

σ_{max}——桩侧最大压应力(kPa);

β——岩石的竖直抗压强度换算为水平抗压强度的折减系数,取 $\beta = 0.5 \sim 1.0$,根据岩层侧面构造而定,节理发达的岩石的取小值,节理不发育的岩石取大值。

2. 圆形桩

对于圆形桩,除 σ_{max} 等于桩侧平均压应力 σ 的 1.27 倍外,其余假定均与方形桩相同。同样可求得圆形桩的最小嵌岩深度:

$$h_r = \frac{1.27H + \sqrt{3.81\beta f_{rk} d M_H + 4.84H^2}}{0.5\beta f_{rk} d} \tag{4-110}$$

为保证嵌固牢靠,在任何情况下均不计风化层,嵌入岩层最小深度不应小于 0.5m。

(三)桩型与施工方法的考虑

桩型与施工方法的选择应根据基础工程的方案,根据地质情况、上部结构要求、桩的使用功能和施工技术设备等条件来确定。

二、桩径、桩长的拟定

桩径与桩长的设计,应综合考虑荷载的大小、土层性质与桩周土阻力状况、桩基类型与结构特点、桩的长径比以及施工设备与技术条件等因素后确定,力争做到既满足使用要求,又造价经济,最有效地利用和发挥地基土和桩身材料的承载性能。

设计时,首先拟定尺寸,然后通过基桩计算,验算所拟定的尺寸是否经济合理,再作最后确定。

(一)桩径拟定

桩的类型选定后,桩的横截面(桩径)可根据各类桩的特点与常用尺寸选择确定。

(二)桩长拟定

确定桩长的关键在于选择桩端持力层,因为桩端持力层对于桩的承载力和沉降有着重要影响。设计时,可先根据地质条件选择适宜的桩端持力层初步确定桩长,并应考虑施工的可行性(如钻孔灌注桩钻机钻进的最大深度等)。

一般应将桩底置于岩层或坚硬的土层上,以得到较大的承载力和较小的沉降量。如在施工条件容许的深度内没有坚硬土层存在,应尽可能选择压缩性较低、强度较高的土层作为持力层,要避免使桩底坐落在软土层上或离软弱下卧层的距离太近,以免桩基础发生过大的沉降。

对于摩擦桩,有时桩底持力层可能有多种选择,此时确定桩长与桩数两者相互牵连。遇此情况,可通过试算比较,选择较合理的桩长。摩擦桩的桩长不应拟定太短,一般不应小于 4m。因为桩长过短达不到设置桩基把荷载传递到深层或减小基础下沉量的目的,且必然增加桩数很多,扩大了承台尺寸,也影响施工的进度。此外,为保证发挥摩擦桩桩底土层支承力,桩底端部应尽可能达到该土层的桩端阻力的临界深度,一般不宜小于 1m。

三、确定基桩根数及其平面布置

(一)桩的根数估算

一个基础所需桩的根数可根据承台底面上的竖向荷载和单桩承载力特征值按下式估算:

$$n \geq \mu \frac{N}{R_a} \tag{4-111}$$

式中：n——桩的根数；

N——作用在承台底面上的竖向荷载(kN)；

R_a——单桩承载力特征值(kN)；

μ——考虑偏心荷载时各桩受力不均而适当增加桩数的经验系数，可取 $\mu = 1.1 \sim 1.2$。

估算的桩数是否合适，在验算各桩的受力状况后即可确定。

桩数的确定还须考虑满足桩基础水平承载力的要求。若有水平静载试验资料，可用各单桩水平承载力之和作为桩基础的水平承载力(为偏安全考虑)，来校核按式(4-111)估算的桩数。但一般情况下，桩基水平承载力是由基桩的材料强度所控制，可通过对基桩的结构强度设计(如钢筋混凝土桩的配筋设计与截面强度验算)来满足，所以桩数仍按式(4-111)来估算。

此外，桩数的确定与承台尺寸、桩长及桩的间距的确定相关联，确定时应综合考虑。

(二)桩间距的确定

为了避免桩基础施工可能引起土的松弛效应和挤土效应对相邻基桩的不利影响，以及桩群效应对基桩承载力的不利影响，布设桩时，应该根据桩的类型及施工工艺和排列方式确定桩的最小中心距。

1. 摩擦桩

锤击、静压沉桩，在桩端处的中心距不应小于桩径(或边长)的3倍，对于软土地基宜适当增大；振动沉入砂土内的桩，在桩端处的中心距不应小于桩径(或边长)的4倍。桩在承台底面处的中心距不应小于桩径(或边长)的1.5倍。

钻孔桩中心距不应小于桩径的2.5倍。

挖孔桩中心距可参照钻孔桩采用。

2. 端承桩

支承或嵌固在基岩中的钻(挖)孔桩中心距，不应小于桩径的2.0倍。

3. 扩底灌注桩

钻(挖)孔扩底灌注桩中心距不应小于1.5倍扩底直径或扩底直径加1.0m，取较大者。

为了避免承台边缘距桩身过近而发生破裂，并考虑桩顶位置允许的偏差，边桩外侧到承台边缘的距离，对于桩径小于或等于1.0m的桩不应小于0.5倍的桩径，且不小于0.25m；对于桩径大于1.0m的桩不应小于0.3倍桩径并不小于0.5m(盖梁不受此限)。

(三)桩的平面布置

桩数确定后，可根据桩基受力情况选用单排桩或多排桩桩基。

多排桩稳定性好，抗弯刚度较大，能承受较大的水平荷载，水平位移小，但多排桩的设置将会增大承台的尺寸，增加施工困难，有时还影响航道；单排桩与此相反，能较好地与柱式墩台结构形式配用，可节省圬工，减小作用在桩基的竖向荷载。因此，当桥跨不大、桥高较矮时，或单桩承载力较大，需用桩数不多时常采用单排排架式基础。公路桥梁自采用了具有较大刚度的钻孔灌注桩后,选用盖梁式承台双柱或多柱式单排墩台桩柱基础也较广泛,对较高的桥台、拱桥桥台、制动墩和单向水平推力墩基础则常需用多排桩。

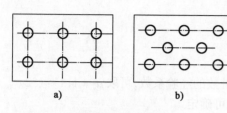

图 4-68 桩的平面布置

桩的排列形式常采用行列式[图 4-68a)]和梅花式[图 4-68b)],在相同的承台底面积下,后者可排列较多的基桩,而前者有利于施工。

桩基础中桩的平面布置,除应满足上述的最小桩距等构造要求外,还应考虑基桩布置对桩基受力有利。为使各桩受力均匀,充分发挥每根桩的承载能力。设计布置时,应尽可能使桩群横截面的重心与荷载合力作用点重合或接近,通常桥墩桩基础中的基桩采取对称布置,而桥台多排桩桩基础视受力情况在纵桥向采用非对称布置。

当作用于桩基的弯矩较大时,宜尽量将桩布置在离承台形心较远处,采用外密内疏的布置方式,以增大基桩对承台形心或合力作用点的惯性矩,提高桩基的抗弯能力。

此外,基桩布置还应考虑使承台受力较为有利。例如,桩柱式墩台应尽量使墩柱轴线与基桩轴线重合,盖梁式承台的桩柱布置应使承台发生的正负弯矩接近或相等,以减小承台所承受的弯曲应力。

四、桩基础设计计算与验算内容

根据上述原则所拟定的桩基础设计方案应进行验算,即对桩基础的强度、变形和稳定性进行必要的验算,以验证所拟定的方案是否合理,能否优选成为较佳的设计方案。为此,应计算基桩与承台在与验算项目相应的最不利作用效应组合下所受到的作用力及相应产生的内力与位移,作下列各项验算。

(一)单根基桩的验算

1. 单桩轴向承载力验算

1) 按地基土的支承力确定和验算单桩轴向承载力

目前通常仍采用单一安全系数即容许应力法进行验算。首先根据地质资料确定单桩轴向承载力特征值,对于一般性桥梁和结构物,或在各种工程的初步设计阶段可按经验(规范)公式计算;而对于大型、重要桥梁或复杂地基条件还应通过静载试验或其他方法,作详细分析比较,较准确合理地确定。检算单桩承载力特征值,应以最不利作用效应组合计算出受轴向力最大的一根基桩进行验算:

$$P_{max} + G \leq R_a \tag{4-112}$$

式中:P_{max}——作用于桩顶上的最大轴向力(kN);

G——桩自重(kN),桩身自重与置换土重(当自重计入浮力时,置换土重也计入浮力)的差值;

R_a——单桩轴向承载力特征值(kN),应取土的阻力和材料强度算得结果中的较小值。

2) 按桩身材料强度确定和验算单桩承载力

验算时,把桩作为一根压弯构件,按概率极限状态设计方法以承载能力极限状态验算桩身压屈稳定和截面强度,以正常使用极限状态验算桩身裂缝宽度,参见《公路钢筋混凝土及预应力混凝土桥涵设计规范》(JTG 3362—2018)。

对单桩轴向承载力的验算,如果不能满足要求,则应增加桩数 n 或调整桩的平面布置,或减少 P_{max} 值,也可加大桩的截面尺寸,重新确定桩数、桩长和布置,直到符合验算要求为止。

2. 单桩横向承载力验算

当有水平静载试验资料时,可以直接验算桩的水平承载力特征值是否满足地面处水平力的要求。无水平静载试验资料时,均应验算桩身截面强度。

对于预制桩,还应验算桩起吊、运输时的桩身强度。

3. 单桩水平位移及墩台顶水平位移验算

现行规范未直接提及桩的水平位移验算,但规范规定需作墩台顶水平位移验算。在荷载作用下,墩台水平位移值的大小,除了与墩台本身材料受力变位有关外,还取决于桩柱的水平位移及转角,因此墩台顶水平位移验算包含了对单桩水平位移的检验。墩台顶水平位移 Δ 按下式计算:

$$\Delta = a_0 + \beta_0 l + \Delta_0 \tag{4-113}$$

式中:a_0——承台底面中心处的水平位移;

β_0——承台底面中心处的转角;

l——墩台顶至承台底的距离;

Δ_0——由承台底到墩台顶面间的弹性挠曲所引起的墩台顶部的水平位移。

4. 弹性桩单桩桩侧土的水平土抗力验算

此项是否需要验算目前尚无一致意见,考虑其验算的目的在于保证桩侧土的稳定而不发生塑性破坏,予以安全储备,并确保桩侧土处于弹性状态,符合弹性地基梁法理论上的假设要求。验算时要求桩侧土产生的最大土抗力不应超过其容许值(验算及容许值的确定方法详见沉井基础有关内容)。

(二)群桩基础承载力和沉降量的验算

当摩擦型群桩基础的基桩中心距小于 6 倍桩径时,需验算群桩基础的地基承载力,包括桩底持力层承载力验算及软弱下卧层的强度验算;必要时还须验算桩基沉降量,包括总沉降量和相邻墩台的沉降差。

(三)承台强度验算

承台作为构件,一般应进行局部受压、抗冲切、抗弯和抗剪强度验算。

五、桩基础设计计算步骤与程序

综合上述,桩基础设计是一个系统工程工作,包含着方案设计与施工图设计。为取得良好的技术经济效果,有时(尤其对大桥或特大桥)应作几种方案比较或拟定方案修正使施工图设计成为方案设计的实施与保证。为阐明桩基础设计与计算的整个过程,现以图 4-69 来说明。

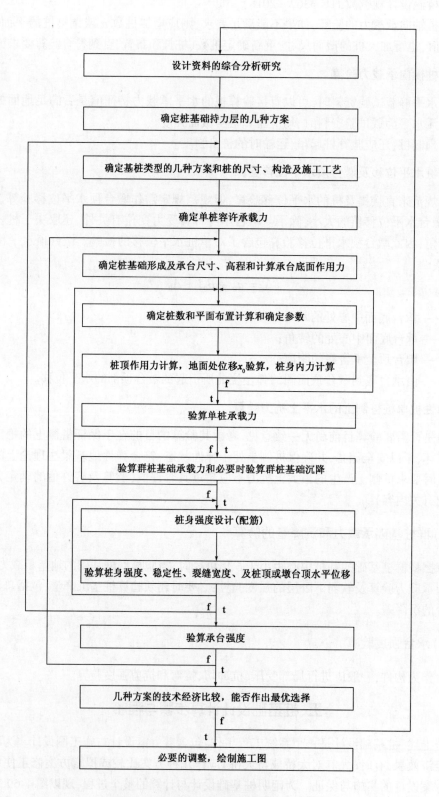

图 4-69 桩基础设计计算步骤与程序示意框图
t-肯定或满足；f-否定或不满足

思 考 题

1. 桩基础有何特点，它适用什么情况？
2. 柱桩和摩擦桩受力情况有什么不同？你认为各种条件具备时，哪种桩应优先考虑采用？
3. 沉桩和灌注桩各有哪些优缺点，它们各自适用于什么情况？
4. 高桩承台和低桩承台基础各有何特点，它们各自适用于什么情况？
5. 钢筋混凝土桩在钢筋配置上有何要求？
6. 钢桩有何特点？
7. 钻孔灌注桩有哪些成孔方法？各适用什么条件？
8. 挖孔桩与钻孔桩各有哪些优缺点？各自适用于什么情况？
9. 如何保证钻孔灌注桩的施工质量？
10. 钻孔灌注桩成孔时，泥浆起什么作用？制备泥浆应控制哪些指标？
11. 从哪些方面来检测桩基础的质量？各有何要求？
12. 什么是"m"法，它的理论根据是什么？这方法有什么优缺点？
13. 地基土的水平向土抗力大小与哪些因素有关？
14. "m"法为什么要分多排桩和单排桩，弹性桩和刚性桩？
15. 在"m"中高桩承台与低桩承台的计算有什么异同？
16. 用"m"法对单排桩基础的设计和计算包括哪些内容？计算步骤是怎样的？
17. 承台应进行哪些内容的验算？
18. 什么情况下需要进行桩基础的沉降计算，如何计算？
19. 桩基础的设计包括哪些内容？通常应验算哪些内容？怎样进行这些验算？
20. 什么是地基系数？确定地基系数的方法有哪几种？目前我国公路桥梁桩基础设计计算时采用的是哪一种？
21. 多排桩各桩受力分配计算时，采用的主要计算参数有哪些？说明各参数代表的含义。
22. 某桥台为多排桩钻孔灌注桩基础，承台及桩基尺寸如图4-70所示。纵桥向作用于承台底面中心处的设计荷载为：$N=6400\text{kN}$，$H=1365\text{kN}$，$M=714\text{kN}\cdot\text{m}$。桥台处无冲刷。地基土为砂性土，土的内摩擦角 $\varphi=36°$；土的重度 $\gamma=19\text{kN/m}^3$；桩侧土摩阻力标准值 $q=45\text{kN/m}^2$，地基系数的比例 $m=8200\text{kN/m}^4$；桩底土承载力特征值 $f_{a0}=250\text{kN/m}^2$；计算参数取 $\lambda=0.7$，$m_0=0.6$，$k_2=4.0$。试确定桩长并进行配筋设计。

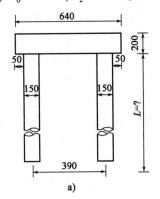
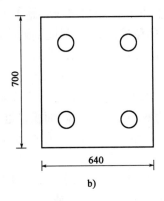

图4-70 承台及桩基尺寸图(尺寸单位：cm)
a)纵桥向立面图；b)承台平面图

第五章 沉井基础

第一节 概　述

沉井的应用已有很长的历史，它是由古老的掘井作业发展而成的一种施工方法。在现代土木工程中，为了满足结构物的要求，适应地基的特点，在工程实践中形成了沉井基础，如图 5-1 所示。沉井是一种井筒状的结构物，它是以井内挖土，依靠自身重力克服井壁摩阻力后下沉到设计高程，然后经过混凝土封底并填塞井孔，使其成为桥梁墩台或其他结构物的基础。井筒较高时也可以分段浇筑，多次下沉，井筒结构在下沉工程中是挡水和挡土的围堰结构，基础竣工后即成为永久性深基础的一部分。

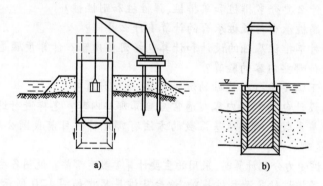

图 5-1　沉井基础示意图
a) 沉井下沉；b) 沉井基础

沉井的特点是埋置深度较大（如日本采用壁外喷射高压空气施工，井深超过 200m），整体性强，稳定性好，具有较大的承载面积，能承受较大的竖直和水平荷载。此外，沉井既是基础，又是施工时的挡土和挡水围堰结构物，施工工艺简便，技术稳妥可靠，无须特殊专业设备，并可做成补偿性基础，避免过大沉降，保证基础稳定性。因此，在深基础或地下结构中应用较为广泛，如桥梁墩台基础，地下泵房、水池、油库、矿用竖井、大型设备基础，高层和超高层建筑物基础等。江阴长江公路大桥是我国首座跨径超千米的特大型钢箱梁悬索桥梁，大桥的南北两个锚碇要一起"拉住"大桥主缆，主缆拉力为 6.4 万 t，而北锚碇沉井（图 5-2）处在冲积平原上，地下沉井平面尺寸为 69m 长、51m 宽，面积接近 10 个篮球场大，下沉要穿过 4 层不同土质，下沉深度 58m，总排土量 20.41 万 m³，稍有不慎很有可能造成歪斜、扭转等严重问题，其下沉过程长达 20 个月。

沉井基础的缺点是施工工期较长；对粉、细砂类土在井内抽水易发生流砂现象，造成沉井倾斜；沉井下沉过程中遇到的大孤石、树干或井底岩层表面倾斜过大，也会给施工带来一定的困难。

沉井最适合在不太透水的土层中下沉，其易于控制沉井下沉方向，避免倾斜。根据"经济合理，施工上可能"的原则，一般下列情况可考虑采用沉井基础：

(1)上部荷载较大,表层地基土承载力不足,而在一定深度下有较好的持力层,且与其他基础方案相比较为经济合理。

(2)在山区河流中,虽土质较好,但冲刷大,或河中有较大卵石不便桩基础施工。

(3)岩层表面较平坦且覆盖层薄,但河水较深,采用扩大基础施工围堰有困难。

图 5-2　江阴长江公路大桥北锚碇沉井

第二节　沉井的类型和构造

一、沉井的分类

(一)沉井按施工方法分类

1. 一般沉井

指就地制造下沉的沉井,这种沉井是在基础设计的位置上制造,然后挖土靠沉井自重下沉。如基础位置在水中,需先在水中筑岛,再在岛上筑井下沉。

2. 浮运沉井

指先在岸边制造,再浮运就位下沉的沉井。通常在深水地区(如水深大于10m),或水流流速大,有通航要求,人工筑岛困难或不经济时,可采用浮运沉井。

(二)沉井按建筑材料分类

1. 混凝土沉井

混凝土沉井因抗压强度高,抗拉强度低,多做成圆形,且仅适用于下沉深度不大(4~7m)的松软土层。

2. 钢筋混凝土沉井

这种沉井抗压、抗拉强度均较高,下沉深度大(可达数十米以上),可做成重型或薄壁就地制造下沉的沉井,也可做成薄壁浮运沉井及钢丝网水泥沉井等,在工程中应用最广。

3. 竹筋混凝土沉井

沉井承受拉力主要在下沉阶段，我国南方盛产竹材，因此可就地取材，采用耐久性差但抗拉力好的竹筋代替部分钢筋，做成竹筋混凝土沉井，如南昌赣江大桥、白沙沱长江大桥等。

4. 钢沉井

钢沉井由钢材制作，其强度高、质量轻、易于拼装，适于制造空心浮运沉井，但用钢量大，国内较少采用。此外，根据工程条件也可选用木沉井和砌石圬工沉井等。

（三）沉井按形状分类

1. 按沉井的平面形状分类

按平面形状，沉井可分为圆形、矩形和圆端形三种基本类型，根据井孔的布置方式，又可分为单孔、双孔及多孔沉井（图5-3）。

圆形沉井在下沉过程中易于控制方向；当采用抓泥斗挖土时，比其他沉井更能保证其刃脚均匀地支承在土层上，在侧压力作用下，井壁仅受轴向应力作用，即使侧压力分布不均匀，弯曲应力也不大，能充分利用混凝土抗压强度大的特点，多用于斜交桥或水流方向不定的桥墩基础。

矩形沉井制造方便，受力有利，能充分利用地基承载力，与矩形墩台相配合。沉井四角一般做成圆角，以减小井壁摩阻力和除土清孔的困难。矩形沉井在侧压力作用下，井壁受较大的挠曲力矩；在流水中阻水系数较大，冲刷较严重。

圆端形沉井控制下沉、受力条件、阻水冲刷均较矩形沉井有利，但施工较为复杂。

对平面尺寸较大的沉井，可在沉井中设隔墙，构成双孔或多孔沉井，以改善井壁受力条件及均匀取土下沉。

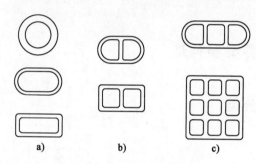

图5-3 沉井的平面形状
a）单孔沉井；b）双孔沉井；c）多孔沉井

2. 按沉井的立面形状分类

按立面形状，沉井可分为柱形（竖直式）、阶梯形和锥形沉井（图5-4）。

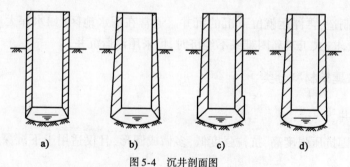

图5-4 沉井剖面图
a）直壁柱形；b）外壁多阶型；c）外壁单阶型；d）锥形

柱形沉井受周围土体约束较均衡，下沉过程中不易发生倾斜，井壁接长较简单，模板可重复利用，但井壁侧阻力较大。当土体密实，下沉深度较大时，易出现下部悬空，造成井壁拉裂，故一般用于入土不深或土质较松软的情况。

阶梯形沉井和锥形沉井可以减小土与井壁的摩阻力,井壁抗侧压力性能较为合理,但施工较复杂,消耗模板多,沉井下沉过程中易发生倾斜。多用于土质较密实,沉井下沉深度大,且要求沉井自重不太大的情况。通常锥形沉井井壁坡度为 1/20 ~ 1/40,阶梯形井壁的台阶宽为 100 ~ 200mm。

二、沉井基础的构造

1. 沉井的轮廓尺寸

作为基础的沉井,其平面形状常取决于结构物底部的形状。对于矩形沉井,为保证下沉的稳定性,沉井的长短边之比不宜大于 3。若结构物的长宽比较为接近,可采用方形或圆形沉井。沉井顶面尺寸为结构物底部尺寸加襟边宽度。襟边宽度不宜小于 0.2m,且大于沉井全高的 1/50,浮运沉井不小于 0.4m,如沉井顶面需设置围堰,其襟边宽度根据围堰构造还需加大。结构物边缘应尽可能支承于井壁上或顶板支承面上,对井孔内不以混凝土填实的空心沉井不允许结构物边缘全部置于井孔位置上。

沉井的入土深度须根据上部结构、水文地质条件及各土层的承载力等确定。入土深度较大的沉井应分节制造和下沉,每节高度不宜大于 5m;当底节沉井在松软土层中下沉时,还不应大于沉井宽度的 0.8 倍;若底节沉井高度过高,沉井过重,将给制模、筑岛时岛面处理、抽除垫木下沉等带来困难。

2. 一般沉井的构造

沉井一般由井壁、刃脚、隔墙、井孔、凹槽、封底和顶板等组成(图 5-5)。有时,井壁中还预埋射水管等其他部分。各组成部分的作用如下:

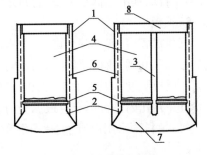

图 5-5 沉井的一般构造
1-井壁;2-刃脚;3-隔墙;4-井孔;5-凹槽;
6-射水管组;7-封底混凝土;8-顶板

1)井壁

沉井的外壁,是沉井的主体部分,在沉井下沉过程中起挡土、挡水及利用本身自重克服土与井壁间摩阻力下沉。当沉井施工完毕后,就成为传递上部荷载的基础或基础的一部分。因此,井壁必须具有足够的强度和一定的厚度,并根据施工过程中的受力情况配置竖向及水平向钢筋。壁厚可采用 0.8 ~ 2.2m,钢筋混凝土及钢壳混凝土浮运沉井的壁厚还应根据浮运要求通过计算综合确定。混凝土强度等级不应低于 C25,当为薄壁浮运沉井时不应低于 C30。

2)刃脚

井壁下端形如楔状的部分,其作用是减少下沉阻力利于沉井切土下沉。刃脚底面(踏面)宽度一般不大于 150mm,软土可适当放宽。若下沉深度大,土质较硬,刃脚底面应以型钢(角钢或槽钢)加强(图 5-6),以防刃脚损坏。刃脚内侧斜面与水平面夹角不宜小于 45°。刃脚高度视井壁厚度、便于抽除垫木而定,一般大于 1.0m,混凝土强度等级不应低于 C30。

3)隔墙

根据使用和结构上的需要,在沉井井筒内设置隔墙,其作用是将沉井空腔分隔成多个井孔,便于控制挖土下沉,防止或纠正倾斜和偏移,并加强沉井刚度,减小井壁挠曲应力。隔墙厚度一般小于井壁,为 0.5 ~ 1.0m。隔墙底面应高出刃脚底面 0.5m 以上,避免被土搁住而妨碍下沉。如为人工挖土,还应在隔墙下端设置过人孔,以便工作人员在井孔间往来。

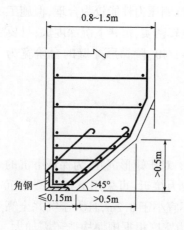

图 5-6 刃脚构造示意图

4) 井孔

为挖土排土的工作场所和通道。其尺寸应满足施工要求,最小边长不宜小于 3m。井孔应对称布置,以便对称挖土,保证沉井均匀下沉。

5) 凹槽

位于刃脚内侧上方,用于沉井封底时使井壁与封底混凝土较好地结合,使封底混凝土底面反力更好地传给井壁。凹槽高约 1.0m,深度一般为 150~300mm。

6) 射水管

当沉井下沉较深,土阻力较大,估计下沉困难时,可在井壁中预埋射水管组。射水管应均匀布置,以利于控制水压和水量来调整下沉方向。一般水压不小于 600kPa。如使用泥浆润滑套施工方法,应有预埋的压射泥浆管路。

7) 封底

沉井沉至设计高程进行清基后,便在刃脚踏面以上至凹槽处浇筑混凝土形成封底。封底可防止地下水涌入井内,其底面承受地基土和水的反力,封底混凝土顶面应高出凹槽 0.5m,其厚度可由应力验算决定,根据经验也可取不小于井孔最小边长的 1.5 倍。封底混凝土强度等级,非岩石地基不应低于 C25,岩石地基不应低于 C20。

8) 顶板

沉井封底后,若条件允许,为节省圬工量,减轻基础自重,在井孔内可不填充任何东西,做成空心沉井基础,或仅填以砂石,此时须在井顶设置钢筋混凝土顶板。以承托上部结构的全部荷载。顶板厚度一般为 1.5~2.0m,钢筋配置由计算确定。

沉井井孔内是否填充应根据受力和稳定性要求确定,并应满足下列要求:

(1) 填料可采用混凝土、片石混凝土或片石注浆混凝土;无冰冻地区也可采用粗砂和砂砾填料。

(2) 粗砂、砂砾填芯沉井和空心沉井的顶面均应设置钢筋混凝土盖板,盖板厚度应通过计算确定。

3. 浮运沉井的构造

浮运沉井可分为不带气筒和带气筒两种。

(1) 不带气筒的浮运沉井。

不带气筒的浮运沉井多用钢、木、钢丝网水泥等材料制作,薄壁空心,具有构造简单、施工方便、节省钢材等优点,适用于水不太深、流速不大、河床较平、冲刷较小的自然条件。

钢丝网水泥薄壁沉井是由内、外壁组成的空心井壁沉井,这是制造浮运沉井较好的方法,具有施工方便、节省钢材等优点。沉井的内壁、外壁及横隔板都是钢筋钢丝网水泥制成。做法是将若干层钢丝网均匀地铺设在钢筋网的两侧,外面涂抹不低于 M5 的水泥砂浆,使它充满钢筋网和钢丝网之间的间隙并形成厚 1~3mm 的保护层。

带临时底板的浮运沉井是不带气筒的浮运沉井的另一种形式,其底板一般是在底节的井孔下端刃脚处设置的木质底板及其支撑。底板的结构应保证其水密性,能承受工作水压并便于拆除。带底板的浮运沉井就位后,便可接高井壁使其逐渐下沉,沉到河床后向井孔充水到与外面水面齐平,即可拆除临时底板。这种带底板的浮运沉井与筑岛法、围堰法施工相比,可以节省大量工程量,施工速度也较快。

(2)带钢气筒的浮运沉井。

当水深流急、沉井较大时,通常可采用带气筒的浮运沉井,如图5-7所示。它主要由双壁的沉井底节、单壁钢壳、钢气筒等组成。双壁钢沉井底节是一个可以自浮于水中的壳体结构,底节能上能下的井壁采用单壁钢壳,它一般由6mm厚的钢板及若干竖向肋骨角钢构成,并以水平圆环作承受壁外水压时的支撑。钢壳沿高度可分为几节,在接高时拼焊,单壁钢壳既是防水结构,又是接高时灌注沉井外圈混凝土的模板一部分。钢气筒是沉井内部的防水结构,它依据压缩空气排开气筒内水提供浮式沉井在接高过程中所需的浮力。同时,在悬浮下沉中可以通过在气筒充气或放气及不同气筒内的气压调节使沉井可以上浮、下沉及调正偏斜,落入河床后如偏移过大,还可将气筒全部充气,使沉井重新浮起,重新定位下沉。当沉井落至河床后,切除气筒即为取土井孔。

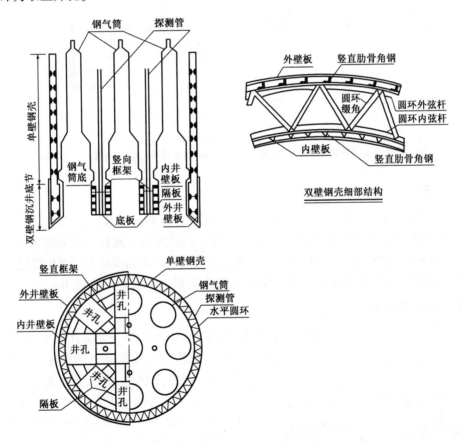

图5-7 带钢气筒的浮运沉井

4. 组合式沉井

当采用低桩承台出现围水挖基浇筑承台困难,而采用沉井则岩层倾斜较大或沉井范围内地基土软硬不均且水深较大时,可采用沉井-桩基的混合式基础,即组合式沉井。施工时先将沉井下沉至预定高程,浇筑封底混凝土和承台,再在井内预留孔位钻孔灌注成桩。该混合式沉井结构既可围水挡土,又可作为钻孔桩的护筒和桩基的承台。

第三节 沉井的施工

沉井基础施工一般可分为旱地施工、水中筑岛及浮运沉井三种。施工前应详细了解场地的地质和水文条件。水中施工应做好河流汛期、河床冲刷、通航及漂流物等的调查研究,充分利用枯水季节,制订出详细的施工计划及必要的措施,确保施工安全。

一、旱地上沉井施工

当桥梁墩台位于旱地上时,沉井可就地制造、挖土下沉、接高、封底、充填井孔以及浇筑顶板等(图5-8),其一般工序如下。

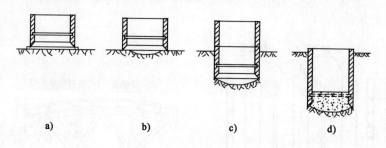

图5-8 沉井施工顺序示意图
a)制作第一节沉井;b)抽垫挖土下沉;c)沉井接高下沉;d)封底

1. 平整场地

沉井施工场地要求平整干净,地基承载力须满足制作沉井的要求。若天然地面土质较硬,只需将地表杂物清净并整平,就可在其上制造沉井。否则应换土或在基坑处铺填一层0.3~0.5m厚夯实的砂或砂砾垫层,防止沉井在混凝土浇筑之初因地面沉降不均产生裂缝。为减小下沉深度,也可挖一浅坑,在坑底制作沉井,但坑底应高出地下水位0.5~1.0m。

2. 制造第一节沉井

制造沉井前,应先在刃脚处对称铺满垫木(图5-9),以支承第一节沉井的重力,并按垫木定位立模板以绑扎钢筋。垫木数量可按垫木底面压力不大于100kPa计算,其布置应考虑抽垫方便。垫木一般为枕木或方木(200mm×200mm),其下垫一层厚约0.3m的砂,垫木间间隙用砂填实(填到半高即可)。然后在刃脚位置处放上刃脚角钢,竖立内模,绑扎钢筋,再立外模浇筑第一节沉井。模板应有较大刚度,以免挠曲变形。当场地土质较好时也可采用土模。

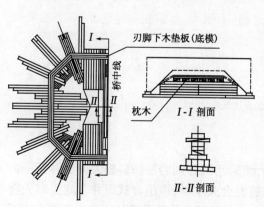

图5-9 垫木布置实例

3. 拆模及抽垫

当沉井混凝土强度达设计强度的70%时可拆除模板,达设计强度后方可抽撤垫木。抽垫应分区、依次、对称、同步地向沉井外抽出。其顺序为：先内壁下，再短边，最后长边。长边下垫木隔一根抽一根，以固定垫木为中心，由远而近对称地抽，最后抽除固定垫木，并随抽随用砂土回填捣实，以免沉井开裂、移动或偏斜。

4. 除土下沉

沉井宜采用不排水除土下沉，在稳定的土层中，也可采用排水除土下沉。除土方法可采用人工或机械除土，排水下沉常用人工除土。人工除土可使沉井均匀下沉和易于清除井内障碍物，但应有安全措施。不排水下沉时，可使用空气吸泥机、抓土斗、水力吸石筒、水力吸泥机等除土。通过黏土、胶结层除土困难时，可采用高压射水破坏土层。

沉井正常下沉时，应自中间向刃脚处均匀对称除土，排水下沉时应严格控制设计支承点土的排除，并随时注意沉井正位，保持竖直下沉，无特殊情况不宜采用爆破施工。

5. 接高沉井

当第一节沉井下沉至一定深度（井顶露出地面不小于0.5m，或露出水面不小于1.5m）时，停止挖土，接筑下节沉井。接筑前刃脚不得掏空，并应尽量纠正上节沉井的倾斜，凿毛顶面，立模，然后对称均匀浇筑混凝土，待强度达设计要求后再拆模继续下沉。

6. 设置井顶防水围堰

若沉井顶面低于地面或水面，应在井顶接筑临时性防水围堰，围堰的平面尺寸略小于沉井，其下端与井顶上预埋锚杆相连。井顶防水围堰应因地制宜，合理选用，常见的有土围堰、砖围堰和钢板桩围堰。若水深流急，围堰高度大于5.0m时，宜采用钢板桩围堰。

7. 基底检验和处理

沉井沉至设计高程后，应检验基底地质情况是否与设计相符。排水下沉时可直接检验；不排水下沉则应进行水下检验，必要时可用钻机取样进行检验。

当基底达设计要求后，应对地基进行必要的处理。砂性土或黏性土地基，一般可在井底铺一层砾石或碎石至刃脚底面以上200mm。未风化岩石地基，应凿除风化岩层，若岩层倾斜，还应凿成阶梯形。要确保井底浮土、软土清除干净，封底混凝土、沉井与地基结合紧密。

8. 沉井封底

基底检验合格后应及时封底。排水下沉时，如渗水量上升速度小于或等于6mm/min可采用普通混凝土封底；否则宜用水下混凝土封底。若沉井面积大，可采用多导管先外后内、先低后高依次浇筑。封底一般为素混凝土，但必须与地基紧密结合，不得存在有害的夹层、夹缝。

9. 井孔填充和顶板浇筑

封底混凝土达设计强度后，再排干井孔中水，填充井内圬工。如井孔中不填料或仅填砾石，则井顶应浇筑钢筋混凝土顶板，以支承上部结构，且应保持无水施工。然后砌筑井上构筑物，并随后拆除临时性的井顶围堰。

二、水中沉井施工

1. 筑岛法

当水深小于3m，流速≤1.5m/s时，可采用砂或砾石在水中筑岛（图5-10a），周围用草袋围护;若水深或流速加大,可采用围堤防护筑岛(图 5-10b);当水深较大(通常 <15m)或流速较大时,宜采用钢板桩围堰筑岛(图 5-10c)。岛面应高出最高施工水位 0.5m 以上,砂岛地基强度应符合要求,围堰筑岛时,围堰距井壁外缘距离 $b \geq H \tan(45° - \varphi/2)$,且 $\geq 2m$(H 为筑岛高度,φ 为砂在水中的内摩擦角)。其余施工方法与旱地沉井施工相同。

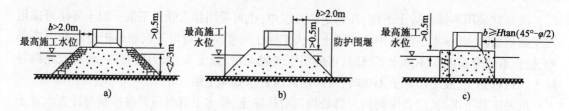

图 5-10 水中筑岛下沉沉井
a) 无围堰防护土岛;b) 有围堰防护土岛;c) 围堰筑岛

2. 浮运法

若水深(如大于 10m)人工筑岛困难或不经济时,可采用浮运法施工。即将沉井在岸边作成空体结构,或采用其他措施(如带钢气筒等)使沉井浮于水上,利用在岸边铺成的滑道滑入水中(图 5-11),然后用绳索牵引至设计位置。在悬浮状态下,逐步将水或混凝土注入空体中,使沉井徐徐下沉至河底。若沉井较高,需分段制造,在悬浮状态下逐节接长下沉至河底,但整个过程应保证沉井本身稳定。当刃脚切入河床一定深度后,即可按一般沉井下沉方法施工。

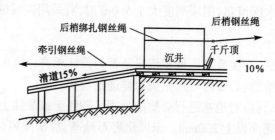

图 5-11 浮运沉井下水示意图

三、泥浆套和空气幕下沉沉井施工简介

当沉井深度很大,井侧土质较好时,井壁与土层间的摩阻力很大,若采用增加井壁厚度或压重等办法受限时,通常可设置泥浆润滑套和空气幕来减小井壁摩阻力。

1. 用泥浆套下沉沉井

泥浆套下沉法是借助泥浆泵和输送管道将特制的泥浆压入沉井外壁与土层之间,在沉井外围形成有一定厚度的泥浆层,该泥浆层把土与井壁隔开,并起润滑作用,从而大大降低沉井下沉中的摩擦阻力(可降低至 3~5kPa,一般黏性土为 25~50kPa),减少井壁圬工数量,加速沉井下沉,并具有良好的稳定性。

泥浆通常由膨润土、水和碳酸钠分散剂配置而成,具有良好的固壁性、触变性和胶体稳定性。泥浆润滑套的构造主要包括射口挡板、地表围圈及压浆管。

射口挡板可用角钢或钢板弯制,置于每个泥浆射出口处固定在井壁台阶上(图 5-12a),其作用是防止压浆管射出的泥浆直冲土壁,以免土壁局部坍落堵塞射浆口。

地表围圈用木板或钢板制成,埋设在沉井周围(图5-12)。其作用是防止沉井下沉时土壁坍落,为沉井下沉过程中新造成的空隙补充泥浆,及调整各压浆管出浆的不均衡。其宽度与沉井台阶相同,高 1.5~2.0m,顶面高出地面或岛面 0.5m,圈顶面宜加盖。

压浆管可分为内管法(厚壁沉井)和外管法(薄壁沉井)两种(图5-12),通常用 $\phi 38 \sim \phi 50$ 的钢管制成,沿井周边每 3~4m 布置一根。

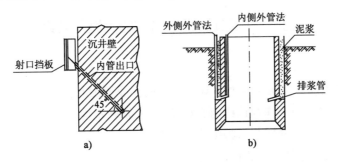

图 5-12 射口挡板与压浆管构造
a)射口挡板;b)外管法压浆管构造

下沉过程中要勤补浆,勤观测,发现倾斜、漏浆等问题要及时纠正。若基底为一般土质,易出现边清基边下沉现象,此时应压入水泥砂浆换置泥浆,以增大井壁摩阻力。此外,该法不宜用于卵石、砾石土层。

2. 用空气幕下沉沉井

用空气幕下沉是一种减小下沉时井壁摩阻力的有效方法。它是通过向沿井壁四周预埋的气管中压入高压气流,气流沿喷气孔射出再沿沉井外壁上升,在沉井周围形成空气"帷幕"(即空气幕),使井壁周围土松动或液化,摩阻力减小,促使沉井下沉。

如图 5-13 所示,空气幕沉井在构造上增加了一套压气系统,该系统由气斗、井壁中的气管、压缩空气机、储气筒以及输气管等组成。

气斗是沉井外壁上凹槽及槽中的喷气孔,凹槽的作用是保护喷气孔,使喷出的高压气流有扩散的空间,然后较均匀地沿井壁上升,形成气幕。气斗应布设简单、不易堵塞、便于喷气,目前多用棱锥形(150mm×150mm),其数量根据每个气斗所作用的有效面积确定。喷气孔直径1mm,可按等距离分布,上下交错排列布置。

气管有水平喷气管和竖管两种,可采用内径25mm的硬质聚氯乙烯管。水平管连接各层气斗,每1/4周或1/2周设一根,以便纠偏;每根竖管连接两根水平管,并伸出井顶。

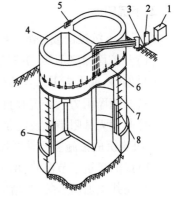

图 5-13 空气幕沉井压气系统构造
1-压缩空气机;2-储气筒;3-输气管路;4-沉井;5-竖管;6-水平喷气管;7-气斗;8-喷气孔

由压缩空气机输出的压缩空气应先输入储气筒,再由地面输气管送至沉井。以防止压气时压力骤然降低而影响压气效果。

在整个下沉过程中,应先在井内除土,消除刃脚下土的抗力后再压气,但也不得过分除土而不压气,一般除土面低于刃脚0.5~1.0m时,即应压气下沉。压气时间不宜过长,一般不超过5min/次。压气顺序应先上后下,以形成沿沉井外壁上喷的气流。气压不应小于喷气孔最深处理论水压的1.4~1.6倍,并尽可能使用风压机的最大值。

停气时应先停下部气斗,依次向上,最后停上部气斗,并应缓慢减压,不得将高压空气突然停止,防止造成瞬时负压,使喷气孔内吸入泥沙而被堵塞。空气幕下沉沉井适应于砂类土、粉质土及黏质土地层,对于卵石土、砾类土及风化岩等地层不宜使用。

四、沉井下沉过程中遇到的问题及处理

1. 偏斜

沉井偏斜大多发生在下沉不深时。导致偏斜的主要原因有:
(1)土岛表面松软,或制作场地或河底高低不平,软硬不均。
(2)刃脚制作质量差,井壁与刃脚中线不重合。
(3)抽垫方法欠妥,回填不及时。
(4)除土不均匀对称,下沉时有突沉和停沉现象。
(5)刃脚遇障碍物顶住而未及时发现,排土堆放不合理,或单侧受水流冲击淘空等导致沉井受力不对称。

纠正偏斜,通常可用除土、压重、顶部施加水平力或刃脚下支垫等方法处理,空气幕沉井也可采用单侧压气纠偏。若沉井倾斜,可在高侧集中除土,加重物,或用高压射水冲松土层,低侧回填砂石,必要时在井顶施加水平力扶正。若中心偏移则先除土,使井底中心向设计中心倾斜,然后在对侧除土,使沉井恢复竖直,如此反复至沉井逐步移近设计中心。当刃脚遇障碍物时,须先清除再下沉。如遇树根、大孤石或钢料铁件,排水施工时可人工排除,必要时用少量炸药(少于200g)炸碎。不排水施工时,可由潜水工进行水下切割或爆破。

2. 下沉困难

即沉井下沉过慢或停沉。导致难沉的主要原因是:
(1)开挖面深度不够,正面阻力大。
(2)偏斜,或刃脚下遇到障碍物或坚硬岩层和土层。
(3)井壁摩阻力大于沉井自重。
(4)井壁无减阻措施或泥浆套、空气幕等遭到破坏。
解决难沉的措施主要是增加压重和减小井壁摩阻力。增加压重的方法有:
(1)提前接筑下节沉井,增加沉井自重。
(2)在井顶加压沙袋、钢轨等重物迫使沉井下沉。
(3)不排水下沉时,可井内抽水,减小浮力,迫使下沉,但需保证土体不产生流砂现象。
减小井壁摩阻力的方法有:
(1)将沉井设计成阶梯形、钟形,或使外壁光滑。
(2)井壁内埋设高压射水管组,射水辅助下沉。
(3)利用泥浆套或空气幕辅助下沉。
(4)增大开挖范围和深度,必要时还可采用0.1~0.2kg炸药起爆助沉,但同一沉井每次只能起爆一次,且需适当控制炮振次数。

3. 突沉

突沉常发生于软土地区，容易使沉井产生较大的倾斜或超沉。引起突沉的主要原因是井壁摩阻力较小，当刃脚下的土被挖除时，沉井支承削弱，或排水过多、挖土太深、出现塑流等。防止突沉的措施一般是控制均匀挖土，在刃脚处挖土不宜过深。此外，在设计时可采用增大刃脚踏面宽度或增设底梁的措施提高刃脚阻力。

4. 流砂

在粉、细砂层中下沉沉井，经常出现流砂现象，若不采取适当措施将造成沉井严重倾斜。产生流砂的主要原因是土中动水压力的水头梯度大于临界值。故防止流砂的措施是：

（1）排水下沉时发生流砂可向井内灌水，采取不排水除土，减小水头梯度。

（2）采用井点，或深井和深井泵降水，降低井外水位，改变水头梯度方向使土层稳定，防止流砂发生。

第四节　沉井的设计与计算

沉井既是结构物的基础，又是施工过程中挡土、挡水的结构物，因此其设计计算一般包括两部分内容，即沉井作为整体深基础的沉井基础计算和在施工过程中沉井结构的强度计算两大部分。

沉井在设计计算之前必须掌握如下有关资料：

（1）上部结构尺寸要求，沉井基础设计荷载。

（2）水文和地质资料（如设计水位、施工水位、冲刷线或地下水位高程，土的物理力学性质，沉井通过的土层有无障碍物等）。

（3）拟采用的施工方法（排水或不排水下沉，筑岛或防水围堰的高程等）。

一、沉井作为整体深基础的计算

沉井作为整体深基础设计，主要是根据上部结构特点、荷载大小及水文和地质情况，结合沉井的构造要求及施工方法，拟订出沉井埋深、高度和分节及平面形状和尺寸，井孔大小及布置，井壁厚度和尺寸，封底混凝土和顶板厚度等，然后进行沉井基础的计算。

根据沉井基础的埋置深度不同有两种计算方法。当沉井埋深在最大冲刷线以下较浅仅数米时，可不考虑基础侧面土的横向抗力影响，按浅基础设计计算；当埋深较大时，沉井周围土体对沉井的约束作用不可忽视，此时在验算地基应力、变形及沉井的稳定性时，应考虑基础侧面土体弹性抗力的影响，按刚性桩（$\alpha h < 2.5$）计算内力和土抗力。本章主要介绍后者。

一般要求沉井基础下沉到坚实的土层或岩层上，其作为地下结构物，荷载较小，地基的强度和变形通常不会存在问题。一般要求地基强度应满足：

$$F + G \leqslant R_\text{j} + R_\text{f} \tag{5-1}$$

式中：F——沉井顶面处作用的荷载（kN）；

G——沉井的自重（kN）；

R_j——沉井底部地基土的总反力（kN）；

R_f——沉井侧面土的总摩阻力（kN）。

沉井底部地基土的总反力 R_j 等于该处土的承载力特征值 f_a 与支承面积 A 的乘积，即：

$$R_j = f_a A \tag{5-2}$$

可假定井侧摩阻力沿深度呈梯形分布,距地面5m范围内按三角形分布,5m以下为常数,如图5-14所示,故总摩阻力为:

$$R_f = U(h - 2.5)q \tag{5-3}$$

式中:U——沉井的周长(m);

h——沉井的入土深度(m);

q——井壁与土体间的摩阻力标准值,按厚度的加权平均值(kPa),井壁与土体间的摩阻力标准值应按照实测资料或实践经验确定,当缺乏资料时,可按土的性质、施工措施,按表5-1选用。

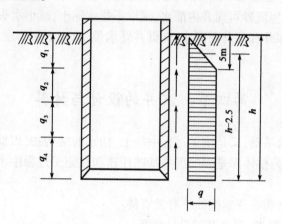

图5-14 井侧摩阻力分布假定

井壁与土体间的摩阻力标准值 表5-1

土 的 名 称	摩阻力标准值(kPa)	土 的 名 称	摩阻力标准值(kPa)
黏性土	25~50	砾石	15~20
砂土	12~25	软土	10~12
卵石	15~30	泥浆套	3~5

注:本表适用于深度不超过30m的沉井。

沉井基础作为整体深基础时,可视为刚性桩柱,在横向外力作用下只发生转动,而无挠曲。考虑沉井侧壁土体弹性抗力时,通常可作如下基本假定:

(1)地基土为弹性变形介质,水平向地基系数随深度成正比例增加(即m法);

(2)不考虑基础与土之间的黏着力和摩阻力;

(3)沉井刚度与土的刚度之比视为无限大,横向力作用下只能发生转动而无挠曲变形。

根据上述假定,考虑基础底面的工程地质情况,沉井基础的计算可进一步分为非岩石地基和岩石地基两种情况。

1. 非岩石地基(包括沉井立于风化岩层内和岩面上)

当沉井基础受到水平力H和偏心竖向力$N(=F+G)$共同作用(图5-15a)时,可将其等效为距离基底作用高度为λ的水平力H(图5-15b),即:

$$\lambda = \frac{Ne + Hl}{H} = \frac{\sum M}{H} \tag{5-4}$$

在水平力作用下,沉井将围绕位于地面下 z_0 深度处的 A 点转动一 ω 角(图 5-16),地面下深度 z 处沉井基础产生的水平位移 Δx 和土的横向抗力 p_{zx} 分别为:

$$\Delta x = (z_0 - z) \cdot \tan\omega \tag{5-5}$$

$$p_{zx} = \Delta x C_z = C_z(z_0 - z) \cdot \tan\omega \tag{5-6}$$

式中:z_0——转动中心 A 离地面的距离(m);

C_z——深度 z 处水平向的地基系数,$C_z = m^2(\mathrm{kN/m^3})$,$m$ 为地基比例系数($\mathrm{kN/m^4}$)。

将 C_z 值代入式(5-6)得:

$$p_{zx} = mz(z_0 - z) \cdot \tan\omega \tag{5-7}$$

即土的横向抗力沿深度为二次抛物线变化。

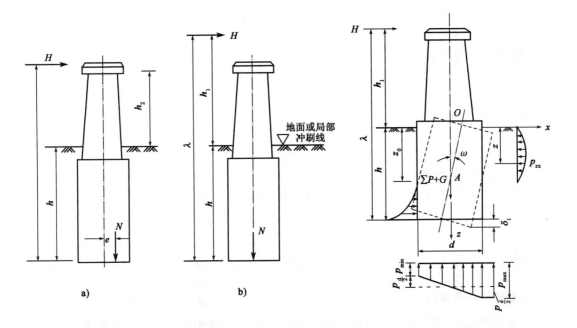

图 5-15 荷载作用情况 　　　　图 5-16 非岩石地基计算示意图

若考虑到基础底面处竖向地基系数 C_0 不变,则基底压应力图形与基础竖向位移图相似,故:

$$p_{\frac{d}{2}} = C_0 \delta_1 = C_0 \frac{d}{2} \tan\omega \tag{5-8}$$

式中:C_0——按 4.5 节方法计算,且不得小于 $10m_0$;

d——基底宽度或直径。

上述各式中 z_0 和 ω 为两个未知数,根据图 5-16 可建立两个平衡方程式,即:

$\sum X = 0$

$$H - \int_0^h p_{zx} b_1 dz = H - b_1 m \tan w \int_0^h z(z_0 - z) \mathrm{d}z = 0 \tag{5-9}$$

$\sum M_0 = 0$

$$Hh_1 - \int_0^h p_{zx} b_1 z \mathrm{d}z - p_{\frac{d}{2}} W = 0 \tag{5-10}$$

式中：b_1——基础计算宽度；
  W——基底的截面模量。

联立解求解可得：

$$z_0 = \frac{\beta \cdot b_1 h^2(4\lambda - h) + 6dW}{2\beta \cdot b_1 h(3\lambda - h)} \tag{5-11}$$

$$\tan\omega = \frac{6H}{Amh} \tag{5-12}$$

式中：A——参数，$A = \dfrac{\beta \cdot b_1 h^3 + 18Wd}{2\beta \cdot (3\lambda - h)}$；

  β——深度 h 处沉井侧面的水平地基系数与沉井底面的竖向地基系数的比值，$\beta = \dfrac{C_h}{C_0} = \dfrac{mh}{C_0}$；

  m——按 4.5 节有关规定采用。

将此代入上述各式可得：

$$p_{zx} = \frac{6H}{Ah} z(z_0 - z) \tag{5-13}$$

基底边缘处压应力：

$$p_{\max\atop\min} = \frac{N}{A_0} \pm \frac{3Hd}{A\beta} \tag{5-14}$$

式中 A_0 为基础底面面积。

离地面或最大冲刷线以下 z 深度处基础截面上的弯矩（图 5-16）为：

$$M_z = H(\lambda - h + z) - \int_0^h p_{zx} b_1(z_0 - z)\mathrm{d}z$$

$$= H(\lambda - h + z) - \frac{Hb_1 z^3}{2hA}(z_0 - z) \tag{5-15}$$

2. 基底嵌入基岩内

若基底嵌入基岩内，在水平力和竖直偏心荷载作用下，可假定基底不产生水平位移，基础的旋转中心 A 与基底中心重合，即 $z_0 = h$（图 5-17）。而在基底嵌入处将存在一水平阻力 P，该阻力对 A 点的力矩一般可忽略不计。取弯矩平衡方程便可导得转角 $\tan\omega$ 为：

$$\tan\omega = \frac{H}{mhD} \tag{5-16}$$

其中：$D = \dfrac{b_1\beta \cdot h^3 + 6Wd}{12\lambda\beta}$。

横向抗力：

$$p_{zx} = (h-z)z\frac{H}{Dh} \tag{5-17}$$

基底边缘处压应力：

$$p_{\max\atop\min} = \frac{N}{A_0} \pm \frac{Hd}{2\beta D} \tag{5-18}$$

由 $\sum X = 0$ 可得嵌入处未知水平阻力 P 为：

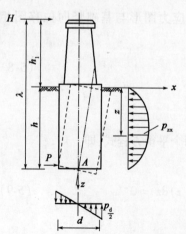

图 5-17 基底嵌入基岩内计算示意图

$$P = \int_0^h b_1 p_{zx} \mathrm{d}z - H = H\left(\frac{b_1 h^2}{6D} - 1\right) \tag{5-19}$$

地面以下 z 深度处基础截面上的弯矩为:

$$M_z = H(\lambda - h + z) \frac{b_1 H z^3}{12Dh}(2h - z) \tag{5-20}$$

尚需注意,当基础仅受偏心竖向力 N 作用时,$\lambda \to \infty$,上述公式均不能应用。此时,应以 $M = N \cdot e$ 代替式(5-10)中的 Hh_1,同理可导得上述两种情况下相应的计算公式,此不赘述,可详见《公路桥涵地基与基础设计规范》(JTG 3363—2019)。

3. 墩台顶水平位移

基础在水平力和力矩作用下,墩台顶水平位移 δ 由地面处水平位移 $z_0 \tan\omega$、地面至墩顶 h_2 范围内水平位移 $h_2 \tan\omega$ 及台身弹性挠曲变形在 h_2 范围内引起的墩顶水平位移 δ_0 三部分组成。

$$\delta = (z_0 + h_2)\tan\omega + \delta_0 \tag{5-21}$$

鉴于一般沉井基础转角很小,存在近似关系 $\tan\omega \approx \omega$。此外,基础的实际刚度并非无穷大,对墩顶的水平位移必有影响。故通常采用系数 K_1 和 K_2 来反映实际刚度对地面处水平位移及转角的影响。其值可按表5-2查用。因此:

$$\delta = (z_0 K_1 + h_2 K_2)\omega + \delta_0 \tag{5-22}$$

墩顶水平位移修正系数 表5-2

αh	系数	λ/h				
		1	2	3	4	∞
1.6	K_1	1.0	1.0	1.0	1.0	1.0
	K_2	1.0	1.1	1.1	1.1	1.1
1.8	K_1	1.0	1.1	1.1	1.1	1.1
	K_2	1.1	1.2	1.2	1.2	1.2
2.0	K_1	1.1	1.1	1.1	1.1	1.1
	K_2	1.2	1.3	1.4	1.4	1.4
2.2	K_1	1.1	1.2	1.2	1.2	1.2
	K_2	1.2	1.5	1.6	1.6	1.7
2.4	K_1	1.1	1.2	1.3	1.3	1.3
	K_2	1.3	1.8	1.9	1.9	2.0
2.6	K_1	1.2	1.3	1.4	1.4	1.4
	K_2	1.4	1.9	2.1	2.2	2.3

注:如 $\alpha h < 1.6$ 时,$K_1 = K_2 = 1.0$。

4. 验算

1)基底应力验算

沉井基础底面计算的最大压应力不应超过沉井底面处地基土的承载力特征值,即:

$$p_{\max} \leq f_a \tag{5-23}$$

2)横向抗力验算

沉井侧壁地基土的横向抗力 p_{zx} 值应小于沉井周围土的极限抗力值,否则不能计入井周土体侧向抗力。计算时可认为基础在外力作用下产生位移时,深度 z 处基础一侧产生主动土压力 p_a,而被挤压侧受到被动土压力 p_p 作用,因此其极限抗力为:

$$p_{zx} \leqslant p_p - p_a \tag{5-24}$$

由朗金土压力理论可导得:

$$p_{zx} \leqslant \frac{4}{\cos\varphi}(\gamma z \tan\varphi + c) \tag{5-25}$$

式中:γ——土的重度;

φ、c——分别为土的内摩擦角和黏聚力。

考虑到桥梁结构性质和荷载情况,且经验表明最大的横向抗力大致在 $z = h/3$ 和 $z = h$ 处,以此代入式(5-25),即:

$$p_{\frac{h}{3}x} \leqslant \frac{4}{\cos\varphi}\left(\frac{\gamma h}{3}\tan\varphi + c\right)\eta_1\eta_2 \tag{5-26}$$

$$p_{h_x} \leqslant \frac{4}{\cos\varphi}(\gamma h \tan\varphi + c)\eta_1\eta_2 \tag{5-27}$$

式中:$p_{\frac{h}{3}x}$——相应于 $z = h/3$ 深度处土的横向抗力,h 为基础的埋置深度;

p_{h_x}——相应于 $z = h$ 深度处土的横向抗力;

η_1——取决于上部结构形式的系数,一般取 $\eta_1 = 1$,对于拱桥 $\eta_1 = 0.7$;

η_2——考虑恒载产生的弯矩 M_g 对总弯矩 M 的影响系数,即 $\eta_2 = 1 - 0.8\frac{M_g}{M}$。

3)墩台顶面水平位移

桥梁墩台设计除应考虑基础沉降外,还需检验因地基变形和墩身弹性水平变形所引起的墩顶水平位移。现行规范规定墩顶水平位移 δ 应满足 $\delta \leqslant 0.5\sqrt{L}(\text{cm})$,$L$ 为相邻跨中最小跨的跨度(m)。当 $L < 25\text{m}$ 时,取 $L = 25\text{m}$。

此外,对高而窄的沉井还应验算产生施工容许偏差时的影响。

二、沉井施工过程中的结构强度计算

施工及运营过程的不同阶段,沉井荷载作用不尽相同。沉井结构强度必须满足各阶段最不利情况荷载作用的要求。井体各部分设计时,必须了解和确定它们各自的最不利受力状态,拟定出相应的计算图式,然后计算截面应力,进行必要的配筋,以保证井体结构在施工各阶段中的强度和稳定。

沉井结构在施工过程中主要需进行下列验算。

1. 沉井自重下沉验算

为保证沉井施工时能顺利下沉达设计高程,沉井自重(不排水下沉时应扣除浮力)应大于土对井壁的摩阻力,两者之比称为下沉系数 K,一般要求:

$$K = \frac{G}{R_f} \geqslant 1.15 \sim 1.25 \tag{5-28}$$

当不能满足上述要求时,可加大井壁厚度或调整取土井尺寸;若不排水下沉,达一定深度后改用排水下沉;增加附加荷载或射水助沉;或采取泥浆套或空气幕等措施。

2. 第一节(底节)沉井竖向挠曲验算

底节沉井在抽垫及除土下沉过程中,由于施工方法不同,刃脚下支承也不同,沉井自重将导致井壁产生较大的竖向挠曲应力。因此,应根据不同的支承情况,进行井壁的强度验算。若挠曲应力大于沉井材料纵向抗拉强度,应增加底节沉井高度或在井壁内设置水平向钢筋,防止沉井竖向开裂。其支承情况根据施工方法不同可按如下考虑。

(1) 排水除土下沉。

将沉井视为支承于四个固定支点上的梁,且支点控制在最有利位置处,即支点和跨中所产生的弯矩大致相等。对矩形和圆端形沉井,若沉井长宽比大于 1.5,支点可设在长边如图 5-18a)所示;圆形沉井的四个支点可布置在两相互垂直线上的端点处。

(2) 不排水除土下沉。

机械挖土时刃脚下支点很难控制,沉井下沉过程中可能出现的最不利支承为:对矩形和圆端形沉井,因除土不均将导致沉井支承于四角(图 5-18b)成为一简支梁,跨中弯矩最大,沉井下部竖向开裂;也可能因孤石等障碍物使沉井支承于壁中(图 5-18c)形成悬臂梁,支点处沉井顶部产生竖向开裂;圆形沉井则可能出现支承于直径上的两个支点。

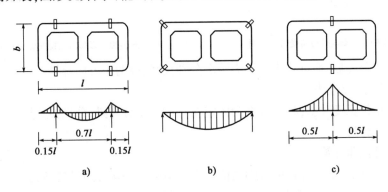

图 5-18 底节沉井支点布置示意图
a) 排水除土下沉;b)、c) 不排水除土下沉

若底节沉井隔墙跨度较大,还需验算隔墙的抗拉强度。其最不利受力情况是下部土已挖空,上节沉井刚浇筑而未凝固,此时隔墙成为两端支承在井壁上的梁,承受两节沉井隔墙和模板等重力。若底节隔墙强度不够,可布置水平向钢筋,或在隔墙下夯填粗砂以承受荷载。

3. 沉井刃脚受力计算

沉井在下沉过程中,刃脚受力较为复杂,为简化起见,一般按竖向和水平向分别计算。竖向分析时,近似地将刃脚看作是固定于刃脚根部井壁处的悬壁梁,根据刃脚内外侧作用力的不同可能向外或向内挠曲(图 5-19、图 5-20);在水平面上,则视刃脚为一封闭的框架(图 5-21),在水、土压力作用下在水平面内发生弯曲变形。根据悬臂及水平框架两者的变位关系及其相应的假定分别可导得刃脚悬臂分配系数 α 和水平框架分配系数 β 为:

$$\alpha = \frac{0.1L_1^4}{h_k^4 + 0.05L_1^4} \leq 1.0 \quad (5-29)$$

$$\beta = \frac{0.1h_k^4}{h_k^4 + 0.05L_2^4} \quad (5-30)$$

式中:L_1、L_2——分别为支承于隔墙间的井壁最大和最小计算跨度;
h_k——刃脚斜面部分的高度。

上述分配系数仅适用于内隔墙底面高出刃脚底不超过 0.5m，或有垂直梗肋的情况。否则 $\alpha = 1.0$，刃脚不起水平框架作用，但需按构造布置水平钢筋，以承受一定的正、负弯矩。

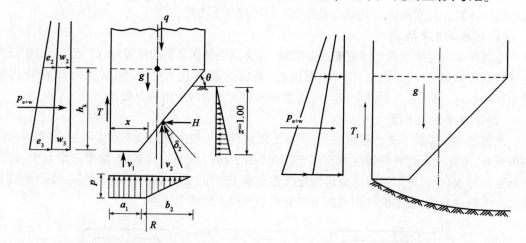

图 5-19　刃脚向外挠曲受力示意图　　　　图 5-20　刃脚向内挠曲受力示意图

外力经上述分配后，即可将刃脚受力情况分别按竖、横两个方向计算。

(1) 刃脚竖向受力分析。

一般可取单位宽度井壁，将刃脚视为固定在井壁上的悬臂梁，分别按刃脚向内和向外挠曲两种最不利情况分析。

① 刃脚向外挠曲计算。

一般认为，当沉井下沉过程中刃脚内侧切入土中深约 1.0m，同时接筑完上节沉井，且沉井上部露出地面或水面约一节沉井高度时处于最不利位置。此时，沉井因自重将导致刃脚斜面土体抵抗刃脚而向外挠曲，如图 5-19 所示，作用在刃脚高度范围内的外力有：

a. 作用于刃脚外侧的土、水压力合力 p_{e+w}：

$$p_{e+w} = \frac{1}{2}(p_{e_2+w_2} + p_{e_3+w_3})h_k \tag{5-31}$$

式中：p_{e+w}——作用在刃脚根部处的土、水压力强度之和；

$p_{e_3+w_3}$——刃脚底面处土、水压力强度之和。

土、水压力合力 p_{e+w} 的作用点高度（离刃脚根部距离 t）为：

$$t = \frac{h_k}{3} \cdot \frac{p_{e_2+w_3} + 2p_{e_3+w_3}}{p_{e_2+w_3} + p_{e_3+w_3}}$$

地面下深度 h_i 处刃脚承受的土压力 e_i 可按朗金土压力公式计算，水压力应根据施工情况和土质条件计算，为安全起见，一般规定式(5-31)计算所得刃脚外侧土、水压力合力不得大于静水压力的 70%，否则按静水压力的 70% 计算。

b. 作用于刃脚外侧单元宽度上的摩阻力 T：

$$T = q_k h_k \tag{5-32}$$

$$T = 0.5E \tag{5-33}$$

式中：E——刃脚外侧主动土压力合力，$E = (e_2+e_3)h_k/2$。

h_k——刃脚高度(m)；

q_k——土与井壁间单位面积上的摩阻力标准值；

为偏于安全,使刃脚下土反力最大,井壁摩阻力应取上两式中较小值。

c. 刃脚下土的竖向反力 R(取单位宽度):

$$R = q - T' \tag{5-34}$$

式中:q——沿井壁周长单位宽度上沉井的自重,水下部分应考虑水的浮力;

T'——沉井入土部分单位宽度上的摩阻力。

若将 R 分解为作用在踏面下土的竖向反力 v_1 和刃脚斜面下土的竖向反力 v_2,且假定 v_1 为均匀分布,其强度为 p,v_2(最大强度为 p)和水平反力 H 呈三角形分布如图 5-19 所示,则根据力的平衡条件可导得各反力值为:

$$v_1 = \frac{2a_1}{2a_1 + b_2}R \tag{5-35}$$

$$v_2 = \frac{b_2}{2a_1 + b_2}R \tag{5-36}$$

$$H = v_2 \tan(\theta - \delta_2) \tag{5-37}$$

式中:a_1——刃脚踏面宽度;

b_2——切入土中部分刃脚斜面的水平投影长度;

δ_2——土与刃脚斜面间的外摩擦角,一般可取 $\delta_2 = 30°$;

θ——刃脚斜面与水平面夹角。

d. 刃脚单位宽度自重:

$$g = \frac{\lambda + a_1}{2} h_k \gamma_k \tag{5-38}$$

式中:λ——井壁厚度;

γ_k——钢筋混凝土刃脚的重度,不排水施工时应扣除浮力。

求出以上各力的数值、方向及作用点后,根据图 5-19 几何关系可求得各力对刃脚根部中心轴的力臂,从而求得总弯矩 M_0、竖向力 N_0 及剪力 Q,即:

$$M_0 = M_R + M_H + M_{e+w} + M_T + M_g \tag{5-39}$$

$$N_0 = R + T + g \tag{5-40}$$

$$Q = p_{e+w} + H \tag{5-41}$$

式中,M_R、M_H、M_{e+w}、M_T 及 M_g 分别为反力 R、土水压力合力 p_{e+w}、横向力 H、刃脚底部外侧摩阻力 T 及刃脚自重 g 等对刃脚根部中心轴的弯矩,且刃脚部分各水平力均应按规定考虑分配系数 α。

求得 M_0、N_0 及 Q 后就可验算刃脚根部应力,并计算出刃脚内侧所需竖向钢筋用量。一般刃脚钢筋截面积不宜少于刃脚根部截面积的 0.1%,且竖向钢筋应伸入根部以上 $0.5L_1$(L_1 为支承于隔墙间的井壁最大计算跨度)。

②刃脚向内挠曲计算。

刃脚向内挠曲的最不利位置是沉井已下沉至设计高程,刃脚下土体挖空而尚未浇筑封底混凝土(图 5-20),此时刃脚可视为根部固定在井壁上的悬臂梁,以此计算最大弯矩。

作用在刃脚上的力有刃脚外侧的土压力、水压力、摩阻力以及刃脚本身的重力。各力的计算方法同前。但水压力计算应注意实际施工情况,为偏于安全,一般井壁外侧水压力以 100% 计算,井内水压力取 50%;若排水下沉时,不透水土取静水压力的 70%,透水性土按 100% 计

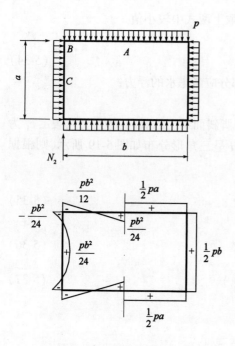

图 5-21 单孔矩形框架受力

算。计算所得各水平外力同样应考虑分配系数 α。再由外力计算出对刃脚根部中心轴的弯矩、竖向力及剪力,以此求得刃脚外壁钢筋用量。其配筋构造要求与向外挠曲相同。

(2) 刃脚水平钢筋计算。

当沉井下沉至设计高程,刃脚下土已挖空但未浇筑封底混凝土时,刃脚所受水平压力最大,处于最不利状态。此时可将刃脚视为水平框架(图 5-21),作用于刃脚上的外力与计算刃脚向内挠曲时一样,但所有水平力应乘以分配系数 β,以此求得水平框架的控制内力,再配置框架所需水平钢筋。

框架的内力可按一般结构力学方法计算。

4. 井壁受力计算

1) 井壁竖向拉应力验算

沉井下沉过程中,刃脚下土挖空时,若上部井壁摩阻力较大可能将沉井箍住,井壁内产生因自重引起的竖向拉应力。若假定作用于井壁的摩阻力呈倒三角形分布(图 5-22),沉井自重为 G,入土深度为 h,则距刃脚底面 x 深处断面上的拉力 S_x 为:

$$S_x = \frac{Gx}{h} - \frac{Gx^2}{h^2} \tag{5-42}$$

为求得最大应力,对式(5-42)求导,可求得井壁内最大拉力 S_{max} 为:

$$S_{max} = \frac{G}{4} \tag{5-43}$$

其位置在 $x = h/2$ 的断面上;当不排水下沉(设水位和地面齐平)时,$S_{max} = 0.007G$。

若沉井很高,各节沉井接缝处混凝土的拉应力可由接缝钢筋承受,并按接缝钢筋所在位置发生的拉应力设置。钢筋的应力应小于 0.75 钢筋标准强度,并须验算钢筋的锚固长度。采用泥浆下沉的沉井,在泥浆套内不会出现箍住现象,井壁也不会因自重而产生拉应力。

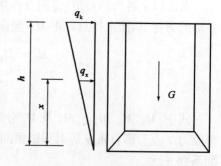

图 5-22 井壁摩阻力分布

2) 井壁横向受力计算

当沉井沉至设计高程,刃脚下土已挖空而尚未封底时,井壁承受的水、土压力为最大,此时应按水平框架分析内力,验算井壁材料强度,其计算方法与刃脚框架计算相同。

刃脚根部以上高度等于井壁厚度的一段井壁(图 5-23),视为计算分析的水平框架。除承受作用于该段的土、水压力外,还承受由刃脚悬臂作用传来的水平剪力(刃脚内挠时受到的水平外力乘以分配系数 α)。此外,还应验算每节沉井最下端处单位高度井壁作为水平框架的强度,并以此控制该节沉井的设计,但作用于井壁框架上的水平外力,仅土压力和水压力,且不需乘以分配系数 β。

采用泥浆套下沉的沉井,若台阶以上泥浆压力(泥浆相对密度乘泥浆高度)大于上述土、水压力之和,则井壁压力应按泥浆压力计算。

5. 混凝土封底及顶板计算

1)封底混凝土计算

封底混凝土厚度取决于基底承受的反力。作用于封底混凝土的竖向反力有两种:

(1)封底后封底混凝土需承受基底水和地基土的向上反力;

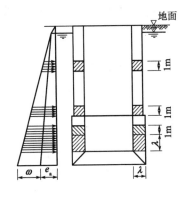

图 5-23 井壁框架受力示意图

(2)空心沉井使用阶段封底混凝土需承受沉井基础所有最不利荷载组合引起的基底反力,若井孔内填砂或有水时可扣除其重量。

封底混凝土厚度一般比较大,可按下述方法计算并取其控制者。

(1)按受弯计算。将封底混凝土视为支承在凹槽或隔墙底面和刃脚上的底板,按周边支承的双向板(矩形或圆端形沉井)或圆板(圆形沉井)计算,底板与井壁的连接一般按简支考虑,当连接可靠(由井壁内预留钢筋连接等)时,也可按弹性固定考虑。要求计算所得的弯曲拉应力应小于混凝土的弯曲抗拉设计强度,具体计算可参考有关设计手册。

(2)按受剪计算。即计算封底混凝土承受基底反力后是否存在沿井孔周边剪断的可能性。若剪应力超过其抗剪强度,则应加大封底混凝土的抗剪面积。

2)钢筋混凝土顶板计算

空心或井孔内填以砾砂石的沉井,井顶必须浇筑钢筋混凝土顶板,用以支承上部结构荷载。顶板厚度一般预先拟定再进行配筋计算,计算时按承受最不利均布荷载的双向板考虑。

当上部结构平面全部位于井孔内时,还应验算顶板的剪应力和井壁支承压力;若部分支承于井壁上则不需进行顶板的剪力验算,但需进行井壁的压应力验算。

三、浮运沉井计算要点

沉井在浮运过程中要有一定的吃水深度,使重心低而不易倾覆,保证浮运时稳定;同时还必须具有足够的高出水面高度,使沉井不因风浪等而沉没。因此,除前述计算外,还应考虑沉井浮运过程中的受力情况,进行浮体稳定性和井壁露出水面高度等的验算。

1. 浮运沉井稳定性验算

将沉井视为一悬浮于水中的浮体控制计算其重心、浮心及定倾半径,现以带临时性底板的浮运沉井为例进行稳定性验算如下。

1)浮心位置

根据沉井重力等于沉井排开水的重力,则沉井吃水深 h_0(从底板算起,图 5-24)为:

$$h_0 = \frac{V_0}{A_0} \tag{5-44}$$

式中:A_0——沉井吃水截面积;

V_0——沉井底板以上部分排水体积,$V_0 = G/\gamma_w$,G 为沉井底板以上部分的重力;

故浮心位置(以刃脚底面起算)为 $h_3 + Y_1$，且

$$Y_1 = \frac{M_\mathrm{I}}{V} - h_3 \tag{5-45}$$

式中：M_I——各排水体积(底板以上部分 V_0、刃脚 V_1、底板下隔墙 V_2)对刃脚底板的力矩(M_0、M_1、M_2)，即：

$$M_\mathrm{I} = M_0 + M_1 + M_2 \tag{5-46}$$

其中：$M_0 = V_0\left(h_1 + \dfrac{h_0}{2}\right)$，$M_1 = V_1 \dfrac{h_1}{9} \dfrac{2\lambda' + a}{\lambda' + a}$，$M_2 = V_2\left(\dfrac{h_4}{3} \dfrac{2\lambda_1 + a_1}{\lambda_1 + a_1} + h_3\right)$

式中：h_1——底板至刃脚底面的距离；
$\quad\quad h_3$——隔墙底距刃脚踏面的距离；
$\quad\quad h_4$——底板下的隔墙高度；
$\quad\quad \lambda_1$、λ'——隔墙及底板下井壁厚度；
$\quad\quad a_1$、a——隔墙底及刃脚踏面的宽度。

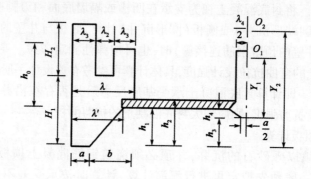

图 5-24 计算浮心位置示意图

2) 重心位置

设重心位置 O_2 离刃脚底面的距离为 Y_2，则：

$$Y_2 = \frac{M_\mathrm{II}}{V} \tag{5-47}$$

式中 M_II 为沉井各部分体积与其中心对刃脚底面距离的乘积，并假定沉井圬工单位重相同。

令重心与浮心的高差为 Y，则：

$$Y = Y_2 - (h_3 + Y_1) \tag{5-48}$$

3) 定倾半径

定倾半径 ρ 为定倾中心至浮心的距离，可由下式计算：

$$\rho = \frac{I_{x-x}}{V_0} \tag{5-49}$$

式中：I_{x-x}——吃水截面积的惯性矩。

浮运沉井的稳定性应满足重心至浮心的距离小于定倾中心至浮心的距离的要求，即：

$$\rho > Y \tag{5-50}$$

2. 浮运沉井露出水面最小高度

沉井在浮运过程中因牵引力、风力等作用,不免产生一定的倾斜,故一般要求沉井顶面高出水面不小于 1.0m 为宜,以保证沉井在拖运过程中的安全。

拖引力及风力等对浮心产生弯矩 M,因而使沉井旋转角度 θ,在一般情况下不允许 θ 值大于 6°,可按下式分析计算:

$$\theta = \arctan \frac{M}{\gamma_w V(\rho - Y)} \leqslant 6° \tag{5-51}$$

式中:γ_w——水的重度,可取 $10 kN/m^3$。

沉井浮运时露出水面的最小高度 h 按下式计算:

$$h = H - h_0 - h_1 - d\tan\theta \geqslant f \tag{5-52}$$

式中:H——浮运时沉井的高度;

f——浮运沉井发生最大的倾斜时,顶面露出水面的安全距离,其值为 1.0m。

上式假定由于弯矩作用使沉井没入水中的深度为计算值 $\frac{d}{2}\tan\theta$(d 为圆端的直径)的两倍,主要是考虑浮运沉井倾斜边水面存在波浪,波峰高于无波水面。

第五节 地下连续墙

一、地下连续墙的概念、特点及其应用与发展

地下连续墙是 20 世纪 50 年代由意大利米兰 ICOS 公司首先开发成功的一种新的支护形式。它是在泥浆护壁条件下,使用专门的成槽机械,在地面开挖一条狭长的深槽,然后在槽内设置钢筋笼,浇筑混凝土,逐步形成一道连续的地下钢筋混凝土墙。用以作为基坑开挖时防渗、截水、挡土、抗滑、防爆和对邻近建筑物基础的支护以及直接成为承受上部结构荷载的基础的一部分。

地下连续墙的优点是无须放坡,土方量小;全盘机械化施工,工效高,速度快,施工期短;混凝土浇筑无须支模和养护,成本低;可在沉井作业、板桩支护等方法难以实施的环境中进行无噪声、无振动施工;并穿过各种土层进入基岩,无须采取降低地下水的措施,因此可在密集建筑群中施工;尤其是用于两层以上地下室的建筑物,可配合"逆筑法"施工(从地面逐层而下修筑建筑物地下部分的一种施工技术),而更显出其独特的作用。目前,地下连续墙已发展有后张预应力、预制装配和现浇预制等多种形式,其使用日益广泛,目前在泵房、桥台、地下室、箱基、地下车库、地铁车站、码头、高架道路基础、水处理设施,甚至深埋的下水道等,都有成功应用的实例。

地下连续墙的成墙深度由使用要求决定,大都在 50m 以内,墙宽与墙体的深度与受力情况有关,目前常用 600mm 及 800mm 两种,特殊情况下也有 400mm 及 1200mm 的薄型及厚型地下连续墙。

二、地下连续墙的施工

地下连续墙的施工工序如下:

1. 修筑导墙

沿设计轴线两侧开挖导沟,修筑钢筋混凝土(钢、木)导墙,以供成槽机械钻进导向、维护

表土和保持泥浆稳定液面。导墙内壁面之间的净空应比地下连续墙设计厚度加宽 40~60mm,埋深一般为 1~2m,墙厚 0.1~0.2m。

2. 制备泥浆

泥浆以膨润土或细粒土在现场加水搅拌制成,用以平衡侧向地下水压力和土压力,泥浆压力使泥浆渗入土体孔隙,在墙壁表面形成一层组织致密、透水性很小的泥皮,保护槽壁稳定而不致坍塌,并起到携渣、防渗等作用。泥浆液面应保持高出地下水位 0.5~1.0m,相对密度(1.05~1.10)应大于地下水的相对密度。其浓度、黏度、pH 值、含水率、泥皮厚度以及胶体率等多项指标应严格控制并随时测定、调整,以保证其稳定性。

3. 成槽

成槽是地下连续墙施工中最主要的工序,对于不同土质条件和槽壁深度应采用不同的成槽机具开挖槽段。例如,大卵石或孤石等复杂地层可用冲击钻;切削一般土层,特别是软弱土,常用导板抓斗、铲斗或回转钻头抓铲。采用多头钻机开槽,每段槽孔长度可取 6~8m,采用抓斗或冲击钻机成槽,每段长度可更大。墙体深度可达几十米。

4. 槽段的连接

地下连续墙各单元槽段之间靠接头连接。接头通常要满足受力和防渗要求,施工简单。国内目前使用最多的接头形式是用接头管连接的非刚性接头。在单元槽段内土体被挖除后,在槽段的一端先吊放接头管,再吊入钢筋笼,浇筑混凝土,然后逐渐将接头管拔出,形成半圆形接头,如图 5-25 所示。

地下连续墙既是地下工程施工时的围护结构,又是永久性建筑物的地下部分。因此,设计时应针对墙体施工和使用阶段的不同受力和支承条件下的内力进行简化计算;或采用能考虑土的非线性力学性状以及墙与土的相互作用的计算模型以有限单元法进行分析。

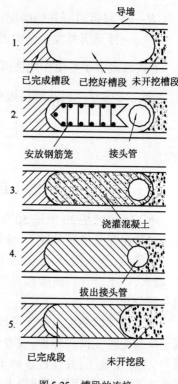

图 5-25 槽段的连接

思 考 题

1. 何谓沉井基础? 它适用于哪些场合? 与桩基础相比,其荷载传递有何异同?
2. 沉井基础的主要构成有哪几部分? 工程中如何选择沉井的类型?
3. 沉井在施工中会遇到哪些问题? 应如何处理?
4. 沉井作为整体深基础,其设计计算应考虑哪些内容?
5. 沉井在施工过程中应进行哪些验算?
6. 浮运沉井的计算有何特殊性?
7. 何谓地下连续墙? 其主要施工工序有哪些? 适用于哪些场合?

8. 某水下圆形沉井基础直径7m,作用于基础上的竖向荷载18503kN(已扣除浮力3848kN),水平力503kN,弯矩7360kN·m(均为考虑附加组合荷载),$\eta_1 = \eta_2 = 1.0$。沉井埋深10m,土质为中等密实的砂砾层,重度21.0kN/m³,内摩擦角35°,内聚力$c=0$,试验算该沉井基础的地基承载力及横向土抗力。

9. 某旱桥桥墩为钢筋混凝土圆形沉井基础,各地基土层物理力学性质资料及沉井初拟尺寸如图5-26所示。底节沉井及盖板混凝土等级为C20,顶节为C15,井孔中空。作用于井顶中心处竖向荷载7075kN,水平力350kN,弯矩2455kN·m,试验算该沉井基础的基底应力是否满足要求。

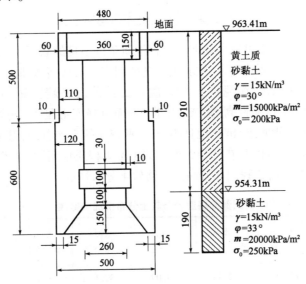

图5-26 沉井立面图(尺寸单位:cm)

第六章 地基处理

第一节 概 述

一、地基处理的目的与意义

土木工程建设中,有时不可避免地遇到工程地质条件不良的软弱土地基,不能满足建筑物要求。我国幅员辽阔,地形地貌复杂,软弱土地基范围广。沿海诸省,除山东部分地段外,大部分为泥质海岸,土层多为淤泥、淤泥质土、淤泥质亚黏土及泥混砂层,属于饱和的正常压密软黏土,这种土类抗剪强度低、压缩性高、固结速度慢,因而沉降变形量大、地基稳定性差。在我国江淮流域,还经常分布有膨胀土、液化地基等,在一些煤矿等矿产基地,开采后留下了大面积的地下采空区。这些软弱地基的存在常导致严重的土木工程质量问题,是土木工程设计、施工的关键问题之一。表6-1列出了我国部分高速公路软土分布情况。

我国部分高速公路软土分布情况一览表 表6-1

分布情况		沪宁高速公路	京津塘高速公路	杭甬高速公路	泉厦高速公路	佛开高速公路	广佛高速公路	广深高速公路
全长(km)		274.08	142.48	144.09	81.1	80	15.07	122
软土长(km)		92.29	48	91.64	17.45	12.98	7	34
软土厚(m)	一般	6~15	8	30~40	2~8	4~6	4~6	—
	最厚	30	13	>60	17	15	8	—
软土占全长比(%)		33.7	33.7	63.2	21.5	16.2	46.4	27.9

地基所面临的问题主要有以下三个方面:

(1)强度及稳定性问题。当地基的抗剪强度不足以承受建筑物的自重及荷载时,地基就会产生局部或者整体剪切破坏。

(2)沉降变形问题。当地基在结构物自重及外荷载作用下产生过大的沉降变形或工后沉降过大时,会影响结构物的正常使用。特别是不均匀沉降过大时,结构物可能开裂破坏。比如在道路工程中,如果构造物与路堤衔接处存在差异沉降,会引起桥头跳车、沉降缝拉宽漏水、路面横坡变缓、道路积水等。

(3)地震、机器以及车辆的振动、海浪作用和爆破等动力荷载可能引起地基土,尤其是饱和无黏性土的液化、失稳和震陷等危害。另外,由于外界水循环变化、温度变化等引起的管涌、冻融等也可能引起地基强度和变形的显著变化,从而影响道路的正常使用。

因此,当土木工程建造过程中遇到软弱土地基而面临上述问题时,需要先经过人工处理加固,再建造基础,处理后的地基称为人工地基。地基处理的目的是针对软土地基上建造建筑物可能产生的问题,采取人工的方法改善地基土的工程性质,达到满足上部结构对地基稳定和变形的要求。这些方法主要包括提高地基土的抗剪强度,增大地基承载力,防止剪切破坏或减轻土压力;改善地基土压缩特性,减少沉降和不均匀沉降;改善其渗透性,加速固结沉降过程;改善土的动力特性防止液化,减轻振动;消除或减少特殊土的不良工程特性(如黄土的湿陷性,膨胀土的膨胀性等)。

二、软弱地基的工程性质

软弱土地基一般是指由抗剪强度较低、天然含水率高、天然孔隙比大、压缩性较高、渗透性较小的淤泥及淤泥质土、饱和性软黏土、冲填土、素填土、杂填土、松散砂土及其他高压缩土层构成的地基。

(一)软土

在《公路工程名词术语》(JTJ 002—87)中,软土定义为"由天然含水量大、压缩性高、承载能力低的淤泥沉积物及少量腐殖质所组成的土,主要有淤泥、淤泥质土及泥炭"。软土按照沉积环境可以分为五类:滨海沉积、湖泊沉积、河滩沉积、沼泽沉积、谷地沉积。软土的主要工程特性如下。

1. 含水率较高,孔隙比较大

一般含水率高达45%~60%,最大可达100%~200%,常大于液限;孔隙比大于1.0,有的可能大于2.0;塑性指数为20左右,不排水强度为10~30kPa,压缩系数为0.5~1.0MPa^{-1},固结系数为$(0.1~1.0)\times 10^{-3}$cm^2/s,灵敏度为4~8。高含水率和大孔隙比直接影响到土的压缩性和抗剪强度,含水率越大,土的抗剪强度越小、压缩性越大。因此,降低含水率和缩小孔隙比是软土地基处理的重要内容。

2. 具有结构性

结构性的形成随土的矿物成分、沉积环境、孔隙水的成分及沉积年代而不同。结构性的强弱可以用视超固结比来表示,结构性的主要作用是增大了土骨架的刚度,因此其力学特性与应力水平密切相关。应力水平较低时,土会呈现较好的力学特性;应力水平超过某临界值后,土的结构性破坏,使力学性质明显恶化,而且这种恶化是不可逆的,短期内很难恢复。此外,结构性黏土还具有剪胀性。

3. 往往存在硬壳层

这是由地表部分风化、淋洗作用形成的。该硬壳层具有中等或低的压缩性、较高的强度、较强的结构性。硬壳层破坏后,加荷初期沉降、侧向位移、差异沉降均较大,因此,存在所谓填筑临界高度问题,在道路工程中如果路堤高度为2~3m时,可充分利用硬壳层而不需要处理软土。

(二)冲填土

冲填土是人工填土之一。它是在疏浚江河航道或从河底取土时用泥浆泵将已装在泥驳船上的泥砂直接或再用定量的水加以混合成一定浓度的泥浆,通过输泥管送到四周筑有围堤并设有排水挡板的填土区内,经沉淀排水后而成。

冲填土有别于素土回填,它具有一定的规律性。其工程性质与冲填土料、冲填方法、冲填过程及冲填完成后的排水固结条件、冲填区的原始地貌和冲填龄期等因素有关。

其主要工程性质有：

(1)冲填土有的以砂粒为主,也有的以黏粒或粉粒为主。在冲填土的入口处沉积的土粒较粗,甚至有石块,顺着出口处逐渐变细,除出口处及接近围堰的局部范围外,一般尚属均匀,但在冲填过程中间歇时间过长,或土料有变化则将造成冲填土纵横向的不均匀性。

(2)冲填土料粗颗粒比细颗粒排水固结快,在其下层土质具有良好的排水固结条件下所形成的冲填土地基的强度和密实度随着龄期增长而加大。

(3)冲填土料很细时,水分难以排出。土体形成初期呈流动状态,当其表面经自然蒸发后,常呈龟裂,下面水分不易排出,处于未固结状态。较长时间内可能仍处于流动状态,稍加扰动即呈触变现象。

(4)如原始地貌高低不平或局部低洼,冲填后水分更不易排出,固结极为缓慢,压缩性高。而冲填在斜坡地段上,则其排水固结条件就较好。

(5)冲填土与自然沉积的同类土相比,强度低,压缩性高,常产生触变现象。

(三)杂填土

杂填土是人们生活和生产活动所遗留或堆放的垃圾土。其主要工程性质有以下三点：

(1)一般承载能力不高,压缩性较大,且不均匀。具体来说:填料物质不一,颗粒尺寸悬殊,颗粒间孔隙大小不一；回填前地貌高低起伏,形成填土厚薄不一；回填时间常常先后不一；取样不易,勘察工作困难,通常无法确定地基承载力值。

(2)当杂填土加到某级荷载时浸水,变形剧增,有湿陷性。

(3)填筑年代是评定杂填土的一个重要指标。填土层的密实度随年代而增加,但随外界因素如雨水、填土顶上的随机荷载等而有较大的变化。通常,砂性杂填土的填筑年代在5年以上,黏性杂填土则需更多时间,才能粗略地认为填土层自身压密已趋于稳定。

另外,饱和松散粉细砂(包括部分粉土)也应属于软弱地基范畴,在动力荷载(机械振动、地震等)重复作用下将产生液化、基坑开挖时也会产生管涌。

对软弱地基勘察时,应查明软弱土层的均匀性、组成、分布范围和土质情况。对冲填土,尚应了解排水固结条件；对杂填土,尚应查明堆载历史,明确自重下稳定性和湿陷性等基本因素。

三、地基处理方法分类

近几十年来,大量的土木工程实践推动了软弱土地基处理技术的迅速发展,地基处理的方法多样化,地基处理的新技术、新理论不断涌现并日趋完善,地基处理已成为基础工程领域中一个较有生命力的分枝。根据地基处理方法的基本原理,基本上可以分为表6-2所示的几类。

地基处理方法分类 表6-2

物理处理				化学处理		热处理	
置换	排水	挤密	加筋	搅拌	灌浆	热加固	冻结

但必须指出,很多地基处理方法具有多重加固处理的功能,如碎石桩具有置换、挤密、排水和加筋的多重功能；而石灰桩则具有挤密、吸水和置换等功能。地基处理的主要方法、适用范围及加固原理见表6-3。

地基处理的主要方法、适用范围和加固原理　　　　　表 6-3

分类	方法	加固原理	适用范围
置换	换土垫层法	采用开挖后换好土回填的方法；对于厚度较小的淤泥质土层，也可采用抛石挤淤法。地基浅层性能良好的垫层，与下卧层形成双层地基。垫层可有效地扩散基底压力，提高地基承载力和减少沉降量	各种浅层的软弱土地基
	振冲置换法	利用振冲器在高压水的作用下边振、边冲，在地基中成孔，在孔内回填碎石料且振密成碎石桩。碎石桩柱体与桩间土形成复合地基，提高承载力，减少沉降量	$c_u<20\text{kPa}$ 的黏性土、松散粉土和人工填土、湿陷性黄土地基等
	强夯置换法	采用强夯时，夯坑内回填块石、碎石挤淤置换的方法，形成碎石墩柱体，以提高地基承载力和减少沉降量	浅层软弱土层较薄的地基
	碎石桩法	采用沉管法或其他技术，在软土中设置砂或碎石桩柱体，置换后形成复合地基，可提高地基承载力，降低地基沉降。同时，砂、石柱体在软黏土中形成排水通道，加速固结	一般软土地基
	石灰桩法	在软弱土中成孔后，填入生石灰或其他混合料，形成竖向石灰桩柱体，通过生石灰的吸水膨胀、放热以及离子交换作用改善桩柱体周围土体的性质，形成石灰桩复合地基，以提高地基承载力，减少沉降量	人工填土、软土地基
	发泡聚苯乙烯（EPS）轻填法	发泡聚苯乙烯重度只有土的 1/50~1/100，并具有较高的强度和低压缩性，用于填土料，可有效减小作用于地基的荷载，且根据需要用于地基的浅层置换	软弱土地基上的填方工程
排水固结	加载预压法	在预压荷载作用下，通过一定时间，天然地基被压缩、固结，地基土的强度提高，压缩性降低。在达到设计要求后，卸去预压荷载，再建造上部结构，以保证地基稳定和变形满足要求。当天然土层的渗透性较低时，为了缩短渗透固结的时间，加速固结速率，可在地基中设置竖向排水通道，如砂井、排水板等。加载预压的荷载，一般有利用建筑物自身荷载、堆载或真空预压等	软土、粉土、杂填土、冲填土等
	超载预压法	基本原理同加载预压法，但预压荷载超过上部结构的荷载。一般在保证地基稳定的前提下，超载预压法的效果更好，特别是对降低地基次固结沉降十分有效	淤泥质黏性土和粉土

续上表

分类	方法	加固原理	适用范围
振密挤密	强夯法	采用重力100~400kN的夯锤,从高处自由落下,在强烈的冲击力和振动力作用下,地基土密实,可以提高承载力,减少沉降量	松散碎石土、砂土,低饱和度粉土和黏性土,湿陷性黄土、杂填土和素填土地基
	振冲密实法	振冲器的强力振动,使得饱和砂层发生液化,砂粒重新排列,孔隙率降低;同时,利用振冲器的水平振冲力,回填碎石料使得砂层挤密,达到提高地基承载力,降低沉降的目的	黏粒含量少于10%的松散砂土地基
	挤密碎(砂)石桩法	施工方法与排水中的碎(砂)石桩相同,但是,沉管过程中的排土和振动作用,将桩柱体之间土体挤密,并形成碎(砂)石桩柱体复合地基,达到提高地基承载力和减小地基沉降的目的	松散砂土、杂填土、非饱和黏性土地基、黄土地基
	土、灰土桩法	采用沉管等技术在地基中成孔,回填土或灰土形成竖向加固体,施工过程中排土和振动作用,挤密土体,并形成复合地基,提高地基承载力,减小沉降量	地下水位以上的湿陷性黄土、杂填土、素填土地基
加筋	加筋土法	在土体中加入起抗拉作用的筋材,如土工合成材料、金属材料等,通过筋土间作用,达到减小或抵抗土压力,调整基底接触应力的目的。可用于支挡结构或浅层地基处理	浅层软弱土地基处理、挡土墙结构
	锚固法	主要有土钉和土锚法,土钉加固作用依赖于土钉与其周围土间的相互作用;土锚则依赖于锚杆另一端的锚固作用,两者主要功能是减小或承受水平向作用力	边坡加固,土锚技术应用中,必须有可以锚固的土层、岩层或构筑物
	竖向加固体复合地基法	在地基中设置小直径刚性桩、低等级混凝土桩等竖向加固体,如水泥粉煤灰碎石桩(CFG)、二灰混凝土桩等,形成复合地基,提高地基承载力,减少沉降量	各类软弱土地基,尤其是较深厚的软土地基
化学固化	深层搅拌法	利用深层搅拌机械,将固化剂(一般的无机固化剂为水泥、石灰、粉煤灰等)在原位与软弱土搅拌成桩柱体,可以形成桩柱体复合地基、格栅状或连续墙支挡结构。作为复合地基,可以提高地基承载力和减少变形;作为支挡结构或防渗,可以用作基坑开挖时,重力式支挡结构,或深基坑的止水帷幕。水泥系深层搅拌法,一般有两大类方法,即喷浆搅拌法和喷粉搅拌法	饱和软黏土地基,对于有机质含量较高的泥炭质土或泥炭、含水率很高的淤泥和淤泥质土,适用性宜通过试验确定
	灌浆或注浆法	有渗入灌浆、劈裂灌浆、压密灌浆以及高压注浆等多种工法,浆液的种类较多	软弱土地基、岩石地基加固,建筑物纠偏等加固处理

表 6-3 中的各类地基处理方法,均有各自的特点和作用机理,在不同的土类中产生不同的加固效果,并也存在着局限性。地基的工程地质条件是千变万化的,工程对地基的要求也是不尽相同的,材料、施工机具和施工条件等亦存在显著差别,没有哪一种方法是万能的。因此,对于每一工程必须进行综合考虑,通过方案的比选,选择一种技术可靠、经济合理、施工可行的方案,既可以是单一的地基处理方法,也可以是多种方法的综合处理。

第二节 换土垫层法

在冲刷较小的软土地基上,地基的承载力和变形达不到基础设计要求,且当软土层不太厚(一般不超过 3m)时,可采用较经济、简便的换土垫层法进行浅层处理,即将软土部分或全部挖除,然后换填工程特性良好的材料,并予以分层压实,这种地基处理方法称为换土垫层法。换填的材料主要有砂、碎石、高炉干渣和粉煤灰等,应具有强度高、压缩性低、稳定性好和无侵蚀性等良好的工程特性。近年来,国外出现了一些新型高强度轻质材料(混凝土)垫层。换土垫层法的加固原理是根据土中附加应力分布规律,让垫层承受上部较大的应力,软弱层承担较小的应力,以满足设计对地基的要求。垫层的作用主要如下。

(1)提高持力层的承载力。

通过扩散作用使传到垫层下软弱层的应力减小。当采用高强度轻质材料(混凝土)垫层时,除提高持力层的承载力外,还减小了自重应力。

(2)减少沉降量。

一般地基浅层部分的沉降量在总沉降量中所占的比例是比较大的。以条形基础为例,在相当于基础宽度的深度范围内,沉降量占总沉降量的 50% 左右,如以密实砂或其他填筑材料代替上部软弱土层,就可以减少这部分的沉降量。由于砂垫层或其他垫层对应力的扩散作用,使作用在下卧层的压力较小,这样也会相应减少下卧层土的沉降量。

(3)加速较弱土层的排水固结。

不透水基础直接与软弱土层相接触时,在荷载作用下,软弱土地基中的水被迫绕基础两侧排出,因而使基底下的软弱土不易固结,形成较大的孔隙水压力,还可能导致由于地基强度降低而产生塑性破坏的危险,砂垫层和砂石垫层等垫层材料透水性大,软弱土层受压后,垫层可作为良好的排水面,使基础下面的孔隙水压力迅速消散,加速垫层下软弱土层的固结和提高其强度,避免地基土塑性破坏。

(4)防止冻胀。

因为粗颗粒的垫层材料孔隙大,不易产生毛细管现象,因此可以防止寒冷地区土中的冰造成的冻胀。这时,砂垫层的底面应满足当地冻结深度的要求。

(5)消除膨胀土的胀缩作用。

在各类工程中,垫层所起的主要作用有时也是不同的,对膨胀土地基而言则主要消除膨胀土的胀缩作用。

换土垫层法主要适用于淤泥、淤泥质土、湿陷性黄土、素填土、杂填土地基及暗沟、古井、古墓等处理深度不大的各类软弱土层。

一、砂砾垫层的设计计算

当软弱土层部分换填时,地基便由垫层及(软弱)下卧层组成,如图 6-1 所示,足够厚度的垫层置换可能被剪切破坏的软弱土层,以使垫层底部的软弱下卧层满足承载力和沉降的要求而达到加固地基的目的;同时,垫层又要有足够的宽度以防止垫层向两侧挤出。因此,换土垫层法设计的主要指标是垫层厚度和宽度,一般可将各种材料的垫层设计都近似地按砂砾垫层的计算方法进行设计。

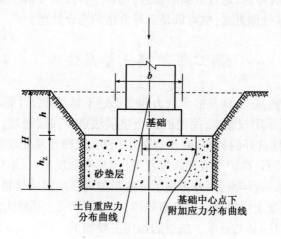

图 6-1 砂垫层及应力分布

(一)砂垫层厚度的确定

砂垫层厚度计算实质上是软弱下卧层顶面承载力的验算,计算方法有多种。一种方法是按弹性理论的土中应力分布公式计算。即将砂垫层及下卧土层视为一均质半无限弹性体,在基底附加应力作用下,计算不同深度的各点土中附加应力并加上土的自重应力,同时以第三章所介绍的"规范"方法计算地基土层随深度变化的容许承载力,并以此确定砂垫层的设计厚度。也可将加固后地基视为上层坚硬、下层软弱的双层地基,用弹性力学公式计算。

另一种是我国目前常用的近似按应力扩散角进行计算的方法。即认为砂垫层以"θ"角向下扩散基底附加压力,到砂垫层底面(下卧层顶面)处的土中附加压应力与土中自重应力之和不超过该处下卧层顶面地基深度修正后的容许承载力。根据《公路桥涵地基与基础设计规范》(JTG 3363—2019)4.5.3 规定,垫层厚度 z 应根据下卧土层的承载力确定,并符合下式要求,即:

$$p_{ok} + p_{gk} \leqslant \gamma_R f_a \tag{6-1}$$

条形基础
$$p_{ok} = \frac{b(p'_{ok} - p'_{gk})}{b + 2z\tan\theta} \tag{6-2}$$

矩形基础
$$p_{ok} = \frac{bl(p'_{ok} - p'_{gk})}{(b + 2z\tan\theta)(l + 2z\tan\theta)} \tag{6-3}$$

式中:p_{ok}——垫层底面处的附加压应力(kPa);

p_{gk}——垫层底面处的自重压应力(kPa);

f_a——垫层底面处的地基的承载力特征值(kPa);

b——矩形基础或条形基础底面的宽度(m);

l——矩形基础底面的长度(m);

p'_{ok}——基础底面压应力(kPa);

p'_{gk}——基础底面处的自重压应力(kPa);

z——基础底面下垫层的厚度(m);

θ——垫层的压力扩散角,可按照表6-4采用。

其中,条形基础为长宽比等于或大于10的矩形基础。

垫层压力扩散角 θ(°) 表6-4

z/b	垫层材料
	中砂、粗砂、砾砂、圆砾、角砾、卵石、碎石
≤0.25	20
≥0.5	30

注:当 $0.25 < z/b < 0.5$ 时,θ 值可内插确定。

设计时,一般采用试算法,即先根据上部结构、基础的荷载情况以及软弱下卧层的承载力情况初步取定垫层的厚度,然后根据式(6-1)~式(6-3)验算承载力是否满足要求,不满足时调整初选值再进行验算,直至符合式(6-1)为止。垫层的厚度通常不宜小于0.5m,且不宜大于3m。

(二)垫层的宽度

砂砾垫层顶面尺寸应为基底尺寸每边加宽不小于0.3m。

垫层底面的宽度应满足基底压力扩散的要求,可根据下式或根据当地经验确定:

$$b_1 = b + 2z\tan\theta \tag{6-4}$$

式中:b_1——垫层底面宽度(m)。

(三)垫层的承载力

垫层承载力特征值$[f_{cu}]$宜通过现场确定,当无试验资料时,可按照表6-5参考采用。

各种垫层承载力特征值$[f_{cu}]$ 表6-5

施工方法	垫层材料	压实系数 λ_c	承载力特征值(kPa)
碾压、振密或夯实	碎石、卵石	0.94~0.97	200~300
	砂夹石(其中碎石、卵石占总质量的30%~50%)		200~250
	土夹石(其中碎石、卵石占总质量的30%~50%)		150~200
	中砂、粗砂、砾砂		150~200

注:1. 压实系数 λ_c 为土的控制干密度 ρ_d 与最大干密度 $\rho_{d,max}$ 的比值。土的最大干密度宜采用击实试验确定;碎石最大干密度可取 $2.0 \sim 2.2 t/m^3$。
2. 当采用轻型击实试验时,压实系数 λ_c 宜采用高值;采用重型击实试验时,压实系数 λ_c 可取低值。

(四)沉降验算

砂砾垫层地基的沉降量可按下式计算:

$$s = s_{cu} + s_s \tag{6-5}$$

$$s_{cu} = p_m \frac{h_z}{E_{cu}} \tag{6-6}$$

式中:s——砂砾垫层地基沉降量(mm);

s_{cu}——垫层本身的压缩量(mm);

s_s——下卧层的沉降量(mm),可按照《公路桥涵地基与基础设计规范》(JTG 3363—2019)第4.3.4条~第4.3.7条规定计算;

p_m——垫层内的平均压应力(MPa),即基底平均压应力与砂砾垫层底平均压应力的平均值;

h_z——砂砾垫层厚度(mm);

E_{cu}——砂砾垫层的压缩模量(MPa),如无实测资料时,可采用12~24MPa。

(五)砂砾垫层工程实例

某挡土墙工程,为条形基础,宽1.2m,埋深为1.0m,作用于基础底表面上的荷载为120kN/m,基础及基础上土的平均重度为20kN/m³。场地土质条件为:第一层粉质黏土,层厚1.0m,重度为17.5kN/m³;第二层为淤泥质黏土,层厚15.0m,重度为17.8kN/m³,含水率为65%;第三层为密实砂砾土层。地下水距地表为1.0m。

经研究分析,确定采用砂砾垫层处理方案。

1. 确定砂砾垫层厚度

(1)先假设砂砾垫层厚度为1.0m,并要求分层碾压夯实,其干密度要求大于1.6t/m³。

(2)计算砂砾垫层厚度。

基础底面的平均压力值为:

$$p = \frac{120 + 1.2 \times 1 \times 20}{1.2} = 120(\text{kPa})$$

(3)砂砾垫层底面的附加应力p_{ok},按照公式(6-2)计算。

$$p_{ok} = \frac{b(p'_{ok} - p'_{gk})}{b + 2z\tan\theta} = \frac{1.2(120 - 17.5 \times 1)}{1.2 + 2 \times 1 \times \tan 30°} = 52.2 \text{ (kPa)}$$

(4)垫层底面处土的自重应力p_{gk}为:

$$p_{gk} = 17.5 + (17.8 - 10) = 25.3 \text{ (kPa)}$$

(5)抗力系数γ_R取1.0,其地基承载力特征值$[f_a]$ = 64kPa(计算略),则:

$$p_{gk} + p_{ok} = 25.3 + 52.2 = 77.5(\text{kPa}) > 64(\text{kPa})$$

以上说明设计的垫层厚度不够,再重新设计垫层厚度为1.7m,此时地基承载力特征值$[f_a]$=72.8kPa(计算略),同理可得:

$$p_{gk} + p_{ok} = 30.8 + 34.6 = 65.4(\text{kPa}) < 72.8(\text{kPa})$$

说明满足设计要求,故垫层厚度取1.7m。

2. 垫层宽度

按照公式(6-4),有:$b_1 = b + 2z\tan\theta = 1.2 + 2 \times 1.7 \times \tan 30° = 3.16(\text{m})$

取垫层宽度为3.2m。

二、垫层的施工与质量检验

以砂(砂石、碎石)垫层施工为例予以介绍。

(一)砂(砂石、碎石)料

用砂石料作垫层填料时,宜选用颗粒级配良好、质地坚硬的中砂、粗砂、砾砂、圆砾、卵石或碎石等,不得含有植物残体、垃圾等杂质,且含泥量不应超过5%。用粉细砂作填筑料时,应掺入25%~30%的碎石或卵石,且应分布均匀,最大粒径均不得大于50mm。当碾压(或夯、振)功能较大时,亦不宜大于80mm。用于排水固结地基垫层的砂石料,含泥量不宜超过3%。

(二)施工要点

(1)按照密实方法分类,可选择机械碾压法、重锤夯实法和平板振动法。

(2)砂石料宜采用振动碾或振动压实机等压密,其压实效果、分层铺填厚度、压实遍数、最佳含水率等应根据具体施工方法及施工机具通过现场试验确定。也可以根据施工方法的不同控制最佳含水率。

(3)对垫层底部有古井、古墓、洞穴、旧基础、暗塘等软硬不均的部位时,应先予以清理后,再用砂石逐层回填夯实,并经检验合格后,方可铺填上一层砂石料后再行施工。

(4)严禁扰动垫层下卧的软土,为防止践踏、受冻、浸泡或暴晒过久,坑底可保留200mm厚土层暂不挖去,待铺砂石料前再挖至设计高程,如有浮土必须清除,当坑底为饱和软土时,须在土面接触处铺一层细砂起反滤作用,其厚度不计入砂垫层设计厚度内。

(5)砂石垫层的底面宜铺设在同一高程上,如置换深度不同,基底土层面应挖成阶梯或斜坡搭接,并按先深后浅的顺序施工,搭接处应夯实。垫层竣工后,应及时进行基础施工和基坑回填。

(6)垫层的施工方法应控制分层铺填厚度,每层压实遍数等宜通过试验确定。

(7)人工级配的砂石应拌和均匀。用细砂作填料时,应注意地下水的影响,且不宜使用平振法、插振法和水振法。

(8)当地下水位高于基坑底面时,宜采用排水或降水措施,注意边坡稳定,以防止坍土混入砂石垫层中。

(三)质量检验

砂(砂石、碎石)垫层的质量检验应随施工分层进行。压实度检验,一般可用环刀法、灌砂(或)水法、湿度密度仪法或核子密度仪法等来测定干密度和含水率,具体选用哪种方法可根据工地的实际情况确定。

砂(砂石、碎石)垫层填筑工程竣工质量验收可用:静荷载试验法、标准贯入试验法、轻便触探法、动测法等中的几种或一种方法进行检测。

第三节 排水固结法

排水固结法是基于土的固结原理而发展起来的一种软土地基处理方法。饱和软黏土地基在荷载作用下,孔隙水压力升高,随着孔隙水压力消散孔隙中的水慢慢排出,孔隙体积慢慢地减小,地基发生固结变形。同时,随着超静孔隙水压力逐渐消散,有效应力逐渐提高,地基土的强度逐渐增长。

现以图 6-2 为例,可说明排水固结法使地基土密实、强化的原理。在图 6-2a)中,当土样的天然有效固结压力为 σ_0' 时,孔隙比为 e_0。在 e-σ_c' 曲线上相应为 a 点,当压力增加 $\Delta\sigma'$,固结终了时孔隙比减少 Δe。相应点为 c 点,曲线 abc 为压缩曲线,与此同时,抗剪强度与固结压力成比例地由 a 点提高到 c 点,说明土体在受压固结时,与孔隙比减小产生压缩的同时,抗剪强度也得到提高。如从 c 点卸除压力 $\Delta\sigma'$,则土样发生回弹,图 6-2a)中 cef 为卸荷回弹曲线,如从 f 点再加压 $\Delta\sigma'$,土样再压缩将沿虚线到 c',其相应的强度包线如图 6-2b)所示。从再压缩曲线 fgc' 可看出,固结压力同样增加 $\Delta\sigma'$ 而孔隙比减小值为 $\Delta e'$,$\Delta e'$ 比 Δe 小得多。这说明如在建筑场地上先加一个和上部结构相同的压力进行加载预压使土层固结,然后卸除荷载,再施工建筑物,可以使地基沉降减少,如进行超载预压(预压荷载大于建筑物荷载)效果将更好,但预压荷载不应大于地基土的承载力特征值。

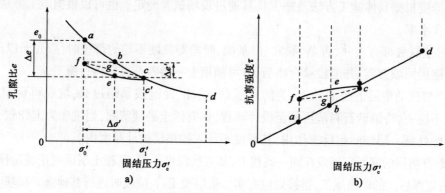

图 6-2 室内压缩试验说明排水固结法原理
a)e-σ_c' 曲线;b)τ-σ_c' 曲线

排水固结法加固软土地基是一种比较成熟、应用广泛的方法,它主要解决沉降和稳定问题,其分类见表 6-6。

排水固结法分类 表 6-6

按系统划分	排水固结法	水平排水体	砂垫层	改变地基原有的排水边界条件,增加孔隙水排出的途径,缩短排水距离
		竖向排水体	砂井、袋装砂井、塑料排水板	
	加压固结法	使地基土的固结压力增加,加速孔隙水的排出,从而加速软土的固结		
按加载方法划分	加载预压法	荷载应分级逐渐施加,确保每级荷载下地基的稳定		预压法处理地基必须在地表铺设与排水竖井相连的砂垫层,砂垫层厚度应超过预计的沉降量,并不小于 500mm;砂垫层砂料宜用中粗砂,其黏粒含量不宜大于 3%,砂料中可混有少量粒径小于 50mm 的砾石。砂垫层的干密度应大于 1.5g/cm³,其渗透系数宜大于 10^{-2}cm/s。在预压区边缘应设置排水沟,在预压区内宜设置与砂垫层相连的排水盲沟
	真空预压法	可一次连续抽真空至最大压力		
	降水预压法	利用井点抽水降低地下水位以增加土的自重,以实现加载目的。对于深厚的软黏土层,为加速其固结,往往设置砂井并采用井点法降低地下水位。当应用真空装置降水时,地下水位能降 5~6m。需要更深的降水时,则需要用高扬程的井点法		
	电渗预压法	在土中插入金属电极并通以直流电形成电场,从而促使土中的水分排出		
	联合预压法	集中加载方式联合,如真空堆载预压法		

一、砂井堆载预压法

饱和软黏土渗透系数很小,为了缩短加载预压后排水固结的历时,对较厚的软土层,常在地基中设置排水通道,使土中孔隙较快排出水。可在软黏土中设置一系列的竖向排水通道(砂井、袋装砂井或塑料排水板),在软土顶层设置横向排水砂垫层如图6-3所示,借此缩短排水路程,增加排水通道,改善地基渗透性能。该种方法适用于处理淤泥质土、淤泥和冲填土等饱和黏土地基。

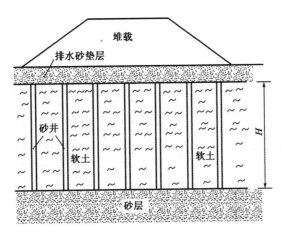

图6-3 砂井堆载预压

(一)砂井堆载预压法设计

砂井地基的设计主要包括选择适当的砂井直径、间距、深度、排列方式、布置范围以及形成砂井排水系统所需的材料、砂垫层厚度等,以使地基在堆载预压过程中,在预期的时间内,达到所需要的固结度(通常定为80%)。

1. 砂井的直径和间距

砂井的直径和间距主要取决于土的固结特性和施工期的要求。从原则上讲,为达到相同的固结度,缩短砂井间距比增加砂井直径效果要好,即以"细而密"为佳。考虑到施工的可操作性,普通砂井直径可采用300~500mm。砂井的间距可根据地基土的固结特征和预定时间内所要求达到的固定度确定,间距可按直径的6~8倍选用。

2. 砂井深度

砂井深度主要根据土层的分布、地基中的附加应力大小、施工期限和条件及地基稳定性等因素确定。当软土不厚(一般为10~20m)时,尽量要穿过软土层达到砂层;当软土过厚(超过20m)时,不必打穿黏土,可根据建筑物对地基的稳定性和变形的要求确定。对以地基抗滑稳定性控制的工程,竖井深度应超过最危险滑动面2.0m以上。

3. 砂井排列

砂井的平面布置可采取正方形或等边三角形(图6-4),在大面积荷载作用下,认为每个砂井均起独立排水作用。为了简化计算,将每个砂井平面上的排水影响面积以等面积的圆来代替,可得一根砂井的有效排水圆柱体的直径d_e和砂井间距l的关系,即:

等边三角形布置 $$l = \frac{d_e}{1.05} \quad (6\text{-}7)$$

正方形布置 $$l = \frac{d_e}{1.13} \quad (6\text{-}8)$$

$$d_e = n d_w$$

对普通砂井,$n = 6 \sim 8$。

式中:d_e——一根砂井的有效排水圆柱体直径;

d_w——砂井直径;

n——井径比。

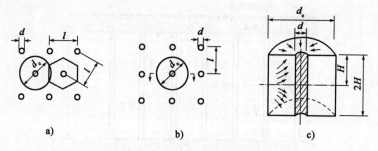

图 6-4 砂井的平面布置及固结渗透途径

4. 砂井的布置范围

由于在基础以外一定的范围内仍然存在压应力和剪应力,所以砂井的布置范围应比基础范围大为好,一般由基础的轮廓线向外增加 2~4m。

5. 砂料

砂料宜用中、粗砂,必须保证良好的透水性,含泥量不应超过 3%,渗透系数应大于 10^{-3} cm/s。

6. 砂砾垫层

为了使砂井有良好的排水通道,砂井顶部应铺设排水砂砾垫层,其厚度宜大于 400mm。砂砾垫层砂料宜使用中粗砂,含泥量应小于 5%,砂料中可混有少量粒径小于 50mm 的石粒。砂砾垫层的干密度应大于 1.5t/m³。在预压区内宜设置与砂砾垫层相连的排水盲沟,并把地基中排出的水引出预压区。

(二)砂井地基固结度的计算

砂井固结理论采取了下列的假设条件:

(1)地基土是饱和的,固结过程是土中孔隙水排出的过程;

(2)地基表面承受连续均匀的一次施加荷载;

(3)地基土在该荷载作用下仅有竖向的压密变形,整个固结过程地基土渗透系数不变;

(4)加荷开始时,所有竖向荷载全部由孔隙水承受。

采用砂井的地基固结度计算属于三维问题。在轴对称条件下的单元井固结课题,如图6-8所示。可采用 Redulic-Terzaghi 固结理论,其表达式为:

$$\frac{\partial u}{\partial t} = C_{\mathrm{V}} \frac{\partial^2 u}{\partial z^2} + C_{\mathrm{r}} \left(\frac{\partial^2 u}{\partial r^2} + \frac{1}{r} \frac{\partial u}{\partial r} \right) \tag{6-9}$$

式中：C_{V}、C_{r}——地基的竖向和水平向固结系数($\mathrm{m/s^2}$)；

r、z——距离砂井中轴线的水平距离和深度(m)。

为了求解方便，采用了分离变量原理，设 $u = u_z u_r$，则式(6-9)可分解成：

$$\frac{\partial u_z}{\partial t} = C_{\mathrm{V}} \frac{\partial^2 u}{\partial z^2} \tag{6-10a}$$

$$\frac{\partial u_r}{\partial t} = C_{\mathrm{r}} \left(\frac{\partial^2 u}{\partial r^2} + \frac{1}{r} \frac{\partial u}{\partial r} \right) \tag{6-10b}$$

式(6-10a)的求解，可以采用Terzaghi解答，其固结度的计算公式为：

$$U_z = 1 - 8 \sum_{i=0}^{\infty} \frac{\exp[-A_i^2 C_{\mathrm{v}} t / (2L)^2]}{A_i^2} \tag{6-11}$$

其中：

$$A_i = \pi(2i+1)$$

式(6-10b)已由Barron(1948)根据等应变条件解出，其水平向固结度的计算公式为：

$$U_{\mathrm{r}} = 1 - \exp\left(-\frac{8T_{\mathrm{r}}}{F_{\mathrm{n}}}\right) \tag{6-12}$$

其中：

$$T_{\mathrm{r}} = \frac{C_{\mathrm{r}} t}{d_e^2}$$

$$F_{\mathrm{n}} = \frac{n^2}{n^2 - 1} \ln n - \frac{3n^2 - 1}{4n^2}$$

式中：T_{r}——水平向固结的时间因素，无量纲；

t——固结时间(s)；

n——井径比，$n = d_e / d_w$，无量纲。

其中：d_e、d_w——分别为砂井的有效排水直径(m)和砂井的直径(m)。

根据前述的分离变量原理 $u = u_z u_r$，则整个土层的平均超静孔隙水压力：

$$\bar{u} = \bar{u}_z \bar{u}_r$$

同理，对起始孔隙水压力值的平均值仍然有：

$$\bar{u}_0 = \bar{u}_{0z} \bar{u}_{0r}$$

上述两式相除后，可得到：

$$\frac{\bar{u}}{\bar{u}_0} = \frac{\bar{u}_r}{\bar{u}_{0r}} \frac{\bar{u}_z}{\bar{u}_{0z}}$$

再根据固结度的概念，土层的平均固结度：

$$U_t = 1 - \frac{\bar{u}}{\bar{u}_0} \text{ 或 } \frac{\bar{u}}{\bar{u}_0} = 1 - U_t \tag{6-13}$$

同理，可得竖向和径向平均固结度：

$$U_r = 1 - \frac{\bar{u}_r}{\bar{u}_{0r}} \text{ 或 } \frac{\bar{u}_r}{\bar{u}_{0r}} = 1 - U_r \tag{6-14a}$$

$$U_z = 1 - \frac{\bar{u}_z}{u_{0z}} \text{ 或 } \frac{\bar{u}_z}{u_{0z}} = 1 - U_z \tag{6-14b}$$

从式(6-13)或式(6-14)可得：

$$1 - U_t = (1 - U_r)(1 - U_z) \text{ 或 } U_t = 1 - (1 - U_r)(1 - U_z) \tag{6-15}$$

上述推导得到的式(6-15)，即 Carrillo(1942)原理。根据这一原理，以及上述 Terzaghi 和 Barron 的解答，则可计算出砂井地基的平均固结度。

为了实际应用方便，将式(6-15)中 U_r 与 T_r、n 的函数关系制成表6-7，以供查用。

径向平均固结度 U_r 与时间因素 T_r 及井径比 n 的关系   表6-7

U_r	n								
	0.1	0.2	0.3	0.4	0.5	0.6	0.7	0.8	0.9
4	0.0098	0.0208	0.0331	0.0475	0.0642	0.0852	0.1118	0.1500	0.2140
5	0.0122	0.0260	0.0413	0.0590	0.0800	0.1065	0.1390	0.1870	0.2680
6	0.0144	0.0306	0.0490	0.0700	0.0946	0.1254	0.1648	0.2210	0.3160
7	0.0163	0.0356	0.0552	0.0790	0.1070	0.1417	0.1860	0.2490	0.3560
8	0.0180	0.0383	0.0610	0.0875	0.1182	0.1570	0.2060	0.2760	0.3950
9	0.0196	0.0416	0.0664	0.0950	0.1287	0.1705	0.2230	0.3000	0.4380
10	0.0206	0.0440	0.0700	0.1000	0.1367	0.1800	0.2360	0.3160	0.4530
11	0.0220	0.0467	0.0746	0.1070	0.1446	0.1920	0.2520	0.3380	0.4820
12	0.0230	0.0490	0.0780	0.1120	0.1518	0.2008	0.2630	0.3530	0.5050
13	0.0239	0.0507	0.0810	0.1160	0.1570	0.2080	0.2730	0.3660	0.5240
14	0.0250	0.0531	0.0848	0.1215	0.1663	0.2186	0.2860	0.3830	0.5480

[**例题6-1**] 有一饱和软黏性土层，厚8m，其下为砂层，打穿软黏土到达砂层的砂井直径为0.3m，平面布置为梅花形，间距 $l = 2.4$m；软黏土在150kPa均布压力下的竖向固结系数 $C_v = 0.15 \text{mm}^2/\text{s}$，水平向固结系数 $C_r = 0.29 \text{mm}^2/\text{s}$，求一个月时的固结度。

解：竖向排水固结度 U_v 的计算：

地基上设置砂垫层，该情况为两面排水 $H = 8/2 = 4(\text{m})$

$$T_V = \frac{C_V}{H^2}t = \frac{0.15 \times 30 \times 86400}{(4000)^2} = 0.024$$

$$U_z = 1 - \frac{8}{\pi^2}\exp\left(-\frac{\pi^2}{4}T_v\right) = 1 - \frac{8}{3.14^2}\exp\left(-\frac{3.14^2}{4} \times 0.024\right) = 0.235$$

径向排水固结度 U_r 的计算：

$$d_e = 2400 \times 1.050 = 2520(\text{mm}) \qquad n = \frac{2520}{300} = 8.4$$

$$T_r = \frac{C_r}{d_e^2}t = \frac{0.29 \times 30 \times 86400}{(2520)^2} = 0.1184$$

$$F_n = \frac{8.4^2}{8.4^2 - 1}\ln(8.4) - \frac{3 \times 8.4^2 - 1}{4 \times 8.4^2} = 1.014 \times 2.13 - 0.746 = 1.414$$

$$U_r = 1 - \exp\left(-\frac{8}{F_n}T_n\right) = 1 - \exp\left(-\frac{8}{1.414} \times 0.1184\right) = 1 - 0.51 = 49\%$$

砂井地基总平均固结度 $U_t = 1 - (1 - 0.235)(1 - 0.49) = 1 - 0.39 = 61\%$

不打砂井,依靠上下砂层固结排水,一个月地基固结度仅23.5%,设砂井后为61%。

以上介绍的径向排水固结理论,是假定初始孔隙水压力在砂井深度范围内为均匀分布的,即只有荷载分布面积的宽度大于砂井长度时方能满足,并认为预压荷载是一次施加的,如荷载分级施加,也应对以上固结理论予以修正,详见有关砂井设计规范和专著,此处不再赘述。

对于未打穿软黏土层的固结度计算,因边界条件不同(需考虑砂井以下软黏土层的固结度),不能简单套用式(6-15),可以按下式近似计算其平均固结度:

$$U = \eta U_t + (1 - \eta)U_z' \tag{6-16}$$

式中:U——整个受压土层平均固结度;

η——砂井深度L与整个饱和软黏性土层厚度H的比值,$\eta = L/H$;

U_t——砂井深度范围内土的固结度,按式(6-15)计算:

U_z'——砂井以下土层的固结度,按单向固结理论计算,近似将砂井底面作为排水面。

砂井的施工工艺与砂桩大体相近,具体参照砂桩的施工工艺。

二、袋装砂井和塑料排水板预压法

用砂井法处理软土地基,如地基土变形较大或施工质量稍差,常会出现砂井被挤压截断,不能保持砂井在软土中排水通道的畅通,影响加固效果。近年来在普通砂井的基础上,出现了以袋装砂井和塑料排水板代替普通砂井的方法,避免了砂井不连续的缺点,而且施工简便、加快了地基的固结,节约用砂,在工程中得到日益广泛的应用。

(一) 袋装砂井预压法

目前国内应用的袋装砂井直径一般为70~120mm,间距为1.0~2.0m(井径比n取15~20)。砂袋可采用聚丙烯或聚乙烯等长链聚合物编织制成,应具有足够的抗拉强度,一般宜大于40kN/m,耐腐蚀、对人体无害等特点。装砂后砂袋的渗透系数不应小于砂的渗透系数。灌入砂袋的砂应为洁净的中粗砂,不均匀系数小于4,直径大于0.5mm砂的含量宜占总质量的50%以上,含泥量小于3%,渗透系数大于5×10^{-3}cm/s。砂袋中应灌满砂,灌实率不得小于95%。砂袋留出孔口长度应保证伸入砂垫层至少300mm,砂袋不得卧倒。

袋装砂井的设计理论、计算方法基本与普通砂井相同,它的施工已有相应的定型埋设机械,与普通砂井相比,优点是:施工工艺和机具简单、用砂量少;它间距较小,排水固结效率高,井径小,成孔时对软土扰动也小,有利于地基土的稳定,有利于保持其连续性。

(二) 塑料排水板预压法

塑料排水板预压法是将塑料排水板用插板机插入加固的软土中,然后在地面加载预压,使土中水沿塑料板的通道逸出,经砂垫层排除,从而使地基加速固结。

塑料板排水与砂井比较具有如下优点:

(1)塑料板由工厂生产,材料质地均匀可靠,排水效果稳定。

(2)塑料板重量轻,便于施工操作。

(3)施工机械轻便,能在超软弱地基上施工;施工速度快,工程费用便宜。

塑料排水板所用材料、制造方法不同,结构也不同,基本上分两类。一类是用单一材料制成的多孔管道的板带,表面刺有许多微孔(图6-5);另一类是两种材料组合而成,板芯为各种规律变形断面的芯板或乱丝、花式丝的芯板,外面包裹一层无纺土工织物滤套(图6-6)。

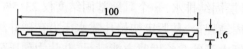

图 6-5　多孔单一结构型塑料排水板(尺寸单位:mm)

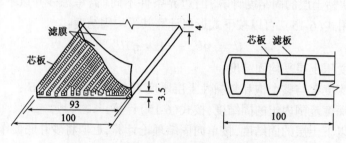

图 6-6　复合结构塑料排水板(尺寸单位:mm)

塑料排水板可采用砂井加固地基的固结理论和设计计算方法。计算时应将塑料板换算成相当直径的砂井,根据两种排水体与周围土接触面积相等原理进行换算,当量换算直径 d_p 为:

$$d_p = \frac{2(b+\delta)}{\pi} \tag{6-17}$$

式中:b——塑料板宽度(mm);

δ——塑料板厚度(mm)。

目前应用的塑料排水板产品成卷包装,每卷长约数百米,用专门的插板机插入软土地基。先在空心套管装入塑料排水板,并将其一端与预制的专用钢靴连接,插入地基下预定高程处,拔出空心套管。由于土对钢靴的阻力,塑料板留在软土中,在地面将塑料板切断,即可移动插板机进行下一个循环作业。

三、天然地基堆载预压法

当软土层厚度不大或软土层含较多薄粉砂夹层,且固结速率能满足工期要求时,可不设置排水竖井。天然地基堆载预压法是在建筑物施工前,用与设计荷载相等(或略大)的预压荷载(如砂、土、石等重物)堆压在天然地基上,使地基软土得到压缩固结以提高其强度(也可以利用建筑物本身的重量分级缓慢施工),减少工后的沉降量,待地基承载力、变形达到设计预期要求后,将预压荷载撤除,在经预压的地基上修建建筑物。此方法费用较少,但工期较长。如软土层不太厚,或软土中夹有多层细、粉砂夹层渗透性能较好,不需很长时间就可获得较好预压效果时可考虑采用,否则排水固结时间很长,应用就受到限制。此法设计计算可用一维固结理论。

在施工中通常要检测加载过程中堆体的竖向变形、边桩的水平位移、沉降速率和孔隙水压力发展的情况。根据观测结果,严格控制加载速率,使竖向变形每天一般不超过 10mm(对天然地基)和 15mm(对砂井地基),边桩水平位移每天不超过 5mm,孔隙水压力保持在堆土荷载的 50%以内,并且随着荷载的增加,为了安全起见,加载速率应逐渐减小。

四、真空预压法和降水位预压法

真空预压法实质上是以大气压作为预压荷重的一种预压固结法(图 6-7)。在需要加固的软土地基表面铺设砂垫层,然后埋设垂直排水通道(普通砂井、袋装砂井或塑料排水板),再用不透气的封闭薄膜覆盖软土地基,使其与大气隔绝,薄膜四周埋入土中,通过砂垫层内埋设的吸水管道,用真空泵进行抽气,使其形成真空。当真空泵抽气时,先后在地表砂垫层及竖向排水通道内逐渐形成负压,使土体内部与排水通道、垫层之间形成压力差,在此压力差作用下,土体中的孔隙水不断排水,从而使土体固结。

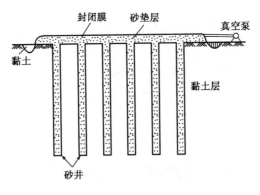

图 6-7　真空预压工艺

降低水位预压法是借井点抽水降低地下水位,以增加土的自重应力,达到预压目的。其降低地下水位原理、方法和需要设备基本与井点法基坑排水相同。地下水位降低使地基中的软弱土层承受了相当于水位下降高度水柱的重量而固结,增加了土中的有效应力。这一方法最适用于渗透性较好的砂土或粉土或在软黏土层中存在砂土层的情况,使用前应摸清土层分布及地下水位情况等。

采用各种排水固结方法加固后的地基,均应进行质量检验。检验方法可采用十字板剪切试验、旁压试验、荷载试验或常规土工试验,以测定其加固效果。

第四节　挤(振)密法

在不发生冲刷或冲刷深度不大的松散土地基(包括松散中、细、粉砂土,粉土,松散细粒炉渣,杂填土以及 $I_L<1$、孔隙比接近或大于1的含砂量较多的松软黏性土),如其厚度较大,用砂垫层处理施工困难时,可考虑采用砂桩深层挤密法,以提高地基承载力、减少沉降量和增强抗液化能力。对于厚度大的饱和软黏土地基,由于土的渗透性小,此法加固不易将土挤密实,还会破坏土的结构强度,主要起到置换作用,加固效果不大,宜考虑采用其他加固方法如砂井预压、高压喷射、深层搅拌法等。下面介绍常用的挤密砂桩法、夯(压)实法和振动法三类。

一、挤密砂桩法

挤密砂(或砂石)桩法是用振动、冲击或打入套管等方法在地基中成孔,再将砂石挤压入已成的孔中,形成大直径的密实桩体。该方法适用于挤密松散砂土、素填土和杂填土地基。对饱和黏土地基,如不以沉降控制,也可采用砂桩处理。

成桩方法不同,地基土类别不同,砂桩加固地基的原理也不同。对松散的砂土层,砂桩的加固机理有挤密作用、振密作用、排水减压和预振作用;对松软黏性土地基,主要通过桩体的置换和排水作用加速桩间土的排水固结,并形成复合地基,提高地基的承载力和稳定性,改善地基土的力学性质。对于砂土与黏性土互层的地基及冲填土,砂桩也能起到一定的挤实加固作用。

(一)挤密砂桩的设计

1. 砂土加固范围的确定

砂桩加固的范围 $A(\text{m}^2)$ 必需稍大于基础的面积(图6-8),一般应自基础向外加大不少于 0.5m 或 $0.1b$(b 为基础短边的宽度,以 m 计)。一般认为砂(石)桩挤密地基的宽度应超出基础宽度,每边宽度不少于 1~3 排;用于防止砂土液化时,每边放宽不宜少于处理深度的 $1/2$,且不小于 5m;当可液化层上覆盖有厚度大于 3m 的非液化土层时,每边放宽不应小于液化层厚度的 $1/2$,并不应小于 3m 。

2. 砂桩的直径

砂桩的直径可采用 $0.3~0.8\text{m}$,需根据地基土质和成桩设备确定。对饱和黏性土地基,宜选用较大的直径。

3. 砂桩的布置及其间距

为了使挤密作用比较均匀,砂桩的可按正方形或等边三角形布置(图6-9),也可以为其他形式,如放射形、梅花形等。

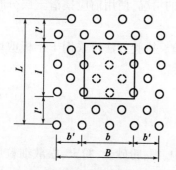

图6-8 砂桩加固的平面布置

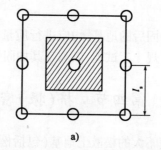 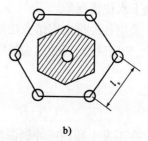

图6-9 砂桩的布置及中距
a)正方形;b)等边三角形

砂桩的中距可按下式计算。

(1)松散砂土地基。

可根据挤密后要达到孔隙比 e_1 来确定。

等边三角形布置
$$l_s = 0.95d\sqrt{\frac{1+e_0}{e_0-e_1}} \tag{6-18}$$

正方形布置
$$l_s = 0.90d\sqrt{\frac{1+e_0}{e_0-e_1}} \tag{6-19}$$

$$e_1 = e_{\max} - D_{r1}(e_{\max} - e_{\min})$$

式中:l_s——砂桩中距;
d——砂桩直径;

e_0——地基处理前砂土的孔隙比,可按原状土样试验确定,也可根据动力或静力触探等对比试验确定;

e_1——地基挤密后要求达到的孔隙比;

e_{max}、e_{min}——分别为砂土的最大、最小孔隙比;

D_{r1}——地基挤密后要求达到的相对密度,可取 0.70~0.85。

(2)黏性土地基。

等边三角形布置 $$l_s = 1.08\sqrt{A_e} \quad (6\text{-}20)$$

正方形布置 $$l_s = \sqrt{A_e} \quad (6\text{-}21)$$

一根砂桩承担的处理面积 A_e $$A_e = \frac{A_p}{m} \quad (6\text{-}22)$$

$$m = \frac{d^2}{d_e^2}$$

式中:A_p——砂桩截面面积;

m——面积置换率;

d_e——等效影响直径,砂桩等边三角形布置,$d_e = 1.05\, l_s$,砂桩正方形布置,$d_e = 1.13\, l_s$。

在工程实践中,除了理论计算外,常常通过现场试验确定砂桩的间距及加固的效果。

4. 砂桩长度

砂桩的桩长可根据工程要求和工程地质条件通过计算确定,不宜小于4m。如软弱土层不很厚,砂桩一般应穿透软土层;如软弱土层很厚,对按稳定性控制的工程,砂石桩桩长不应小于最危险滑动面以下 2m 的深度;对按变形控制的工程,砂桩桩长应满足处理后地基变形量不超过建筑物的地基变形允许值,并满足软弱下卧层承载力的要求;对可液化的地基,砂石桩桩长应按现行相关国家标准中的有关规定采用。

5. 砂桩的填料和灌砂量

砂桩内填料宜用砾砂、粗砂、中砂、圆砾、角砾、卵石、碎石等,填料中含泥量不应大于5%,并不宜含有粒径大于 50mm 的粒料。

砂桩桩孔内的填料量应通过现场试验确定,估算时可按设计桩孔体积乘以充盈系数 β 确定,β 可取 1.2~1.4。如施工中地面有下沉或隆起现象,则填料数量应根据现场具体情况予以增减。

6. 垫层

砂桩施工完成后,基础底部应铺设 30~50cm 厚度的碎(砂)石垫层,垫层应分层铺设,用平板振动器振实。在不能保证施工机械正常行驶和操作的软弱土层上,应铺设施工用临时性垫层。

7. 强度验算

砂桩加固软弱土的地基属于复合地基,复合地基理论的最基本假定为桩与土的协调变形,设计中一般不考虑桩的负摩阻力及群桩效应问题。计算中设有砂桩的复合地基的路堤整体抗剪稳定安全系数时,复合地基内滑动面上的抗剪强度采用复合地基抗剪强度 τ_{ps},该强度可按下式计算:

$$\tau_{ps} = \eta\tau_p + (1-\eta)\tau_s \quad (6\text{-}23)$$

$$\tau_p = \sigma\cos\alpha\tan\varphi_c \tag{6-24}$$

$$\eta = 0.907\left(\frac{D}{B}\right)^2 \tag{6-25}$$

$$\eta = 0.785\left(\frac{D}{B}\right)^2 \tag{6-26}$$

式中：σ——滑动面处桩体的竖向应力；

φ_c——桩的内摩擦角，桩料为碎石时可取38°，桩料为砂砾时可取35°；

η——桩对土的置换率，桩在平面上按等边三角形布置时，按式(6-25)计算确定，桩在平面上按正方形布置时，按式(6-26)计算确定；

τ_p——桩的抗剪强度(kPa)；

α——滑动面倾角(°)；

D、B——分别为桩的直径和桩间距。

8. 沉降计算

在砂桩桩长深度内地基的沉降 s_z 按下式计算：

$$s_z = \mu_s s \tag{6-27}$$

$$\mu_s = \frac{1}{1 + m(n-1)} \tag{6-28}$$

式中：μ_s——桩间土折减系数；

n——桩土应力比，宜经试验工程确定，无资料时，n 可取 2~5，当桩底土质好、桩间土质差时取高值，否则取低值；

m——面积置换率；

s——砂桩桩长深度内原地基的沉降。

(二) 砂桩施工

砂桩施工可采用振动沉管、锤击沉管或冲击成孔等成桩法。振动式是靠振动机的垂直上下振动作用，把带桩靴或底盖的钢套管打入土中成孔，填入砂料振动密实成桩(一面振动一面拔出套管)。当用于消除粉细砂及粉土液化时，宜采用此种方法。锤击式是将钢套管打入土中，其他工艺与振动式基本相同，但灌砂成桩和扩大是用内管向下冲击而成。

(三) 质量检验

施工完成后应间隔一定时间方可进行质量检验。对饱和黏性土地基应待孔隙水压力消散后进行，间隔时间不宜少于4周；对粉土、砂土和杂填土地基，不宜少于1周。

筑成的砂桩必须保证质量要求：砂桩必须上下连续，确保设计长度；每单位长度砂桩投砂量应保证；砂桩位置的允许偏差不大于一个砂桩直径，垂直度允许偏差不大于1.5%；加固后地基承载力可用静载试验确定，对桩体可采用动力触探试验检测，对桩间土的挤密质量可采用标准贯入法、动力触探法、静力触探法等进行检测。

除用砂作为挤密填料外，还可用碎石、石灰、二灰(石灰、粉煤灰)、素土等填实桩孔。石灰、二灰还有吸水膨胀及化学反应而挤密软弱土层的作用。这类桩的加固原理与设计方法与砂桩挤密法相同。

(四) 工程实例

1. 工程概况

连徐高速公路徐州段沿线广泛分布废黄河泛滥沉积物,据勘察资料,在深度12m范围内地层可分为5层,自上而下为:

(1) 第1层亚砂土夹粉土,黄褐色,层厚4.0m。

(2) 第2层亚砂土夹粉土,灰色,层厚2.0m。

(3) 第3层亚砂土夹粉细砂,灰色,层厚3.0m。

(4) 第4层粉质亚黏土,灰绿色,层厚1m。

(5) 第5层亚黏土含风化岩屑,黄绿色,层厚2.0m。

以上资料可知,该地区以亚砂土、亚黏土、细砂为主,埋深浅,地下水位高,天然地基承载力低。而徐州地区地震烈度为7度,这类土在地震作用下会产生液化现象,根据《公路工程抗震规范》(JTG B02—2013),必须对地基加固处理,达到消除液化和提高承载力的目的。

通过研究,设计采用沉管干振碎石桩法处理桥头地段,在正式施工前,进行试桩及其效果检验。

2. 试桩设计参数

试桩设计参数见表6-8。

干振碎石桩的有关设计施工参数　　　　　表6-8

项目	有关设计参数	
桩型	干振碎石桩	
布置形式	正三角形	正三角形
桩距(m)	1.4	1.6
桩长(m)	10	10
桩径(mm)	500	500
桩数(根)	88	89
碎石粒径(cm)	1~3	1~3
容许承载力(kPa)	150	150

3. 沉管干振碎石桩施工

沉管干振碎石桩是利用振动荷载预沉导管,通过桩管灌入碎石,在振、挤、压作用下形成较大的密实的碎石桩。由于它克服了振冲法耗水量大和泥浆排放污染等缺点,因此得到了较多的应用。

试桩施工采用平底活页式走管振动打桩机,振动锤为DZ-40型,激振力280kN,振动频率950次/min,锤重36kN,桩管直径377mm,碎石采用1~2~3cm自然级配,每根桩的碎石灌入量按充盈系数1.1考虑,施工顺序采用跳打形式并由外缘向中心进行。

4. 加固效果检验与分析

1) 土层物理力学性质的变化

成桩 28d 后桩间土的物理力学性质试验结果见表 6-9,通过试桩前后土工指标对比,表明加固前后桩间土的物理力学性质得到了明显改善,土的孔隙比明显减小,重度略有增加,抗剪强度明显增加。

室内土工试验　　　　表 6-9

取土深度(m)	试区	$\rho(g/cm^3)$	e	$c(kPa)$	$\varphi(°)$
1.5~1.8	试前	1.95	0.737	21	25
	试后	1.99	0.639	20	35
2.0~2.5	试前	1.96	0.719	20	33
	试后	1.97	0.671	11	46
2.8~3.1	试前	1.94	0.656	24	31
	试后	1.98	0.609	15	39
5.0~5.3	试前	1.92	0.684	11	28
	试后	1.94	0.632	17	31
6.5~6.8	试前	1.95	0.680	10	29
	试后	1.99	0.612	13	40
8.0~8.3	试前	1.94	0.671	12.5	30
	试后	2.08	0.536	12	37

2) 标贯试验

标贯测试结果见表 6-10。从表中可以看出,处理后地基的标贯击数大幅提高,均消除了液化。在地面下 4~7m 范围内加固效果最好。

标贯试验测试结果　　　　表 6-10

深度(m)	1.4m 桩距区			1.6m 桩距区		
	成桩前	成桩后	提高率(%)	成桩前	成桩后	提高率(%)
2.0~2.3	4	13	225	4	12	200
4.0~4.3	8	35	337	5	17	240
5.0~5.3	12	28	133	6	30	400
8.0~8.3	10	20	20	8	11	37.5

3) 静力触探试验结果

静力触探试验结果见图 6-10。碎石桩处理后,桩间土静力触探比贯入阻力 P_s 显著提高,超过了液化临界比贯入阻力 p_{cr},消除了液化。

4) 瑞利波法测试

在碎石桩处理地基试验区,成桩前后进行了瑞利波法测试,成果见表 6-11,可见成桩后地基土剪切波速明显提高,一般大于 200m/s。在地表下 4~7m 处剪切波增幅最大,说明该范围内加固效果最好。成桩后随龄期增长,复合地基剪切波速有一定增长,但幅度不大。

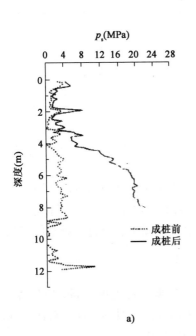
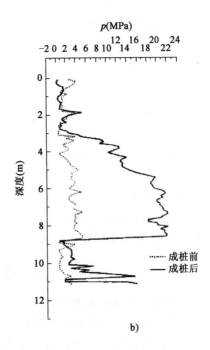

图 6-10 加固前后静力触探测试结果
a) 1.4m 桩距区；b) 1.6m 桩距区

成桩前后瑞利波法测试成果表　　　　　　　　　　表 6-11

深度(m)	v_s(m/s)						
	成桩前	1.4m 桩距区			1.6m 桩距区		
		2d	15d	30d	2d	15d	30d
1.0~1.5	111	203	212	225	196	207	225
2.0~2.5	108	207	216	229	207	225	231
3.0~3.5	98	218	214	228	220	229	264
4.0~4.5	102	238	255	259	244	255	281
5.0~5.5	120	257	266	275	272	285	295
6.0~6.5	116	278	296	318	302	298	327
7.0~7.5	140	293	298	311	309	318	335
8.0~8.5	145	264	285	320	289	307	317
9.0~9.5	151	266	295	309	274	289	306

5) 孔隙水压力测试

测试结果表明，成桩过程中，离地表一定深度处产生的孔压最大，施工时随碎石桩的形成，孔压呈下降趋势，一般在 90min 内消散 90%。

6) 载荷试验

为确定碎石桩处理对地基承载力或变形特性的影响，进行 4 组复合地基载荷试验，并测定了桩土应力比，试验成果见表 6-12。

载荷试验成果表　　　　　　　　　　　表6-12

试　验　号	载荷板尺寸(m)	桩间距(m)	容许承载力(kPa)	桩土应力比	变形模量(MPa)
单1	1.4×1.6	1.6	159		10.6
双1	1.6×3.0	1.6	178		10.6
单2	1.3×1.3	1.4	153	1.07~2.21	10.5
双2	1.4×2.4	1.4	153	1.20~3.35	10.5

7) 综合分析

综合上述检测结果可见,处理后复合地基容许承载力比处理前提高了一倍,说明加固效果较好。

从标贯试验、静力触探试验等成果分析,加固后强度明显提高,且有效地消除了液化现象。这主要是由于碎石桩形成了良好的排水通道,缩短了水平排水路径,增强了排水效能,抑制了孔隙水压的上升,使其不能增长或边增长边消散,从而使加固土层液化问题全部消除。

二、夯(压)实法

夯(压)实法对砂土地基及含水率在一定范围内的软弱黏性土可提高其密实度和强度,减少沉降量。此法也适用于加固杂填土和黄土等。按采用夯实手段的不同可对浅层或深层土起加固作用,浅层处理的换土垫层法(第二节)需要分层压实填土,常用的压实方法是碾压法、夯实法和振动压实法。还有浅层处理的重锤夯实法和深层处理的强夯法(也称动力固结法)。

(一) 重锤夯实法

夯实与碾压方法是修筑路堤及加固浅层地基最常用的处理方法。重锤夯实法是运用起重机械将重锤(一般不轻于15kN)提到一定高度(2.5~4m),然后锤自由落下,重复夯击地基,使浅层的地基土体得到夯击密实而提高强度。它适用于砂土、稍湿的黏性土、部分杂填土、湿陷性黄土等,是一种浅层的地基加固方法。

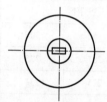

图6-11　夯锤

重锤的式样常为一截头圆锥体(图6-11),重为15~30kN,锤底直径0.7~1.5m,锤底面自重静压力为15~25kPa,落距一般采用2.5~4.0m。

重锤夯实的有效影响深度与锤重、锤底直径、落距及地质条件有关。国内某地经验,一般砂质土,当锤重为15kN,锤底直径1.15m,落距3~4m时,夯击6~8遍,夯击有效深度为1.10~1.20m。为达到预期加固密实度和深度,应在现场进行试夯,以选定锤重、锤底直径和落距,以及夯沉量、相应的最少夯击遍数、地面总下沉量等。

重锤夯实前应实测地基土的含水率。夯击时,土的饱和度不宜太高,地下水位应低于击实影响深度,在此深度范围内也不应有饱和的软弱下卧层,否则会出现"橡皮土"现象,严重影响夯实效果,含水率过低消耗夯击功能较大,还往往达不到预期效果。一般含水率应尽量控制接近击实土的最佳含水量或控制在塑液限之间而稍接近塑限,也可由试夯确定含水率与锤击功能的规律,以求能用较少的夯击遍数达到预期的设计加固深度和密实度,从而指导施工。一般夯击遍数不宜超过8~12遍,否则应考虑增加锤重、落距或调整土层含水率。

重锤夯实法加固后的地基应经静载试验确定其承载力,需要时还应对软弱下卧层承载力及地基沉降进行验算。

(二) 强夯法

强夯法,亦称为动力固结法,是一种将较大的重锤(一般为 80～400kN,最重达 2000kN)从 6～20m 高处(最高达 40m)自由落下,对较厚的软土层进行强力夯实的地基处理方法(图 6-12)。

它的显著特点是夯击能量大,影响深度也大;具有工艺简单、施工速度快、费用低、适用范围广、效果好等优点。

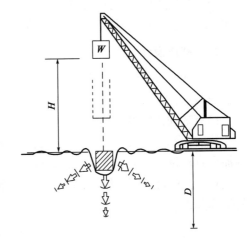

图 6-12 强夯法示意图

强夯法适用于碎石类土、砂类土、杂填土、低饱和粉土和黏土、湿陷性黄土等地基的加固,效果较好。对于高饱和软黏土(淤泥及淤泥质土)强夯处理效果较差,但若结合夯坑内回填块石、碎石或其他粗粒料,强行夯入形成复合地基(称为强夯置换或动力挤淤),处理效果较好。

1. 强夯法加固的机理

强夯法虽然在实践中已被证实是一种较好的地基处理方法,但其加固机理研究尚待完善。目前对强夯加固机理根据土的类别和强夯施工工艺的不同分为三种加固机理。

(1) 动力挤密:在冲击型荷载作用下,在多孔隙、粗颗粒、非饱和土中,土颗粒发生相对位移,孔隙中气体被挤出,从而使得土体的孔隙减小、密实度增加、强度提高以及变形减小。

(2) 动力固结:在饱和的细粒土中,土体在夯击能量作用下产生孔隙水压力使土体原结构被破坏,土颗粒间出现裂隙,形成排水通道,渗透性改变,随着孔隙水压力的消散土开始密实,抗剪强度、变形模量增大。在夯击过程中并伴随土中气体体积的压缩,饱和土触变的恢复,黏粒结合水向自由水转化等现象的产生,使土体的抗剪强度、变形模量等增大,土体得到固结。图 6-13 为某一工地土层强夯前后强度提高的测定情况。

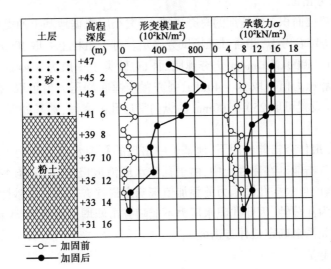

图 6-13 某工地土层强夯法强度对比图

(3)动力置换:在饱和软黏土特别是淤泥及淤泥质土中,通过强夯将碎石等粒料填充于土体中,形成复合地基,从而提高地基的承载力。

2. 强夯法设计

实践证明,用强夯法加固松软地基,一定要根据现场的地质条件和工程使用要求,正确选用强夯参数,才能达到经济有效的目的。

1)有效加固深度

目前,关于有效加固深度的定义,一般可理解为:经强夯加固后,强度提高,压缩模量增大,其加固效果显著的土层范围。其影响因素很多,有锤重、锤底面积和落距,还有地基土性质,土层分布,地下水位以及其他有关设计参数等。我国常采用的是根据国外经验方式进行修正后的估算公式:

$$H = \alpha \sqrt{\frac{Mh}{10}} \tag{6-29}$$

式中:H——有效加固深度(m);

M——锤重(以10kN为单位);

h——落距(m);

α——对不同土质的修正系数,见表6-13。

式(6-29)未反映土的物理力学性质的差别,仅作参考,应根据现场试夯或当地经验确定,缺乏资料时也可按相关规范提供的数据预估。

修正系数 α 表6-13

土的名称	黄土	一般对黏性土、粉土	砂土	碎石土(不包括块石、漂石)	块石、矿渣	人工填土
α	0.45~0.60	0.55~0.65	0.65~0.70	0.60~0.75	0.49~0.50	0.55~0.75

2)强夯的单位夯击能

单位夯击能指单位面积上所施加的总夯击能,其大小应根据地基土的类别、结构类型、荷载大小和处理的深度等综合考虑,并通过现场试夯确定。对于粗粒土可取 1000~4000kN·m/m²;对细粒土可取 1500~5000kN·m/m²。夯锤底面积对砂类土一般为 3~4m²,对黏性土不宜小于 6m²。夯锤底面静压力值可取 24~40kPa,强夯置换锤底静压力值可取 40~200 kPa。实践证明,圆形夯锤底并设置可取 250~300mm 的纵向贯通孔的夯锤,地基处理的效果较好。

3)最佳夯击能

从理论上讲,在最佳夯击能作用下,地基土中出现的孔隙水压力达到土的自重压力,这样的夯击能成为最佳夯击能。在黏性土中,由于孔隙水压消散慢,当夯击能逐渐增大时,孔隙水压力相应的叠加,因此可根据孔隙压力的叠加值来确定最佳夯击能。在砂性土中,孔隙水压力增长及消散过程仅为几分钟,因此孔隙水压力不能随夯击能增加而叠加,可根据最大孔隙水压力增量与夯击次数关系来确定最佳夯击能。

4)夯击次数与遍数

夯击次数应根据现场试夯的夯击次数和夯沉量关系曲线以及最后两击夯沉量之差并结合现场具体情况来确定。施工的合理夯击次数,应取单击夯沉量开始趋于稳定时的累计夯击次数,且这一稳定的单击夯沉量即可用作施工时收锤的控制夯沉量。但必须同时满足：

(1) 最后两击的平均夯沉量不大于 50mm,当单击夯击能量较大时,应不大于 100mm,当单击夯击能大于 6000kN·m 时不大于 200mm;

(2) 夯坑周围地基不应发生过大的隆起;

(3) 不因夯坑过深而发生起锤困难。

各试夯点的夯击数,应使土体竖向压缩最大,而侧向位移最小为原则,一般为 5~15 击。夯击遍数一般为 2~3 遍,最后再以低能量满夯一遍。

5) 间歇时间

对于多遍夯击,两遍夯击之间应有一定的时间间隔,主要取决于加固土层孔隙水压力的消散时间。对于渗透性较差的黏性土地基的间隔时间,应不小于 3~4 周,渗透性较好的地基可连续夯击。

6) 夯点布置及间距

夯点的布置一般为正方形或等边三角形,处理范围应大于基础范围,宜超出 1/2~2/3 的处理深度,且不宜小于 3m。夯间距应根据地基土的性质和要求处理的深度来确定。一般第一遍夯击点间距可取 5~9m,第二遍夯击点位于第一遍夯击点之间,以后各遍夯击点间距可与第一遍相同,也可适减小。

夯点间距可根据所要求加固的地基土的性质和要求处理的深度而定。当土质差,软土层厚时应适当增大夯点间距;当软土层较薄,而又有砂类土夹层或土夹石填土等时,可适当减少夯距。夯距太小,相邻夯点的加固效应将在浅处叠加而形成硬层,影响夯击能向深部传递。当地基土为黏性土时,若夯距太小,会使已产生的裂隙重新闭合,夯距通常为 5~9m,同时下一遍夯点往往布置在上一遍夯点的中间,最后一遍的较低的夯击能,彼此重叠搭接进行夯击,以确保地表土的均匀性和较高的密实度。

3. 施工工艺及施工要求

强夯法施工要点如下：

(1) 平整场地。

预估强夯后可能产生的平均地面变形,并以此确定地面高程,然后用推土机平整。

(2) 铺设垫层。

对于表层为细黏土,且地下水位高的情况,有时需要在表层铺 0.5~2m 厚的砂、砂砾或碎石。目的是在表层形成硬层,可以支承超重设备,确保机械通行、施工,另外,可加大地下水和表层的距离,防止夯击效率降低。

(3) 夯点放线定位及测量高程。

宜用石灰或打小木桩的方法标出夯点,并测量场地高程。

(4) 强夯施工。

强夯机就位,测量夯前锤顶高程,按规定夯击次数及控制标准,完成一遍夯击。场地推平,测量场地高程,按规定的间歇时间,完成全部夯击遍数,最后用低能量满夯,将场地表层松土夯实,并测量夯后场地高程。

(5) 现场记录。

强夯施工时对每一夯点的夯击能量、夯击次数和每次夯沉量等做好详细的现场记录。

(6) 安全措施。

注意吊车、夯锤附近人员的安全，为防止飞石伤人，吊车驾驶室应加防护网，起锤后，人员应在 10m 以外并戴好安全帽，严禁在吊臂前站立。

强夯法施工前，应先在现场进行原位试验（旁压试验、十字板试验、触探试验等），取原状土样测定含水率、塑限液限、粒度成分等，然后在试验室进行动力固结试验或现场进行试验性施工，以取得有关数据。为按设计要求（地基承载力、压缩性、加固影响深度等）确定施工时每一遍夯击的最佳夯击能、每一点的最佳夯击数、各夯击点间的间距以及前后两遍锤击之间的间歇时间（孔隙承压力消散时间）等提供依据。

强夯法施工过程中还应对现场地基土层进行一系列对比的观测工作，包括：地面沉降测定，孔隙水压力测定，侧向压力、振动加速度测定等。对强夯加固后效果的检验可采用原位测试的方法如现场十字板、动力触探、静力触探、荷载试验、波速试验等；也可采用室内常规试验、室内动力固结试验等。

4. 质量检验

强夯施工结束后应间隔一定时间方能对地基加固质量进行检验。对碎石土和砂土地基，其间隔时间可取 1~2 周；对低饱和度的粉土和黏性土地基可取 3~4 周。

质量检验的方法，应根据土性选用原位测试和室内试验。对一般工程应采用原位测试中两种或两种以上方法进行检验；对重要工程应增加检验项目，也可做现场大压板载荷试验。对液化地基，应做标贯试验。检验深度应超过设计处理深度。

检验的数量应根据场地的复杂程度和工程重要性确定。此外，质量检验还包括检查强夯施工过程中的各项测试数据和施工记录，凡不符合设计要求的，应补夯或采取其他有效措施。

近年来，国内外有采用强夯法作为软土的置换手段，用强夯法将碎石挤入软土形成碎石垫层或间隔夯入形成碎石墩（桩），构成复合地基，且已列相关的行业规范。

强夯法除了尚无完整的设计计算方法，施工前后及施工过程中需进行大量测试工作外，还有如噪声大、振动大等缺点，不宜在建筑物或人口密集处使用；加固范围较小（5000cm^2）时不经济。

三、振 冲 法

振冲法是利用振冲器在土层中振动和水流喷射的联合作用成孔，然后填入碎石料并提拔振冲器逐段振实形成刚度较大碎石桩的地基处理方法。

振冲法适用于处理砂土、粉土、粉质黏土、素填土和杂填土等地基。对于处理不排水抗剪强度小于 20kPa 的饱和黏性土和饱和黄土地基，应在施工前通过现场试验确定适用性。不加填料振冲加密适用于处理黏粒含量不大于 10% 的中砂、粗砂地基。对大型的重要的或场地地层复杂的工程，在正式施工前应通过现场试验确定其处理效果。振冲法处理地基最有效的土层为砂类土和粉土，其次为黏粒含量较小的黏性土，对于黏粒含量大于 30% 的黏性土，则挤密效果明显降低，主要产生置换作用。

振冲法法根据其加固机理不同，可分为振冲置换和振冲密实两类（表 6-14）。

振冲法的设计 表6-14

加固方法	振冲置换法	振冲密实法
孔位的布置	等边三角形和正方形	等边三角形和正方形
孔位的间距和桩长	间距应根据荷载大小,原地基土的抗剪强度确定,可用1.5~2.5m。荷载大或原土强度低时,宜取较小间距;反之,宜取较大间距。对桩端未达到相对硬层的短桩,应取小间距。桩长的确定,当相对硬层的埋深不大时,按其深度确定,当相对硬层的埋深较大时,按地基的变形允许值确定。不宜短于4m。在可液化的地基中,桩长应按要求的抗震处理深度确定。桩直径按所用的填料量计算,常为0.8~1.2m	孔位的间距视砂土的颗粒组成、密实要求、振冲器功率等而定,砂的粒径越细,密实要求越高,则间距应越小。使用30kW振冲器,间距一般为1.3~2.0m;55kW振冲器间距可采用1.4~2.5m;使用75kW大型振冲器,间距可加大到1.6~3.0m
填料	碎石、卵石、角砾、圆砾等硬质材料,最大直径不宜大于80mm,对碎石常用粒径为20~50mm	宜用碎石、卵石、角砾、圆砾、砾砂、粗砂、中砂等硬质材料,在施工不发生困难的前提下,粒径越粗,加密效果越好

(一)对砂类土地基

振动力除直接将砂层挤压密实外,还向饱和砂土传播加速度,因此在振冲器周围一定范围内砂土产生振动液化。液化后的土颗粒在重力、上覆土压力及外添填料的挤压下重新排列变得密实,孔隙比大为减小,从而提高地基承载力及抗震能力;另外,依靠振冲器的重复水平振动力,在加回填料情况下,通过填料使砂层挤压加密。

(二)对黏性土地基

软黏性土透水性很低,振动力并不能使饱和土中孔隙水迅速排除而减小孔隙比,振动力主要是把添加料振密并挤压到周围黏土中去形成粗大密实的桩柱,桩柱与软黏土组成复合地基。复合地基承受荷载后,由于地基土和桩体材料的变形模量不同,故土中应力集中到桩柱上,从而使桩周软土负担的应力相应减少。与原地基相比,复合地基的承载力得到提高。

振冲法主要的施工机具是振冲器、吊机和水泵。振冲器是一个类似插入式混凝土振捣器的机具,其外壳直径为0.2~0.45m,长2~5m,重20~50kN,筒内主要由一组偏心块、潜水电机和通水管三部分组成如图6-14所示。

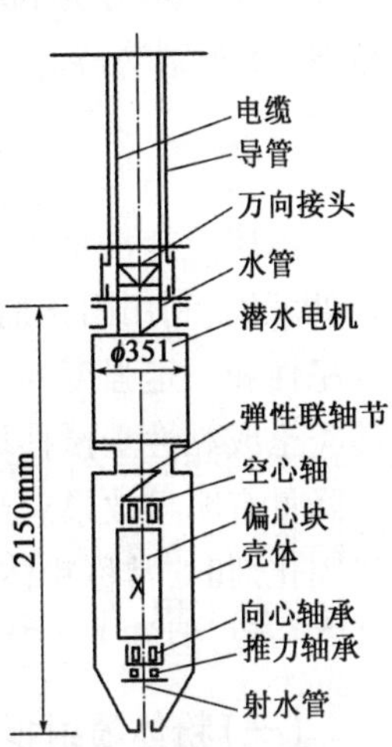

振冲器有两个功能:一是产生水平向振动力(40~90kN)作用于周围土体;二是从端部和侧部进行射水和补给水。振动力是加固地基的主要因素,射水起协助振动力在土中使振冲器钻进成孔,并在成孔后清孔及实现护壁作用。

施工时,振冲器由吊车或卷扬机就位后(图6-15),打开下喷水口,启动振冲器,在振动力和水冲作用下,在土层中形成孔洞,直至设计高程。然后经过清孔,用循环水带出孔中稠泥浆后,向桩孔逐段添加填料(粗砂、砾砂、碎石、卵石等),填料粒径不宜大于80mm,碎石常用20~50mm,每段填料均在振冲器振动作用下振挤密实,达到要求密实度后就可上提,重复上述操作直至地面,从而在地基中形成一根具有相当直径的密实桩体,同时孔周围一定范围的土也被挤密。孔内填料的

图6-14 振冲器构造示意图

密实度可以从振动所耗的电量来反映,通过观察电流变化来控制。不加填料的振冲法密实法仅适用于处理黏粒含量不大于10%的粗砂、中砂地基。

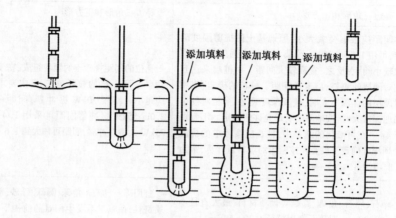

图6-15　振冲施工过程

振冲法的显著优点是用一个较轻便的机具,将强大的水平振动(有的振冲器也附有垂直向的振动)直接递送到深度可达20m左右的软弱地基内,施工设备较简单,操作方便,施工速度快,造价较低。其缺点是加固地基时要排出大量的泥浆,环境污染比较严重。

振冲施工结束后,除砂土地基外,应间隔一定时间后方可进行质量检验。对粉质黏土地基间隔时间可取3～4周,对粉土地基可取2～3周。检验方法可采用静载试验、标准贯入试验、静力触探或土工试验等方法,对加固前后进行对比。

第五节　化学固化法

化学固化法是在软土地基土中掺入水泥、石灰等,用喷射、搅拌等方法使与土体充分混合固化;或把一些能固化的化学浆液(水泥浆、水玻璃、氯化钙溶液等)注入地基土孔隙,以改善地基土的物理力学性质,达到加固目的。

按加固材料的状态可分为粉体类(水泥、石灰粉末)和浆液类(水泥浆及其他化学浆液)。按施工工艺可分为低压搅拌法(粉体喷射搅拌桩、水泥浆搅拌桩)、高压喷射注浆法(高压旋喷桩等)和胶结法(灌浆法、硅化法)三类。下面分别予以介绍。

一、粉体喷射搅拌(桩)法和水泥浆搅拌(桩)法

深层搅拌法是用于加固饱和软黏土地基的一种新颖方法,它是通过深层搅拌机械,在地基深处就地,利用固化剂与软土之间所产生的一系列物理化学反应,使软土固化成具有整体性、水稳性和一定强度的桩体,其与桩间土组成复合地基。固化剂主要采用水泥、石灰等材料,与砂类土或黏性土搅拌均匀,在土中形成竖向加固体。它对提高软土地基承载能力,减小地基的沉降量有明显效果。当采用的固化剂形态为浆液固化剂时,常称为水泥浆搅拌桩法,当采用粉状固化剂时,常称粉体喷射搅拌(桩)法。这两者的加固原理、设计计算方法和质量检验方法基本一致,但施工工艺有所不同。

(一)粉体喷射搅拌法(粉喷桩法)

粉体喷射搅拌法是通过专用的施工机械,将搅拌钻头下沉到预计孔底后,用压缩空气将固

化剂(生石灰或水泥粉体材料)以雾状喷入加固部位的地基土,凭借钻头和叶片旋转使粉体加固料与软土原位搅拌混合,自下而上边搅拌边喷粉,直到设计停灰标高。为保证质量,可再次将搅拌头下沉至孔底,重复搅拌。

粉体喷射搅拌法的优点是以粉体作为主要加固料,不需向地基注入水分,因此加固后地基土初期强度高,可以根据不同土的特性、含水率、设计要求合理选择加固材料及配合比,对于含水率较大的软土,加固效果更为显著;施工时不需高压设备,安全可靠,如严格遵守操作规程,可避免对周围环境产生污染、振动等不良影响。缺点是由于目前施工工艺的限制,加固深度不能过深,一般为 8~15m。

粉体喷射搅拌法的加固机理因加固材料的不同而稍有不同,当采用石灰粉体喷搅加固软黏土,其原理与公路常用的石灰加固土基本相同。石灰与软土主要发生如下作用:石灰的吸水、发热、膨胀作用;离子交换作用;碳酸化作用(化学胶结反应);火山灰作用(化学凝胶作用)以及结晶作用。这些作用使土体中水分降低,土颗粒凝聚而形成较大团粒,同时土体化学反应生成复合的水化物 $4CaO \cdot Al_2O_3 \cdot 13H_2O$ 和 $2CaO \cdot Al_2O_3 \cdot SiO_2 6H_2O$ 等在水中逐渐硬化,而与土颗粒黏结一起提高了地基土的物理力学性质。当采用水泥作为固化剂材料时其加固软黏土的原理是在加固过程中发生水泥的水解和水化反应(水泥水化成氢氧化钙、含水硅酸钙、含水铝酸钙及含水铁铝酸钙等化合物,在水中合空气中逐渐硬化)、黏土颗粒与水泥水化物的相互作用(水泥水化生成钙离子与土粒的钠、钾离子交换使土粒形成较大团粒的硬凝反应)和碳酸化作用(水泥水化物中游离的氢氧化钙吸收二氧化碳生成不溶于水的碳酸钙)三个过程。这些反应使土颗粒形成凝胶体和较大颗粒;颗粒间形成蜂窝状结构;生成稳定的不溶于水的结晶化合物,从而提高软土强度。

石灰、水泥粉体加固形成的桩柱的力学性质变形幅度相差较大,主要取决于软土特性、掺加料种类、质量、用量、施工条件及养护方法等。石灰用量一般为干土重的6%~15%,软土含水率以接近液限时效果较好,水泥掺入量一般为干土重5%以上(7%~15%)。粉体喷射搅拌法形成的粉喷桩直径为 50~100cm,加固深度可达 10~30m。石灰粉体形成的加固桩柱体抗压强度可达 800kPa,压缩模量 20000~30000kPa,水泥粉体形成的桩柱体抗压强度可达 5000kPa,压缩模量 100000kPa 左右,地基承载力一般提高 2~3 倍,减少沉降量 1/3~2/3。粉体喷射搅拌桩加固地基的设计具体计算可参照后面介绍的复合地基设计。桩柱长度确定原则上与砂桩相同。

粉体喷射搅拌桩施工作业顺序如图 6-16 所示。

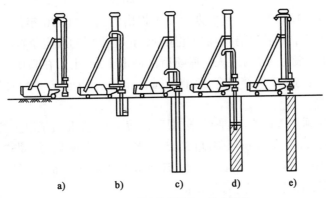

图 6-16 粉体喷射搅拌施工作业顺序
a)搅拌机对准桩位;b)下钻;c)钻进结束;d)提升喷射搅拌;e)提升结束

施工结束后,对加固的地基应作质量检验,包括标准贯入试验、取芯抗压试验、载荷试验等。桩柱体的强度、压缩模量、搅拌的均匀性以及尺寸均应符合设计要求。

我国粉体材料资源丰富,粉体喷射搅拌法常用于公路、铁路、水利、市政、港口等工程软土地基的加固,较多用于边坡稳定及筑成地下连续墙或深基坑支护结构。被加固软土中有机质含量不应过多,否则效果不大。

(二)水泥浆搅拌法(深搅桩法)

水泥浆搅拌法是用回转的搅拌叶将压入软土内的水泥浆与周围软土强制拌和形成水泥加固体。搅拌机由电动机、中心管、输浆管、搅拌轴和搅拌头组成,并有灰浆搅拌机、灰浆泵等配套设备。我国生产的搅拌机现有单搅头和双搅头两种,加固深度达30m形成的桩柱体直径60~80cm(双搅头形成8字形桩柱体)。

水泥浆搅拌法加固原理基本和水泥粉喷搅拌桩相同,与粉体喷射搅拌法相比有其独特的优点:加固深度加深;由于将固化剂和原地基软土就地搅拌,因而最大限度利用了原土;搅拌时不会侧向挤土,环境效应较小。

施工顺序大致为:在深层搅拌机起吊就位后,搅拌机先沿导向架切土下沉;下沉到设计深度后开启灰浆泵将制备好的水泥浆压入地基;边喷边旋转搅拌头并按设计确定提升速度,进行提升、喷浆、搅拌作业,使软土与水泥浆搅拌均匀,提升到上面设计高程后再次控制速度将搅拌头搅拌下沉,到设计加固深度再搅拌提升出地面。为控制加固体的均匀性和加固质量,施工时应严格控制搅拌头的提升速度,并保证喷压阶段不出现断桩现象。

加固形成桩柱体强度与加固时所用水泥标号、用量、被加固土含水率等有密切关系,应在施工前通过现场试验取得有关数据,一般用425号水泥,水泥用量为加固土干重度的2%~15%,三个月龄期试块变形模量可达75000kPa以上,抗压强度1500~3000kPa以上(加固软土含水率40%~100%)。按复合地基设计计算加固软土地基可提高承载力2~3倍以上,沉降量减少,稳定性也明显提高,而且施工方便是目前公路、铁路厚层软土地基加固常用技术措施的一种,也用于深基坑支护结构、港口码头护岸等。由于水泥浆与原地基软土搅拌结合对周围建筑物影响很小,施工无振动噪声对环境无污染,更适用于市政工程。但不适用于含有树根、石块等的软土层。

二、高压喷射注浆法

高压喷射注浆法20世纪60年代后期由日本提出的,我国在70年代开始用于桥墩、房屋等地基处理。它是利用钻机将带有喷嘴的注浆管钻进至土层的预定位置后,以20MPa左右的高压将加固用浆液(一般为水泥浆)从喷嘴喷射出冲击土层,土层在高压喷射流的冲击力、离心力和重力等作用下;与浆液搅拌混合,浆液凝固后,便在土中形成一个固结体,以加固土体和降低其渗透性的方法。

高压喷射注浆法适用于砂类土、黏性土、湿陷性黄土、淤泥和人工填土等多种土类,加固直径(厚度)为0.5~1.5m,固结体抗压强度(32.5级水泥三个月龄期)加固软土为5~10MPa,加固砂类土为10~20MPa。对于砾石粒径过大、含腐殖质过多的土加固效果较差;对地下水流较大、对水泥有严重腐蚀的地基土也不宜采用。

高压喷射注浆法加固机理包括对天然地基土的加固硬化机理和形成复合地基以加固地基土、提高地基土强度、减少沉降量。土体在高压喷射流的压力作用下,发生强度破坏,土颗粒从土层中剥落下来,与水泥浆搅拌形成混合浆液。一部分细颗粒随混合浆液冒出地面,其余土粒在喷射流的冲击力、离心力和重力等力的作用下,按一定的浆土比例和质量大小,有规律地重新排列。这样从下向上不断地旋转或定向喷射注浆,混合浆液凝固后,便在土层中形成具有一定形状及强度的固结体,从而使地基得到加固。由于在土中形成一定直径的桩体,它与桩间土形成复合地基承担上部荷载,提高了地基承载力和改善了地基变形特性。该法形成的桩体强度一般高于水泥土搅拌桩,但仍属于低黏结强度的半刚性桩。

高压喷射注浆法按喷射方向和形成固体的形状可分为旋转喷射、定向喷射和摆动喷射三种。旋转喷射时喷嘴边喷边旋转和提升,固结体呈圆柱状,称为旋喷法,主要用于加固地基;定向喷射喷嘴边喷边提升,喷射定向的固结体呈壁状;摆动喷射固结体呈扇状墙,此两方式常用于基坑防渗和边坡稳定等工程。按注浆的基本工艺可分为单管法(浆液管)、二重管法(浆液管和气管)、三重管法(浆液管、气管和水管)和多重管法(水管、气管、浆液管和抽泥浆管等)。

旋喷法加固地基的施工程序如图 6-17 所示,图中①表示钻机就位后先进行射水试验;②、③表示钻杆旋转射水下沉,直到设计高程为止;④、⑤表示压力升高到 20MPa 喷射浆液,钻杆约以 20r/min 旋转,提升速度约每喷射三圈提升 25~50mm,这与喷嘴直径,加固土体所需加固液量有关(加固液量经试验确定);⑥表示已旋喷成桩,再移动钻机重新以②~⑤程序进行加固土层。

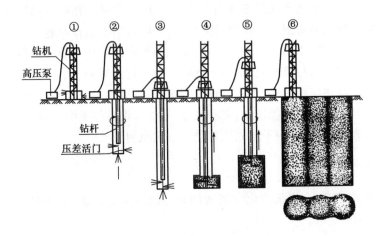

图 6-17 旋喷法施工作业顺序

旋喷桩的平面布置可根据加固需要确定,当喷嘴直径为 1.5~1.8mm,压力为 20MPa 时,形成的固结桩柱体的有效直径可参考下列经验公式估算:

对于标准贯入击数 $N=0~5$ 的黏性土:

$$D = \frac{1}{2} - \frac{1}{200}N^2 \quad (m) \tag{6-30}$$

对于 $5 \leqslant N \leqslant 15$ 的砂类土:

$$D = \frac{1}{1000}(350 + 10N - N^2) \quad (m) \tag{6-31}$$

此法因加固费用较高,我国只在其他加固方法效果不理想等情况下考虑选用。

三、胶 结 法

(一)灌浆法

灌浆法,亦称注浆法,利用压力或电化学原理通过注浆管将加固浆液注入地层中的孔隙、裂隙和空洞中去,浆液经扩散、凝固、硬化,将松散的土体或缝隙岩体胶结成整体,降低岩土的渗透性,改变其力学性能,提高其强度和稳定性,从而实现加固岩土或防渗堵漏等目的。

1. 灌浆方法

灌浆法可分为压力灌浆和电动灌浆两类。压力灌浆是常用的方法,是在各种大小压力下使水泥浆液或化学浆液挤压充填土的孔隙或岩层缝隙。电动化学灌浆是在施工中以注浆管为阳极,滤水管为阴极,通过直流电电渗作用下孔隙水由阳极流向阴极,在土中形成渗浆通道,化学浆液随之渗入孔隙而使土体结硬。

2. 浆液材料

灌浆胶结法所用浆液材料有粒状浆液(纯水泥浆、水泥黏土浆和水泥砂浆等或统称为水泥基浆液)和化学浆液(环氧树脂类、甲基丙烯酸酯类和聚氨酯等)两大类。

粒状浆液中常用的水泥浆液水泥一般为 400 号以上的普通硅酸盐水泥,由于含有水泥颗粒属粒状浆液,故对孔隙小的土层虽在压力下也难于压进,只适用粗砂、砾砂、大裂隙岩石等孔隙直径大于 0.2mm 的地基加固。如获得超细水泥,则可适用于细砂等地基。水泥浆液有取材容易、价格便宜、操作方便、不污染环境等优点,是国内外常用的压力灌浆材料。

化学浆液中常用的是以水玻璃($Na_2O \cdot nSiO_2$)为主剂的浆液,由于它无毒、价廉、流动性好等优点,在化学浆材中应用最多,约占 90%。其他还有以丙烯酰胺为主剂和以纸浆废液木质素为主剂的化学浆液,它们性能较好,黏滞度低,能注入细砂等土中。但有的价格较高,有的虽价廉源广,但有含毒的缺点,用于加固地基受到一定限制。

(二)硅化法

利用硅酸钠(水玻璃)为主剂的化学浆液加固方法称为硅化法,现将其加固机理、设计计算、施工扼要介绍如下。

1. 硅化法的加固机理

硅化法按浆液成分可分为单液法和双液法。单液法使用单一的水玻璃溶液,它较适用于渗透系数为 0.1~0.2m/d 的湿陷性黄土等地基的加固。此时,水玻璃较易渗透入土孔隙,与土中的钙质相互作用形成凝胶,而使土颗粒胶结成整体,其化学反应式为:

$$Na_2O_nSiO_2 + CaSO_4 + mH_2O \rightarrow n\,SiO_2(m-1)\,H_2O + Ca(OH)_2 + Na_2SO_4$$

双液法常用的有水玻璃-氯化钙溶液、水玻璃-水泥浆液或水玻璃-铝酸钠溶液等,可适用于渗透系数大于 2.0m/d 的砂类土。以水玻璃—氯化钙溶液为例:

$$Na_2O_nSiO_2 + CaCl_2 + mH_2O \rightarrow n\,SiO_2(m-1)\,H_2O + Ca(OH)_2 + 2NaCl$$

在土中凝成硅酸胶凝体,而使土粒胶结成一定强度的土体。无侧限抗压强度可达 1500kPa 以上。

对于受沥青、油脂、石油化合物等浸透的土以及地下水 pH 值大于 9 的土不宜采用硅化法加固。

2. 硅化法的设计计算

加固范围及深度应根据地基承载力和要求沉降量验算确定,一般情况加固厚度不宜小于3m,加固范围的底面不小于由基底边缘按30°扩散的范围。

化学浆液的浓度,水玻璃溶液自重为1.35~1.44,氯化钙为1.20~1.28,土的渗透系数高时取高值,渗透系数低时取低值。

浆液灌注量Q(体积)可按式(6-32)估算:

$$Q = kvn \qquad (6-32)$$

式中:v——拟加固土的体积;

n——加固前土的平均孔隙率;

k——系数,黏性土、细砂$k=0.3~0.5$,中砂、粗砂$k=0.5~0.7$,砂砾$k=0.7~1.0$,湿陷性黄土$k=0.5~0.8$。

如果用水玻璃-氯化钙浆液,两种浆液用量(体积)相同灌注有效半径r应通过现场试验确定,它与土的渗透系数、压力值有关。一般r为0.3~1.0m;灌注间距常用1.75r,每排间距取1.5r。

3. 硅化法的施工

浆液灌注有打管入土、冲洗管、试水、注浆及拔管等工序。

注浆管用内径19~38mm钢管,下端约0.5m段钻有若干直径2~5mm的孔眼,浆液由孔眼向外流出,用机械设备将注浆管打入土中,然后用泵压水冲洗注浆管以保证浆液能畅通灌入土中。试水即将清水压入注浆管,以了解土的渗透系数,以便调整浆液比重,确定有效灌注半径、灌注速度等。

灌浆压力不应超过该处上覆土层的压力过多(有土上荷重者除外),一般灌注压力随深度变化,每加深1m可增大20~50kPa。灌浆速度应以在浆液胶凝时间以前完成一次灌注量为宜,可根据土的渗透系数以压力控制速度,在一般情况砂类土为0.001~0.005m³/min,渗透性好的选用高值,否则用低值。

灌浆宜按孔间隔进行,每孔灌浆次序与土层渗透系数变化有关,如加固土渗透系数相同,应先上后下灌注,不同时应先灌注渗透系数大的土层;灌浆后应立即拔出注浆管并进行清洗。

在软黏土中,土的渗透性很低,压力灌注法效果极差,可采用电动硅化法代替压力灌注。但电动硅化法由于灌注范围、电压梯度、电极布置等条件限制,仅适用于较小范围的地基加固。硅化法加固地基在公路上仅用于少数已有构造物地基的加固。

第六节 土工合成材料加筋法

目前,土工合成新材料中,具有代表性的有土工格栅、土工网等及其组合产品。在近二十年中,这类材料相继在岩土工程中应用获得成功,成为建材领域中继木材、钢材和水泥之后的第四大类材料,目前已成为土工加筋法中最具代表性加筋材料,并被誉为岩土工程领域的一次"革命"。已成为岩土工程学科中的一个重要的分支。

土工合成材料总体分类具体见图6-18。

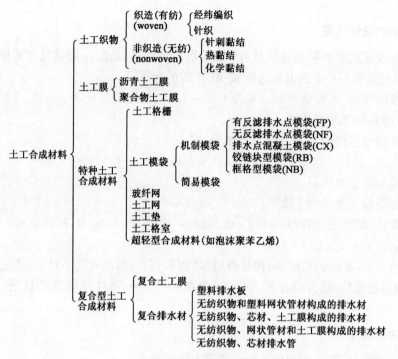

图 6-18　土工合成材料分类

土工合成材料一般具有多功能，在实际应用中，往往是一种功能起主导作用，而其他功能则不同程度地发挥作用。土工合成材料的功能包括隔离、加筋、反滤、排水、防渗和防护六大类。各类土工合成材料应用中的主要功能见表 6-15。

各类土工合成材料的主要功能　　　　表 6-15

类　型	土工合成材料的功能分类					
	隔离	加筋	反滤	排水	防渗	防护
土工织物（GT）	P	P	P	P	P	S
土工格栅（GG）		P				
土工网（GN）				P		P
土工膜（GM）	S				P	S
土工垫块（GCL）	S				P	
复合土工材料（GC）	P	P	P	P	P	P

注：P 表示主要功能，S 表示辅助功能。

一、土工合成材料的排水反滤作用

用土工合成材料代替砂石做反滤层，能起到排水反滤作用。

（一）排水作用

具有一定厚度的土工合成材料具有良好的三维透水特性，利用这一特性可以使水经过土工合成材料的平面迅速沿水平方向排走，也可和其他排水材料（如塑料排水扳等）共同构成排水系统或深层排水井，如图 6-19 所示土工合成材料埋设方法。

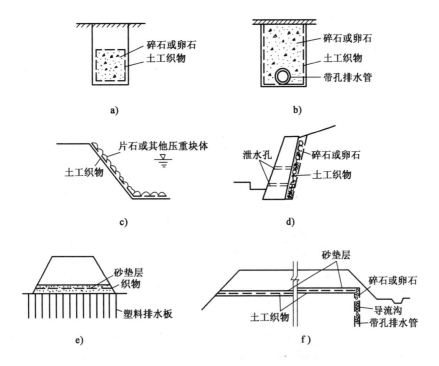

图 6-19 土工合成材料用于排水过滤的典型实例
a)暗沟;b)渗沟;c)坡面防护;d)支挡结构壁墙后排水;e)软基路堤地基表面排水垫层;f)处治翻浆冒泥和季节性冻土的导流沟

(二) 反滤作用

在渗流出口铺设土工合成材料作为反滤层,这和传统的砂砾石滤层一样,均可以提高被保护土的抗渗强度。

多数土工合成材料在单向渗流的情况下,紧贴在土体中,发生细颗粒逐渐向滤层移动,同时还有部分细颗粒通过土工合成材料被带走,遗留下来的是较粗的颗粒,从而与滤层相邻一定厚度的土层逐渐自然形成一个反滤带和一个骨架网,阻止土粒的继续流失,最后趋于稳定平衡。亦即土工合成材料与其相邻接触部分土层共同形成了一个完整的反滤系统,如图 6-19 所示。具有这种排水作用的土工合成材料,要求在平面方向有较大的渗透系数。

具有相同孔径尺寸的无纺土工合成材料和砂的渗透性大致相同。但土工合成材料的孔隙率比砂高得多。其密度约为砂的 1/10,因而当它与砂具有相同的反滤特征时,则所需质量要比砂的少 90%。此外,土工合成材料滤层的厚度为砂砾反滤层的 1/100~1/1000。之所以如此,是因为土工合成材料的结构保证了它的连续性。

此外,土工合成材料放在两种不同的材料之间,或用在同一材料不同粒径之间以及地基于基础之间会起到隔离作用,不会使两者之间相互混杂,从而保持材料的整体结构和功能。

二、土工合成材料的加筋作用

当土工合成材料用作土体加筋时,其基本作用是给土体提供抗拉强度。其应用范围有:土坡和堤坝,地基,挡土墙。

（一）用于加固土坡和堤坝

高强度的土工合成材料在路堤工程中有几种可能的加筋用途：
(1) 可使边坡变陡，节省占地面积；
(2) 防止滑动圆弧通过路堤和地基土；
(3) 防止路堤下面发生因承载力不足而破坏；
(4) 跨越可能的沉陷区等。

图6-20中，由于土工合成材料"包裹"作用阻止土体的变形，从而增强土体内部的强度以及土坡的稳定性。

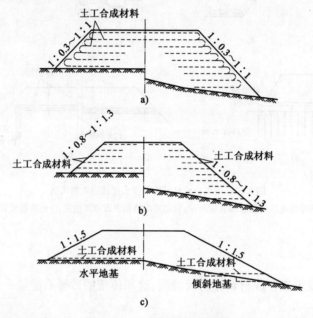

图6-20 土工合成材料加固路堤

（二）用于加固地基

由于土工合成材料有较高的强度和韧性等力学性能，且能紧贴于地基表面，使其上部施加的荷载能均匀分布在地层中。当地基可能产生冲切破坏时，铺设的土工合成材料将阻止破坏面的出现，从而提高地基承载力。当受集中荷载作用时，在较大的荷载作用下，高模量的土工合成材料受力后将产生一垂直分力，抵消部分荷载。根据国内新港筑防波堤的经验，沉入软土中的体积等于防波堤的原设计断面，由于软土地基的扭性流动，铺垫土周围的地基即向侧面隆起。如将土工合成材料铺没在软土地基的表面，由于其承受拉力和土的摩擦作用而增大侧向限制，阻止侧向挤出，从而减小变形和增大地基的稳定性。在沼泽地，泥炭土和软黏土上建造临时道路是土工合成材料最重要的用途之一。

利用土工合成材料在建筑物地基中加筋已开始在我国大型工程中应用。根据实测的结果和理论分析，认为土工合成材料加筋垫层的加固原理主要是：
(1) 增强垫层的整体性和刚度，调整不均匀沉降。
(2) 扩散应力，由于垫层刚度增大的影响，扩大了荷载扩散的范围，使应力均匀分布。
(3) 约束作用，即约束下卧软弱土地基的侧向变形。

(三) 用于加筋土挡墙

在挡土结构的土体中,每隔一定距离铺设加固作用的土工合成材料时可作为拉筋起到加筋作用。作为短期或临时性的挡墙,可只用土工合成材料包裹着土、砂来填筑,但这种包裹式墙面的形状常常是畸形的,外观难看。为此,有时采用砖面的土工合成材料加筋土挡墙,可取得令人满意的外观。对于长期使用的挡墙,往往采用混凝土面板。

土工合成材料作为拉筋时一般要求有一定的刚度,新发展的土工格栅能很好地与土相结合。与金属筋材相比,土工合成材料不会因腐蚀而失效,所以它能在桥台、挡墙、海岸和码头等支挡结构的应用中获得成功。

三、土工合成材料在应用中的问题

(一) 施工方面

(1) 铺设土工合成材料时应注意均匀平整;在斜坡上施工时应保持一定的松紧度;在护岸工程坡面上铺设时,上坡段土工合成材料应搭接在下坡段土工合成材料之上。

(2) 对土工合成材料的局部地方,不要加过重的局部应力。如果用块石保护土工合成材料施工时应将块石轻轻铺放,不得在高处抛掷,块石下落的高度大于 1m 时,土工合成材料很可能被击破。如块石下落的情况不可避免时,应在土工合成材料上先铺砂层保护。

(3) 土工合成材料用于反滤层作用时,要求保证连续性,不使其出现扭曲、折皱和重叠。

(4) 在存放和铺设过程中,应尽量避免长时间的曝晒而使材料劣化。

(5) 土工合成材料的端部要先铺填,中间后填,端部锚固必须精心施工。

(6) 不要使推土机的刮土板损坏所铺填的土工合成材料。当土工合成材料受到损坏时,应予立即修补。

(二) 连接方面

土工合成材料是按一定规格的面积和长度在工厂进行定型生产,因此这些材料运到现场后必须进行连接。连接时可采用搭接、缝合、胶结或 U 形钉钉住等方法 (图 6-21)。

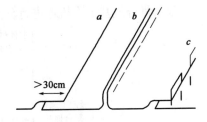

图 6-21 土工合成材料的连接方法
a-搭接;b-缝合;c-用 U 形钉钉住

采用搭接法时,搭接必须保持足够的长度,一般在 0.3～1.0m。坚固的和水平的路基一般为 0.2m,软的和不平的路基则需 1m。在搭接处应尽量避免受力,以防土工合成材料移动。搭接法施工简便,但用料较多。

缝合法是指移动式缝合机,将尼龙或涤纶线面对面缝合,缝合处的强度一般可达纤维强度的 80%,缝合法节省材料,但施工费时。

(三) 材料方面

土工合成材料在使用中应防止暴晒和被污染,在当作为加筋土中的筋带使用时,应具有较高的强度,受力后变形小,能与填料产生足够的摩擦力;抗腐蚀性和抗老化性好。

第七节 复合地基理论

一、复合地基的基本概念

(一) 复合地基的含义和分类

"复合地基"一词始用于1962年,其理论是许多地基处理方法分析和设计的基础,如碎石桩、砂桩、水泥土搅拌桩、旋喷桩、石灰桩、CFG桩(水泥、粉煤灰碎石桩)等。复合地基的含义随着其在工程建设中推广应用有一个演变过程,对于复合地基的概念和定义在学术界和工程界并没有统一认识,对复合地基的定义认识存在狭义和广义之分。广义复合地基是指天然地基在地基处理中部分土体得到增强或被置换,或在天然地基中设置加筋材料,加固区是由基体(天然地基土体或被改良的天然地基土体)和增强体两部分组成的人工地基。在荷载作用下,基体和增强体共同承担荷载的作用。

复合地基与天然地基同属地基范畴。为此,两者间有内在联系,但又有本质区别。复合地基与桩基都是采用以桩的形式处理地基,故两者有相似之处。但复合地基属于地基范畴,而桩基属于基础范畴,所以两者有本质区别。复合地基中桩体与基础往往不是直接相连的。它们之间通过垫层(碎石或砂石垫层)来过渡,而桩基中桩体与基础直接相连,两者形成一个整体。因此,它们的受力特性也存在着明显差异。如图6-22所示,复合地基的主要受力层在加固体内,而桩基的主要受力层是在桩尖以下的一定范围内。

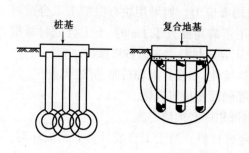

图6-22 复合地基与桩基受力特性对比

根据复合地基工作机理进行分类,具体如图6-23所示。

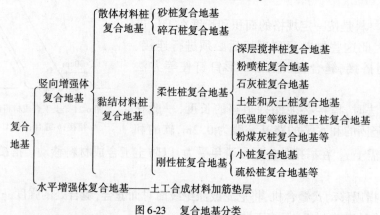

图6-23 复合地基分类

若不考虑水平向增强体复合地基,则竖向增强体复合地基可称为桩体复合地基,或简称为复合地基。从某种意义上讲,复合地基介于均匀地基和桩基之间。

本节主要讨论复合地基中的增强体为散体材料桩增强体和柔性桩复合地基,即在天然地基黏性土地基中设置一群以碎石、砂砾等散体材料或其他材料组成的桩柱与原地基土共同承担荷载的地基。

(二) 复合地基的作用机理

不论何种复合地基,都具备以下一种或多种作用,它们是桩体作用、垫层作用、加速固结作用、挤密作用和加筋作用。

1. 桩体作用

由于复合地基中桩体的刚度较周围土体大,在荷载作用下,桩体上产生应力集中现象,大部分荷载将由桩体承担,桩间土上应力相应减少。这样使得复合地基承载力较原地基有所提高,沉降量有所减少。随着桩体刚度增加,其桩体作用发挥得更加明显。

2. 垫层作用

调整桩土应力,减小底面应力集中,较好地发挥桩间土的作用。桩与桩间土复合形成的复合地基或称为复合层,由于其性能优于原天然地基,可起到类似垫层的换土、均匀地基应力和增大应力扩散角等作用。在桩体没有贯穿整个软弱土层的地基中,垫层作用尤其明显。

3. 加速固结作用

除碎石桩、砂桩具有良好的透水特性,可加速地基的固结外,水泥土类和混凝土类桩在某种程度上也可加速地基固结。

4. 挤密作用

如砂桩、土桩、石灰桩、砂石桩等在施工过程中由于振动、挤压、排土等原因,可使桩间土起到一定的密实作用。

5. 加筋作用

各种桩土复合地基除了可提高地基的承载力外,还可用来提高土体的抗剪强度,增加土坡的抗滑能力。目前在国内的深层搅拌桩、粉体喷搅桩核旋喷桩等已被广泛用作基坑开挖时的支护。在国外,对碎石桩和砂桩常用于高速公路等路基或路堤的加固,这都利用了复合地基中桩体的加固作用。

(三) 复合地基的破坏模式

复合地基中,桩体存在四种可能的破坏模式,如图 6-24 所示。

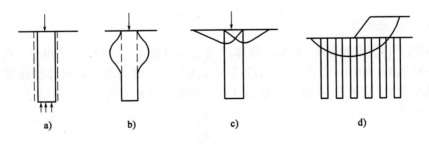

图 6-24 复合地基中桩体可能的破坏模式
a) 刺入破坏;b) 膨胀破坏;c) 桩体剪切破坏;d) 滑动破坏

但是这种"可能"是相对的,主要表现为:

(1)对于不同的桩型,有不同的破坏模式。如碎石桩可能的破坏模式是膨胀破坏,而 CFG 短桩则是刺入破坏。

(2)对于同一桩型,当桩身强度不同时,也会有不同的破坏模式。当水泥土搅拌桩的水泥掺入量较小(a_w =5%)时,水泥轴向应变很大(4% ~9%),应力才达到峰值并产生塑性破坏,此后在较大应变范围内缓慢下降,这就表现了桩体膨胀破坏的特性。但当 a_w = 15% 时,水泥土在较小应变的情况下应力就达到峰值,随即发生脆性破坏,这又类似于桩体整体剪切破坏的特性,以上两种均使桩体浅层发生破坏。黄自彬等人(1990)通过深层搅拌单桩载荷试验中多点位移测试资料,以及现场开挖的桩身破坏状态证明了上述观点,即桩体破坏主要发生在 $(3\sim5)D$(D 为桩径)范围内。然而当桩体为高水泥含量(a_w = 25%)时,水泥土变形及膨胀量均很小。为此,这种高强度的水泥土桩体在下卧软弱土层就会发生刺入破坏。林琼等人(1991)也通过室内模型试验得出与此类似的结论,即当桩体水泥掺入量较小(a_w = 10%)时,桩的承载力基本上与桩长无关,而当掺入量较大($a_w \geq 20\%$时),桩的承载力随桩长的增加而提高。

(3)对于同一桩型,当土层条件不同时,也将发生不同的破坏模式。对浅层存在有非常软的黏土情况(图 6-25a),碎石桩将在浅层发生剪切或膨胀破坏;对较深层存在有局部非常软的黏土情况(图 6-25b),碎石桩将在较深层发生局部膨胀;对较深层存在有较厚非常软的黏土情况(图 6-25c),碎石桩将在较深层发生膨胀破坏,而其上的碎石桩将发生刺入破坏。实际上,对水泥土桩也存在类似问题,因为对相同水泥掺入量的桩体,当其处于不同土层中,其桩身强度也是不同的。

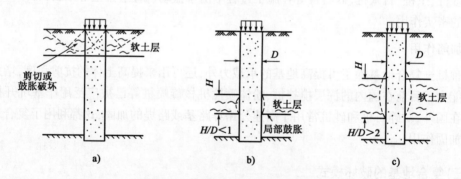

图 6-25 非均质黏性土中碎石桩破坏机理

(四)复合地基的常用概念

1. 复合地基置换率

在竖向增强体复合地基中,竖向增强体习惯上称为桩体,基体称为桩间土。在复合地基中,取一根桩及其所影响的桩周土所组成的单元体作为研究对象。若桩体的横截面面积为 A_p,该桩体所对应(或承担)的复合地基面积为 A_e,则复合地基面积置换率 m 定义为:

$$m = \frac{A_p}{A_e} \tag{6-33}$$

式中:A_p——桩的截面积;

A_e——一根桩分担的处理地基面积。

在复合地基的置换率计算中,常常引进一个等效直径 d_e(一根桩分担的处理地基面积的等效圆直径、有效排水直径)。它与桩间距(B)的关系为:如果断面为圆形的桩,等边三角形布置时,$d_e=1.05B$;正方形布置时,$d_e=1.13B$。等效直径的实质是通过等效圆的面积与原来每个桩所对应的面积相等折算得到。

2. 桩土应力比

桩土应力比(n)是指复合地基中桩体的竖向平均应力(σ_p)与桩间土的竖向平均应力(σ_s)之比。桩土应力比是复合地基的一个重要设计参数,它关系复合地基承载力和变形的计算。

$$n = \frac{\sigma_p}{\sigma_s} \tag{6-34}$$

在荷载作用下桩体承担的荷载记为 P_p,桩间土承担的荷载记为 P_s,则桩土荷载分担比 N 为:

$$N = \frac{P_p}{P_s} \tag{6-35}$$

桩土荷载分担比 N 与桩土应力比 n 可通过下式换算:

$$N = \frac{mn}{1-m} \tag{6-36}$$

式中:m——复合地基置换率。

桩土应力比 n 值和荷载分担比 N 值的大小定性反映复合地基的工作状况。影响这两个参数大小的因素很多,如荷载水平、荷载作用时间、桩间土性质、桩体刚度、桩长、复合地基置换率、原地基土强度、固结时间和垫层情况等。桩土应力比 n,宜经试验工程确定,无资料时,如对散体材料桩,n 可取 2~5,当桩底土质好、桩间土质差时取高值,否则取低值。

3. 复合压缩模量

复合地基是由桩体和桩间土两部分组成的,是非均质的。在复合地基计算中,有时为了简化计算,将加固区视为一均质的复合土体,与原非均质复合土体等价的均质复合土体的压缩模量称为复合压缩模量(E_{sp})。一般可按下列公式计算:

$$E_{sp} = mE_p + (1-m)E_s \tag{6-37}$$

或

$$E_{sp} = [1 + m(n-1)]E_s \tag{6-38}$$

$$E_{sp} = \alpha[1 + m(n-1)]E_s \tag{6-39}$$

式中:E_s——桩间土压缩模量(MPa),宜按当地经验取值,如无经验时,可取天然地基压缩模量;

α——成桩对周围土的挤密效应系数,如对砂石桩可取 1.0。

二、复合地基承载力确定

复合地基承载力是由地基承载力和桩体承载力两部分组成的。如何合理估计两者对复合地基承载力的贡献是桩体复合地基承载力确定的关键。在复合地基中,散体材料桩、柔性桩和刚性桩荷载传递机理是不同的,桩体复合地基上的基础刚度大小、是否铺设垫层、垫层厚度等都对复合地基受力性状有较大影响。因此,复合地基承载力确定比较复杂,要考虑诸多影响因素。通常认为复合地基在荷载作用下,如果基础是刚性基础,则复合地基中桩体先发生破坏;如果是柔性基础,则复合地基中桩间土先发生破坏。无论哪种破坏方式,复合地基破坏时桩核桩间土各自承载力发挥程度都需估计。同时,复合地基中桩间土的极限荷载与天然地基的不同,复合地基中的桩体所能承担的极限荷载与自由单桩不同。这都给复合地基承载力确定带来不确定因素,应该说复合地基承载力计算理论还很不成熟,需要加强研究、发展和提高。

在工程应用中,复合地基承载力特征值应通过现场复合地基载荷试验确定。有经验时可采用竖向增强体和其周边土的载荷试验确定,由于复合地基竖向增强体种类多,复合地基设计承载力表达式不能完全统一,必须按地区经验由现场经验结果确定。

由理论公式确定复合地基承载力,目前主要有两种计算模式:第一种是将复合地基作为整体来考虑,这方面的研究成果不多;第二种是分别确定桩体和土的承载力,然后按一定的原则将这两部分承载力叠加得到复合地基的承载力,初步设计时,可采用这种所谓复合地基承载力的复合求和法,复合求和法的计算公式根据桩的类型不同而有所不同。

三、复合地基变形验算

复合地基变形验算在复合地基设计中占有重要地位。当按沉降控制设计时,沉降计算在设计中的地位更为重要。但目前复合地基沉降计算水平远低于复合地基承载力的计算水平,落后于工程实践的需要。复合地基沉降计算理论很不成熟。在各类实用计算方法中,通常把复合地基沉降量分为加固区的沉降量 s_1 和下卧层的沉降量 s_2 两部分,基础和复合地基之间垫层的压缩量常被忽略。复合地基的总沉降量 s 可表示为:

$$s = s_1 + s_2 \tag{6-40}$$

在各类计算复合地基压缩变形的方法中,通常把复合地基的压缩变形量分为加固区土层压缩变形量和加固区下卧层压缩变形量两部分。具体计算方法可参见土力学教材中的相关章节。

思 考 题

1. 工程中常用的地基处理方法可分为几类?简述各类地基处理方法的特点、使用条件和优缺点。
2. 地基处理要达到哪些目的?
3. 试用图阐明砂垫层的设计原理,它是如何达到处理软弱地基土要求的,如何选用理想的垫层材料,如何确定砂垫层的厚度与宽度。
4. 试说明砂桩、振冲桩对不同土质的加固机理和设计方法,以及它们的使用条件和范围是什么。
5. 强夯法和重锤夯实法的加固机理有何不同?使用强夯法加固地基应注意什么问题?
6. 选用砂井、袋装砂井和塑料排水板时的区别是什么?
7. 挤密砂桩和排水砂井的作用有何不同?

8. 土工合成材料的作用是什么?

9. 简述各种搅拌(桩)法各自的适用条件、加固机理,有哪些优、缺点。

10. 什么是复合地基?现行的复合地基设计理论适用于什么情况?用它来计算地基承载力有什么优、缺点?

11. 某小桥桥台为刚性扩大基础 $2m \times 8m \times 1m$(厚),基础埋深 1m,地基土为流塑黏性土,$I_L = 1$,$e = 0.8$,$\gamma = 18kN/m^3$,基底平均附加压应力为 160kPa,拟采用砂垫层,请确定砂垫层厚度及平面尺寸。

12. 某拟建场地的地层情况及物理力学性质指标如表 6-16 所示,现要求填筑 7m 高的路堤,填料重度 $\gamma = 19kN/m^3$。

(1) 请提出 2 个可选择的处理方案并要求说明其加固原理、特点以及达到的效果。

(2) 对其中一种地基处理方法进行简单设计。

我国部分高速公路软土分布情况一览表　　　　表 6-16

序号	土层名称	厚度(m)	含水率 w(%)	孔隙比 e	塑性指数 I_P	压缩模量 E_s(MPa)	黏聚力 c(kPa)	内摩擦角 φ(°)	承载力特征值 f_a
1	黏土	2.0	35	0.95	15	4.0	10	15	90
2	淤泥	15.0	64	1.65	18	1.8	9	6	50
3	粉质黏土	6.0	30	0.8	10	8.0	10	20	120
4	砂质黏土	5.0	30	0.7	5	10.0	8	25	160

第七章 特殊土地基

第一节 概 述

我国地域辽阔,从沿海到内陆,从山区到平原,广泛分布着各种各样的土类。某些土类,由于生成时不同的地理环境、气候条件、地质成因、历史过程和次生变化等原因,使它们具有一些特殊的成分、结构和性质。当用作为建筑物的地基时,如果不注意这些特殊性就可能引起事故。通常把这些具有特殊工程地质的土类称为特殊土。各种天然形成的特殊土的地理分布存在着一定的规律,表现出一定的区域性,故又有区域性特殊土之称。

我国主要的区域性特殊土有软土、湿陷性黄土、膨胀土、红黏土以及盐渍土和多年冻土地基等。此外,我国山区广大,广泛分布在我国西南地区的山区地基与平原相比,其主要表现为地基的不均匀性和场地的不稳定性两方面,工程地质条件更为复杂,如岩溶、土洞及土岩组合地基等,对构筑物更具有直接和潜在的危险。为保证各类构筑物的安全和正常使用,应根据其工程特点和要求,因地制宜、综合治理。尤其是我国西部工程建设的高速发展,对该类地基的处治提出了更高的要求。

限于篇幅,本章主要介绍上述特殊土地基的工程特征和评估指标,以及在这些地区从事工程建设时应采取的措施。

第二节 软土地基

一、软土及其分布

软土系指天然孔隙比大于或等于1.0,天然含水率大于液限,压缩系数宜大于$0.5MPa^{-1}$,不排水抗剪强度宜小于30kPa,并且具有灵敏结构性的细粒土。其包括淤泥、淤泥质土、泥炭、泥炭质土等。

软土多为静水或缓慢流水环境中沉积,并经生物化学作用形成,其成因类型主要有滨海环境沉积、海陆过渡环境沉积(三角洲沉积)、河流环境沉积、湖泊环境沉积和沼泽环境沉积等。我国软土分布很广,如长江、珠江地区的三角洲沉积;上海、天津塘沽、浙江温州、宁波、江苏连云港等地的滨海相沉积;闽江口平原的溺谷相沉积;洞庭湖、洪泽湖、太湖以及昆明滇池等地区的内陆湖泊相沉积;河滩沉积位于各大、中河流的中、下游地区;沼泽沉积的有内蒙古、东北大、小兴安岭、南方及西南森林地区等。

此外,广西、贵州、云南等省的某些地区还存在山地型的软土,是泥灰岩、炭质页岩、泥质砂页岩等风化产物和地表的有机物质经水流搬运,沉积于低洼处,长期饱水软化或间有微生物作用而形成。沉积的类型属于坡洪积、湖沉积和冲沉积为主。其特点是分布面积不大,但厚度变化很大,有时相距 2~3m 内,厚度变化可达 7~8m。

我国厚度较大的软土,一般表层有 0~3m 厚的中或低压缩性黏性土(俗称硬壳层或表土层),其层理上大致可分为以下几种类型。

(1)表层为 1~3m 褐黄色粉质黏土,第二、三层为淤泥质黏土,一般厚约 20m,属高压缩性土,第四层为较密实的黏土层或砂层。

(2)表层由人工填土及较薄的粉质黏土组成,厚 3~5m,第二层为 5~8m 的高压缩性淤泥层,基岩离地表较近,起伏变化较大。

(3)表层为 1m 余厚的黏性土,其下为 30m 以上的高压缩性淤泥层。

(4)表层为 3~5m 厚褐黄色粉质黏土,以下为淤泥及粉砂夹层交错形成。

(5)表层同(4)第二层为厚度变化很大、呈喇叭口状的高压缩性淤泥,第三层为较薄残积层,其下为基岩,多分布在山前沉积平原或河流两岸靠山地区。

(6)表层为浅黄色黏性土,其下为饱和软土或淤泥及泥炭,成因复杂,极大部分为坡洪积、湖沼沉积、冲积以及参积,分布面积不大,厚度变化悬殊的山地型软土。

二、软土的工程特性及其评价

软土的主要特征是含水率高(w = 35%~80%)、孔隙比大($e \geq 1$)、压缩性高、强度低、渗透性差,并含有机质,一般具有以下工程特性:

(1)触变性 尤其是滨海相软土一旦受到扰动(振动、搅拌、挤压或搓揉等),原有结构破坏,土的强度明显降低或很快变成稀释状态。触变性的大小,常用灵敏度 S_t 来表示,一般 S_t 在 3~4 之间,个别可达 8~9。故软土地基在振动荷载下,易产生侧向滑动、沉降及基底向两侧挤出等现象。

(2)流变性 软土除排水固结引起变形外,在剪应力作用下,土体还会发生缓慢而长期的剪切变形,对地基沉降有较大影响,对斜坡、堤岸、码头及地基稳定性不利。

(3)高压缩性 软土的压缩系数大,一般 a_{1-2} = 0.5~1.5MPa^{-1},最大可达 4.5MPa^{-1};压缩指数 C_c 为 0.35~0.75,软土地基的变形特性与其天然固结状态相关,欠固结软土在荷载作用下沉降较大,天然状态下的软土层大多属于正常固结状态。

(4)低强度 软土的天然不排水抗剪强度一般小于 20kPa,其变化范围为 5~25kPa,有效内摩擦角 φ' 为 12°~35°,固结不排水剪内摩擦角 φ_{cu} = 12°~17°,软土地基的承载力常为 50~80kPa。

(5)低透水性 软土的渗透系数一般为 $i \times 10^{-6}$~$i \times 10^{-8}$ cm/s,在自重或荷载作用下固结速率很慢。同时,在加载初期地基中常出现较高的孔隙水压力,影响地基的强度,延长建筑物沉降时间。

(6)不均匀性 由于沉降环境的变化,黏性土层中常局部夹有厚薄不等的粉土使水平和垂直分布上有所差异,使建筑物地基易产生差异沉降。

软土地基的岩土工程分析和评价应根据其工程特性,结合不同工程要求进行,通常应包括以下内容:

(1)判定地基产生滑移和不均匀变形的可能性。当建筑物位于池塘、河岸、边坡附近时,应验算其稳定性。

(2)选择适宜的持力层和基础形式,当有地表硬壳层时,基础宜浅埋。

(3) 当建筑物相邻高低层荷载相差很大时,应分别计算各自的沉降,并分析其相互影响。当地面有较大面积堆载时,应分析对相邻建筑物的不利影响。

(4) 软土地基承载力应根据地区建筑经验,并结合下列因素综合确定：
① 软土成分条件、应力历史、力学特性及排水条件。
② 上部结构的类型、刚度、荷载性质、大小和分布,对不均匀沉降的敏感性。
③ 基础的类型、尺寸、埋深、刚度等。
④ 施工方法和程序。
⑤ 采用预压排水处理的地基,应考虑软土固结排水后强度的增长。

(5) 地基的沉降量可采用分层总和法计算,并乘以经验系数;也可采用土的应力历史的沉降计算方法。

(6) 在软土开挖、打桩、降水时,应按《岩土工程勘察规范》(GB 50021—2009)有关规定执行。

此外,还须特别强调软土地基承载力综合评定的原则,不能单靠理论计算,要以地区经验为主。软土地基承载力的评定,变形控制原则比按强度控制原则更为重要。

软土地基主要受力层中的倾斜基岩或其他倾斜坚硬地层,是软土地基的一大隐患。其可能导致不均匀沉降,以及蠕变滑移而产生剪切破坏,因此对这类地基不但要考虑变形,而且要考虑稳定性。若主要受力层中存在有砂层,砂层将起排水通道作用,加速软土固结,有利于地基承载力的提高。

水文地质条件对软土地基影响较大,如抽降地下水形成降落漏斗将导致附近建筑物产生沉降或不均匀沉降;基坑迅速抽水则会使基坑周围水力坡度增大而产生较大的附加应力,致使坑壁坍塌;承压水头改变将引起明显的地面浮沉等。在岩土工程评价中应引起重视。此外,沼气逸出等对地基稳定和变形也有影响,通常应查明沼气带的埋藏深度、含气率和压力的大小,以此评价对地基影响的程度。

建筑施工加荷速率的适当控制或改善土的排水固结条件可提高软土地基的承载力及其稳定性。即随着荷载的施加地基土强度逐渐增大,承载力得以提高;反之,若荷载过大,加荷速率过快,将出现局部塑性变形,甚至产生整体剪切破坏。

三、软土地基的工程措施

在软土地基上修建各种构筑物时,要特别重视地基的变形和稳定问题,并考虑上部结构与地基的共同作用、采用必要的建筑及结构措施,确定合理的施工顺序和地基处理方法,并应采取下列措施：

(1) 充分利用表层密实的黏性土(一般厚 1~2m)作为持力层,基底尽可能浅埋(埋深 d = 300~800mm),但应验算下卧层软土的强度。

(2) 尽可能设法减小基底附加应力,如采用轻型结构、轻质墙体、扩大基础底面、设置地下室或半地下室等。

(3) 采用换土垫层或桩基础等,但应考虑欠固结软土产生的桩侧负摩阻力。

(4) 采用砂井预压,加速土层排水固结。

(5) 采用高压喷射、深层搅拌、粉体喷射等处理方法。

(6) 使用期间,对大面积地面堆载划分范围,避免荷载局部集中、直接压在基础上。

当遇到暗塘、暗沟、杂填土及冲填土时,须查明范围、深度及填土成分。较密实均匀的建筑垃圾及性能稳定的工业废料可作为持力层,而有机质含量大的生活垃圾和对地基有侵害作用的工业废料,未经处理不宜作为持力层。并应根据具体情况,选用以下处理方法:

(1)不挖土,直接打入短桩。如上海地区通常采用长约7m、断面200mm×200mm的钢筋混凝土桩,每桩承载力30~70kN。并认为承台底土与桩共同承载,土承受该桩所受荷载的70%左右,但不超过30kPa,对暗塘、暗沟下有强度较高的土层效果更佳。

(2)填土不深时,可挖去填土,将基础落深,或用毛石混凝土、混凝土等加厚垫层,或用砂石垫层处理。若暗塘、暗沟不宽,也可设置基础梁直接跨越。

(3)对于低层民用建筑可适当降低地基承载力,直接利用填土作为持力层。

(4)冲填土一般可直接作为地基。若土质不良时,可选用上述方法加以处理。

第三节　湿陷性黄土地基

一、黄土的特征和分布

黄土是一种产生于第四纪地质历史时期干旱条件下的沉积物,其外观颜色较杂乱,主要呈黄色或褐黄色,颗粒组成以粉粒(0.075~0.005mm)为主,同时含有砂粒和黏粒。它的内部物质成分和外部形态特征与同时期其他沉积物不同。一般认为不具层理的风成黄土为原生黄土,原生黄土经流水冲刷、搬运和重新沉积形成的黄土称次生黄土,常具层理和砾石夹层。

具有天然含水量的黄土,如未受水浸湿,一般强度较高,压缩性较小,某些黄土在一定压力下受水浸湿,土结构迅速破坏,产生显著附加下沉,强度也迅速降低,其称为湿陷性黄土,主要属于晚更新世(Q_3)的马兰黄土以及全新世(Q_4)的次生黄土。该类黄土形成年代较晚,土质均匀或较为均匀,结构疏松,大孔发育,有较强烈的湿陷性。湿陷性黄土又分为非自重湿陷性和自重湿陷性黄土两种。在土自重应力作用下受水浸湿后不发生湿陷者称为非湿陷性黄土;而在自重应力作用下受水浸湿后发生湿陷者称为自重湿陷性黄土。

黄土在世界各地分布甚广,其面积达1300万km^2,约占陆地总面积的9.3%,主要分布于中纬度干旱、半干旱地区。如法国的中部和北部,东欧的罗马尼亚、保加利亚、俄罗斯、乌克兰等,美国沿密西西比河流域及西部不少地区。我国黄土分布亦非常广泛,面积约64万km^2,其中湿陷性黄土约占3/4。以黄河中游地区最为发育,多分布于甘肃、陕西、山西地区,青海、宁夏、河南也有部分分布,其他如河北、山东、辽宁、黑龙江、内蒙古和新疆等省(区)也有零星分布。

我国《湿陷性黄土地区建筑规范》(GB 50025—2018)(以下简称《黄土规范》)在调查和搜集各地区湿陷性黄土的物理力学性质指标、水文地质条件、湿陷性资料等基础上,综合考虑各区域的气候、地貌、地层等因素,给出了我国湿陷性黄土工程地质分区略图以供参考。

二、影响黄土地基湿陷性的主要因素

1. 黄土的湿陷机理

黄土的湿陷现象是一个复杂的地质、物理、化学过程,其湿陷机理国内外学者有各种不同

假说,如毛细管假说、溶盐假说、胶体不足假说、欠压密理论和结构学假说等。但至今尚未获得能够充分解释所有湿陷现象和本质的统一理论。以下仅简要介绍几种被认为比较合理的假说。

(1)黄土的欠压密理论认为,在干旱、少雨气候下,黄土沉积过程中水分不断蒸发,土粒间盐类析出,胶体凝固,形成固化黏聚力,在土湿度不大时,上覆土层不足以克服土中形成的固化黏聚力,因而形成欠压密状态,一旦受水浸湿,固化黏聚力消失,则产生沉陷。

(2)溶盐假说认为,黄土湿陷是由于黄土中存在大量的易溶盐。黄土中含水率较低时,易溶盐处于微晶状态,附于颗粒表面,起胶结作用。而受水浸湿后,易溶盐溶解,胶结作用丧失,从而产生湿陷。但溶盐假说并不能解释所有湿陷现象,如我国湿陷性黄土中易溶盐含量就较少。

(3)结构学说认为,黄土湿陷的根本原因是其特殊的粒状架空结构体系所造成。该结构体系由集粒和碎屑组成的骨架颗粒相互联结形成(图7-1),含有大量架空孔隙。颗粒间的连接强度是在干旱、半干旱条件下形成,来源于上覆土重的压密,少量的水在粒间接触处形成毛管压力,粒间电分子引力,粒间摩擦及少量胶凝物质的固化黏聚等。该结构体系在水和外荷载作用下,必然导致连接强度降低、连接点破坏,致使整个结构体系失去稳定。

尽管解释黄土湿陷原因的观点各异,但归纳起来可分为外因和内因两个方面。黄土受水浸湿和荷载作用是湿陷发生的外因,黄土的结构特征及物质成分是产生湿陷性的内在原因。

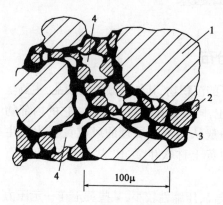

图 7-1　黄土结构示意图
1-砂粒;2-粗粉粒;3-胶结物;4-大孔隙

2. 影响黄土湿陷性的因素

(1)黄土的物质成分　黄土中胶结物的多寡和成分,以及颗粒的组成和分布,对于黄土的结构特点和湿陷性的强弱有着重要的影响。胶结物含量大,可把骨架颗粒包围起来,则结构致密。黏粒含量特别是胶结能力较强的小于 0.001mm 颗粒的含量多,其均匀分布在骨架之间也起了胶结物的作用,均使湿陷性降低并使力学性质得到改善。反之,粒径大于 0.05mm 的颗粒增多,胶结物多呈薄膜状分布,骨架颗粒多数彼此直接接触,其结构疏松,强度降低而湿陷性增强。我国黄土湿陷性存在着由西北向东南递减的趋势,这与自西北向东南方向砂粒含量减少而黏粒含量增多是一致的。此外,黄土中的盐类以及其存在状态对湿陷性也有着直接的影响,如以较难溶解的碳酸钙为主而具有胶结作用时,湿陷性减弱,但石膏及其他碳酸盐、硫酸盐和氯化物等易溶盐的含量愈大时,湿陷性增强。

(2)黄土的物理性质　黄土的湿陷性与其孔隙比和含水率等土的物理性质有关。天然孔隙比越大,或天然含水率越小,则湿陷性越强。饱和度 $S_r \geqslant 80\%$ 的黄土,称为饱和黄土,饱和黄土的湿陷性已退化。在天然含水率相同时,黄土的湿陷变形随湿度的增加而增大。

(3)外加压力　黄土的湿陷性还与外加压力有关。外加压力越大,湿陷量也显著增加,但当压力超过某一数值后,再增加压力,湿陷量反而减少。

三、湿陷性黄土地基的评价

正确评价黄土地基的湿陷性具有很重要的工程意义，其主要包括三方面内容：
(1) 查明一定压力下黄土浸水后是否具有湿陷性。
(2) 判别场地的湿陷类型，是自重湿陷性还是非自重湿陷性。
(3) 判定湿陷黄土地基的湿陷等级，即其强弱程度。

1. 湿陷系数

黄土的湿陷量与所承受的压力大小有关。湿陷性的有无、强弱可按某一给定压力下土体浸水后的湿陷系数 δ_s 来衡量，湿陷系数由室内压缩试验测定。在压缩仪中将原状试样逐级加压到规定的压力 p，当压缩稳定后测得试样高度 h_p，然后加水浸湿，测得下沉稳定后高度 h'_p。设土样原始高度为 h_0，则土的湿陷系数 δ_s 为：

$$\delta_s = \frac{h_p - h'_p}{h_0} \tag{7-1}$$

在工程中，δ_s 主要用于判别黄土的湿陷性，当 $\delta_s < 0.015$ 时，定为非湿陷性黄土；$\delta_s \geqslant 0.015$ 时，定为湿陷性黄土。试验时测定湿陷系数的压力 p 应采用黄土地基的实际压力，但初勘阶段，建筑物的平面位置、基础尺寸和埋深等尚未确定，即实际压力大小难以预估。因而，《黄土规范》规定：自基础底面（初勘时，自地面下 1.5m）算起，10m 以上的土层应用 200kPa，10m 以下至非湿陷性土层顶面，应用其上覆土的饱和自重应力（当大于 300kPa 时，仍应用 300kPa）。如基底压力大于 300kPa 时，宜用实际压力判别黄土的湿陷性。

2. 湿陷起始压力

如前所述，黄土的湿陷量是压力的函数。事实上存在一个压力界限值，若黄土所受压力低于该数值，即使浸了水也只产生压缩变形而无湿陷现象。该界限称为湿陷起始压力 p_{sh}(kPa)。它是一个很有实用价值的指标。例如，当设计荷载不大的非自重湿陷性黄土地基的基础和土垫层时，可适当选取基础底面尺寸及埋深或土垫层厚度，使基底或垫层底面总压应力小于或等于 p_{sh}，则可避免湿陷发生。

湿陷起始压力可根据室内压缩试验或野外载荷试验确定，其分析方法可采用双线法或单线法。

(1) 双线法。

在同一取土点的同一深度处，以环刀切取 2 个试样。一个在天然湿度下分级加荷，另一个在天然湿度下加第一级荷重，下沉稳定后浸水，至湿陷稳定后再分级加荷。分别测定两个试样在各级压力下，下沉稳定后的试样高度 h_p 和浸水下沉稳定后的试样高度 h'_p，绘制不浸水试样的 p-h_p 曲线和浸水试样的 p-h'_p 曲线如图 7-2 所示。然后按式(7-1)计算各级荷载下的湿陷系数 δ_s，并绘制 p-δ_s 曲线。在 p-δ_s 曲线上取 $\delta_s = 0.015$ 所对应的压力作为湿陷起始压力 p_{sh}。

(2) 单线法。

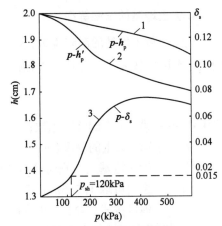

图 7-2 双线法压缩试验曲线
1-不浸水试样 p-h_p 曲线；2-浸水试样 p-h'_p 曲线；3-p-δ_s 曲线

在同一取土点的同一深度处,至少以环刀切取 5 个试样。各试样均分别在天然湿度下分级加荷至不同的规定压力。下沉稳定后测定土样高度 h_p,再浸水至湿陷稳定为止,测试样高度 h'_p,绘制 p-δ_s 曲线。p_{sh} 的确定方法与双线法相同。

上述方法是针对室内压缩试验而言,与野外载荷试验方法相同,此不赘述。我国各地湿陷起始压力相差较大,如兰州地区一般为 20~50kPa,洛阳地区常在 120kPa 以上。此外,大量试验结果表明,黄土的湿陷起始压力随土的密度、湿度、胶结物含量以及土的埋藏深度等的增加而增加。

3. 场地湿陷类型的划分

工程实践表明,自重湿陷性黄土无外荷作用时,浸水后也会迅速发生剧烈的湿陷,甚至一些很轻的建筑物也难免遭受其害。而对非自重湿陷性黄土地基则很少发生。对两种湿陷性黄土地基,所采取的设计和施工措施应有所区别。因此必须正确划分场地的湿陷类型。

建筑物场地的湿陷类型,应按实测自重湿陷量或计算自重湿陷量判定。实测自重湿陷量应根据现场试坑浸水试验确定。其结果可靠,但费水费时,且有时受各种条件限制而不易做到。计算自重湿陷量可按下式计算:

$$\Delta_{zs} = \beta_0 \sum_{i=1}^{n} \delta_{zsi} h_i \tag{7-2}$$

式中:δ_{zsi}——第 i 层土在上覆土的饱和 ($S_r > 0.85$) 自重应力作用下的湿陷系数,其测定和计算方法同 δ_s,即 $\delta_{zs} = (h_z - h'_z)/h_0$,其中 h_z 是加压至土的饱和自重压力时,下沉稳定后的高度,h'_z 是上述加压稳定后,在浸水作用下,下沉稳定后的高度;

h_i——第 i 层土的厚度(cm);

n——总计算土层内湿陷土层的数目,总计算厚度应从天然地面算起(当挖、填方厚度及面积较大时,自设计地面算起)至其下全部湿陷性黄土层的底面为止,但 δ_s < 0.015 的土层不计;

β_0——因地区土质而异的修正系数,陇西地区可取 1.5,陇东陕北地区取 1.2,对关中地区取 0.9,其他地区可取 0.5。

当 $\Delta_{zs} \leq 7$cm 时,应定为非自重湿陷性黄土场地;当 $\Delta_{zs} > 7$cm 时,应定为自重湿陷性黄土场地。

4. 黄土地基的湿陷等级

湿陷性黄土地基的湿陷等级,应根据基底下各土层累计的总湿陷量 Δ_s 和计算自重湿陷量的大小等因素按表 7-1 判定。总湿陷量可按下式计算:

$$\Delta_s = \sum_{i=1}^{n} \beta \delta_{si} h_i \tag{7-3}$$

式中:δ_{si}——第 i 层土的湿陷系数;

h_i——第 i 层土的厚度(cm);

β——考虑地基土的侧向挤出和浸水概率等因素的修正系数,基底下 5m(或压缩层)深度内可取 1.5;5m 以下,对非自重湿陷性黄土场地可不计算;自重湿陷性黄土场地可按式(7-2)中 β_0 取用。

Δ_s 是湿陷性黄土地基在规定压力下充分浸水后可能发生的湿陷变形值。设计时应根据黄土地基的湿陷等级考虑相应的设计措施。相同情况下湿陷程度愈高,设计措施要求也愈高。

湿陷性黄土地基的湿陷等级 表 7-1

湿陷类型 Δ_{zs}(cm) Δ_{zs}(cm)	非自重湿陷性地基	自重湿陷性地基	
	≤7	$7 < \Delta_{zs} \leq 35$	>35
$5 < \Delta_{zs} \leq 30$	Ⅰ(轻微)	Ⅰ(轻微)	Ⅱ(中等)
$10 < \Delta_{zs} \leq 30$		Ⅱ(中等)	
$30 < \Delta_{zs} \leq 70$	Ⅱ(中等)	Ⅱ(中等)或Ⅲ(严重)*	Ⅲ(严重)
>70	Ⅱ(中等)	Ⅲ(严重)	Ⅳ(很严重)

注*:对 $7 < \Delta_{zs} \leq 35$、$30 < \Delta_{zs} \leq 70$ 一档的划分,当湿陷量的计算值 $\Delta_S > 60$cm,自重湿陷量的计算值 $\Delta_{zs} > 30$cm 时,可判为Ⅲ级,其他情况可判为Ⅱ级。

5. 黄土地基的勘察

湿陷性黄土地区的地基勘察除满足一般勘察要求外,还需针对湿陷性黄土的特点进行如下勘察工作。

(1)应着重查明地层时代、成因、湿陷性土层的厚度、土的物理力学性质(包括湿陷起始压力),湿陷系数随深度的变化、地下水位变化幅度和其他工程地质条件,以及划分湿陷类型和湿陷等级,确定湿陷性、非湿陷性土层在平面与深度上的界限。

(2)划分不同的地貌单元,查明湿陷洼地、黄土溶洞、滑坡、崩塌、冲沟和泥石流等不良地质现象的分布地段、规模和发展趋势及其对建设的影响。

(3)了解场地内有无地下坑穴,如古墓、古井、坑、穴、地道、砂井和砂巷等;研究地形的起伏和降水的积累及排泄条件;调查山洪淹没范围及其发生时间,地下水位的深度及其季节性变化情况,地表水体和灌溉情况等。

(4)调查邻近已有建筑物的现状及其开裂与损坏情况。

(5)采取原状土样,必须保持其天然湿度和结构(Ⅰ级土试样),探井中取样竖向间距一般为 1m,土样直径不小于 10cm。钻孔中取样,必须注意钻进工艺。取土勘探点中应有一定数量的探井。在Ⅲ、Ⅳ级自重湿陷性黄土场地上,探井数量不得少于取土勘探点的 1/3。场地内应有一定数量的取土勘探点穿透湿陷性黄土层。

[**例题 7-1**] 陕北地区某建筑场地,工程地质勘察中探坑每隔 1m 取土样,测得各土样 δ_{zsi} 和 δ_{si} 如表 7-2 所示,试确定该场地的湿陷类型和地基的湿陷等级。

例题土样 δ_{zsi} 和 δ_{si} 之值 表 7-2

取土深度(m)	1	2	3	4	5	6	7	8	9	10
δ_{zsi}	0.002	0.014	0.020	0.013	0.026	0.056	0.045	0.014	0.001	0.020
δ_{si}	0.070	0.060	0.073	0.025	0.088	0.084	0.071	0.037	0.002	0.039
备注	δ_{zsi} 或 $\delta_{si} < 0.015$,属非湿陷性土层									

解:

(1)场地湿陷类型判别

首先计算自重湿陷量 Δ_{zs},自天然地面算起至其下全部湿陷性黄土层面为止,陕北地区可取 $\beta_0 = 1.2$,由式(7-2)可得:

$$\Delta_{zs} = \beta_0 \sum_{i=1}^{n} \delta_{zsi} h_i = 1.2 \times (0.020 + 0.026 + 0.056 + 0.045 + 0.020) \times 100$$
$$= 20.04 \text{(cm)} > 7\text{cm}$$

故该场地应判定为自重湿陷性黄土场地。

(2)黄土地基湿陷等级判别

由式(7-3)计算黄土地基的总湿陷量 Δ_s，且取 $\beta = \beta_0$，则：

$$\Delta_s = \sum_{i=1}^{n} \beta \delta_{Si} h_i$$
$$= 1.2 \times (0.070 + 0.060 + 0.073 + 0.025 + 0.088 + 0.084 + 0.071 + 0.037 + 0.039) \times 100$$
$$= 64.56 \text{ (cm)}$$

根据表7-1，该湿陷性黄土地基的湿陷性等级可判定为Ⅱ级。

四、湿陷性黄土地基的工程措施

湿陷性黄土地基的设计和施工，应满足承载力、湿陷变形、压缩变形及稳定性要求。并针对黄土地基湿陷性特点和工程要求，因地制宜地以地基处理为主采取如下措施防止地基湿陷，确保建筑物安全和正常使用。

1. 地基处理

其目的在于破坏湿陷性黄土的大孔结构，以便全部或者部分消除地基的湿陷性，从根本上避免或削弱湿陷现象的发生。常用的地基处理方法如表7-3所示。

湿陷性黄土地基常用的处理方法　　　　表7-3

名　称		适　用　范　围	一般可处理(或穿透)基底下的湿陷性土层厚度(m)
垫层法		地下水位以上，局部或整片处理	1～3
夯实法	强夯	$S_r < 60\%$ 的湿陷性黄，局部或整片处理	3～6
	重夯		1～2
挤密法		地下水位以上，局部或整片处理	5～15
桩基础		基础荷载大，有可靠的持力层	≤30
预浸水法		Ⅲ、Ⅳ级自重湿陷性黄土场地，6m以上尚应采用垫层等方法处理	可消除地面下6m以下全部土层的湿陷性
单液硅化或碱液加固法		一般用于加固地下水位以上的已有建筑物地基	≤10 单液硅化加固的最大深度可达20

注：冬季选择垫层法、夯实法和挤密法处理地基时，施工期间应采取防雨、防冻措施，并应防止地面水流入已处理和未处理的基坑或基槽内。

估算非自重湿陷性黄土地基的单桩承载力时，桩端阻力和桩侧摩阻力均应按饱和状态下的土性指标确定。计算自重湿陷性黄土地基的单桩承载力时，不计湿陷性土层范围内桩侧摩阻力，并应扣除桩侧负摩阻力。桩侧负摩阻力的计算深度，应自桩基承台底面算起至湿陷性土层顶面为止。

2. 防水措施

其目的是消除黄土发生湿陷变形的外因。要求做好建筑物在施工及长期使用期间的防水、排水工作，防止地基土受水浸湿。其基本防水措施包括：做好场地平整和防水系统，防止地面积水；压实建筑物四周地表土层，做好散水，防止雨水直接渗入地基；主要给排水管道离建筑物有一定防护距离；提高防水地面、排水沟、检漏管沟和井等设施的设计标准，避免漏水浸泡局部地基土体等。

3. 结构措施

从地基基础和上部结构相互作用概念出发，在建筑结构设计中采取适当措施，以减小建筑物的不均匀沉降或使结构能适应地基的湿陷变形。如选取适宜的结构体系和基础形式,加强上部结构整体刚度,预留沉降净空等。

4. 施工措施及使用维护

湿陷性黄土地基的建筑物施工,应根据地基土的特性和设计要求合理安排施工程序,防止施工用水和场地雨水流入建筑物地基引起湿陷。在使用期间,对建筑物和管道应经常进行维护和检修,确保防水措施的有效发挥,防止地基浸水湿陷。

在上述措施中,地基处理是主要的工程措施。防水、结构措施的采用,应根据地基处理的程度不同而有所差别。若通过地基处理消除了全部地基土的湿陷性,就不必再考虑其他措施;若只是消除了地基主要部分湿陷量,则还应辅以防水和结构措施。

第四节　膨胀土地基

一、膨胀土的特性

膨胀土一般系指黏粒成分主要由亲水性矿物组成,同时具有显著的吸水膨胀和失水收缩两种变形特性的黏性土,其一般强度较高,压缩性低,易被误认为是建筑性能较好的地基土。通常,一般黏性土也具有膨胀和收缩特性,但胀缩量不大,对工程无太多影响;而膨胀土的膨胀—收缩—再膨胀的周期性变化特性非常显著,常给工程带来危害。通常需将其与一般黏性土区别,作为特殊土处理。此外,由于该类土同时具有吸水膨胀和失水收缩的往复胀缩性,故亦称为胀缩性土。

(一) 膨胀土的特征及分布

我国膨胀土除少数形成于全新世(Q_4)外,其地质年代多属第四纪晚更新世(Q_3)或更早一些,在自然条件下,膨胀土液性指数常小于零,呈硬塑或坚硬状态,压缩性较低,具黄、红、灰白等色,常呈斑状,并含有铁锰质或钙质结核,具有以下工程特征。

(1) 多出露于二级及二级以上的河谷阶地、山前和盆地边缘及丘陵地带。地形坡度平缓,一般坡度小于12度,无明显的天然陡坎。膨胀土在结构上多呈坚硬—硬塑状态,结构致密,呈棱形土块者常具有胀缩性,且棱形土块愈小,胀缩性愈强。

(2) 裂隙发育是膨胀土的一个重要特征,常见光滑面或擦痕。裂隙有竖向、斜交和水平三种。裂隙间常充填灰绿、灰白色黏土。竖向裂隙常出露地表,裂隙宽度随深度的增加而逐渐尖灭;斜交剪切缝隙越发育,胀缩性越严重。此外,膨胀土地区旱季常出现地裂,上宽下窄,长可达数十米至百米,深数米,壁面陡立而粗糙,雨季则闭合。

(3) 我国膨胀土的黏粒含量一般很高,粒径小于0.002mm的胶体颗粒含量一般超过20%。液限大于40%,塑性指数大于17,且多在22~35之间。自由膨胀率一般超过40%(红黏土除外)。其天然含水率接近或略小于塑限,液性指数常小于零,压缩性小,多属低压缩性土。

(4) 膨胀土的含水率变化易产生胀缩变形。初始含水率与胀后含水率愈接近,土的膨胀就愈小,收缩的可能性和收缩值就愈大。膨胀土地区多为上层滞水或裂隙水,水位随季节性变化,常引起地基的不均匀胀缩变形。

膨胀土在我国分布广泛,且常常呈岛状分布,以黄河以南地区较多,广西、云南、湖北、河南、安徽、四川、河北、山东、陕西、江苏、贵州和广东等地均有不同范围的分布。国外也一样,美国50个州中有膨胀土的占40个州。此外在印度、澳大利亚、南美洲、非洲和中东广大地区,也常有不同程度的分布。目前,膨胀土的工程问题已成为世界性的研究课题。我国在总结大量勘察、设计、施工和维护等方面的成套经验基础上,已发布《膨胀土地区建筑技术规范》(GB 50112—2013)(以下简称《膨胀土规范》)。

(二)膨胀土的危害性

膨胀土具有显著的吸水膨胀和失水收缩的变形特性,使建造在其上的构筑物随季节性气候的变化而反复不断地产生不均匀的升降,致使房屋开裂、倾斜,公路路基发生破坏,堤岸、路堑产生滑坡,涵洞、桥梁等刚性结构物产生不均匀沉降,造成巨大损失。其破坏具有如下特征和规律:

(1)建筑物的开裂破坏具有地区性成群出现的特点,建筑物裂缝随气候变化不停地张开和闭合。由于低层轻型、砖混结构重量轻、整体性较差,且基础埋置浅,地基土易受外界环境变化的影响而产生胀缩变形,其损665坏最为严重。

(2)因建筑物在垂直和水平方向受弯扭,故转角处首先开裂,墙上常出现对称或不对称的八字形、X形交叉裂缝、外纵墙基础因受到地基膨胀过程中产生的竖向切力和侧向水平推力作用而产生水平裂缝和位移,室内地坪和楼板则发生纵向隆起开裂。

(3)膨胀土边坡不稳定,易产生水平滑坡,引起房屋和构筑物开裂,且构筑物的损坏比平地上更为严重。

世界上已有40多个国家发现膨胀土造成的危害,据报道,目前每年给工程建设带来的经济损失已超过百亿美元。膨胀土的工程问题已引起包括我国在内的各国学术界和工程界的高度重视。

二、影响膨胀土胀缩变形的主要因素

膨胀土的胀缩变形特性主要取决于膨胀土的矿物成分与含量、微观结构等内在机制(内因),但同时受到气候、地形地貌等外部环境(外因)的影响。

1. 影响膨胀土胀缩变形的内因

1)矿物成分

膨胀土中主要黏土矿物是蒙脱石,其次为伊利石。蒙脱石矿物亲水性强,具有既易吸水又易失水的强烈活动性。伊利石亲水性比蒙脱石低,但也有较高的活动性。两种矿物含量的大小直接决定了土的膨胀性大小。此外,蒙脱石矿物吸附外来阳离子的类型对土的胀缩性也有影响,如吸附钠离子(钠蒙脱石)时就具有特别强烈的胀缩性。

2)微观结构

膨胀土中普遍存在着片状黏土矿物,颗粒彼此叠聚成微聚体基本结构单元,其微观结构为叠聚体与叠聚体彼此面—面接触形成分散结构,该结构具有很大的吸水膨胀和失水收缩的能力。故膨胀土的胀缩性还取决于其矿物在空间分布上的结构特征。

3)黏粒含量

由于黏土颗粒细小,比表面积大,因而具有很大的表面能,对水分子和水中阳离子的吸附能力强。因此土中黏粒含量(粒径小于2)愈高,则土的胀缩性愈强。

4) 干密度

土的胀缩表现于土的体积变化。土的干密度愈大,则孔隙比愈小,浸水膨胀愈强烈,失水收缩愈小;反之,孔隙比愈大,浸水膨胀愈小,失水收缩愈大。

5) 初始含水率

土的初始含水率与胀后含水率的差值影响土的胀缩变形,初始含水率与胀后含水率相差愈大,则遇水后土的膨胀愈大,而失水后土的收缩愈小。

6) 土的结构强度

结构强度愈大,土体限制胀缩变形的能力也愈大。当土的结构受到破坏以后,土的胀缩性随之增强。

2. 影响膨胀土胀缩变形的外因

1) 气候条件

一般膨胀土分布地区降雨量集中,旱季较长。若建筑场地潜水位较低,则表层膨胀土受大气影响,土中水分处于剧烈变动之中,对室外土层影响较大,故基础室内外土的胀缩变形存在明显差异,甚至外缩内胀,使建筑物受到往复不均匀变形的影响,导致建筑物开裂。实测资料表明,季节性气候变化对地基土中水分的影响随深度的增加而递减。

2) 地形地貌

高地临空面大,地基中水分蒸发条件好,故含水率变化幅度大,地基土的胀缩变形也较剧烈。因此一般低地的膨胀土地基较高地的同类地基的胀缩变形要小得多;在边坡地带,坡脚地段比坡肩地段的同类地基的胀缩性又要小得多。

3) 日照环境

日照的时间与强度也不可忽视。通常房屋向阳面开裂较多,背阳面(即北面)开裂较少。此外,建筑物周围树木(尤其是不落叶的阔叶树)对胀缩变形也将造成不利影响(树根吸水,减少土中含水量),加剧地基的干缩变形;建筑物内外的局部水源补给,也会增加胀缩变形的差异。

三、膨胀土地基的评价

1. 膨胀土的工程特性指标

为判别及评价膨胀土的胀缩性,除一般物理力学指标外,尚应确定下列胀缩性指标。

1) 自由膨胀率

将人工制备的磨细烘干土样(结构内部无约束力),经无颈漏斗注入量土杯(容积10mL),盛满刮平后,倒入盛有蒸馏水的量筒(容积50mL)内,加入凝聚剂并用搅拌器上下均匀搅拌10次,使土样充分吸水膨胀,至稳定后测其体积。则在水中增加的体积与原体积之比,称为自由膨胀率δ_{ef},可按下式计算:

$$\delta_{ef} = \frac{V_w - V_0}{V_0} \tag{7-4}$$

式中:V_w——土样在水中膨胀稳定后的体积(mL);

V_0——干土样原有体积(mL)。

自由膨胀率表示膨胀土在无结构力影响下和无压力作用下的膨胀特性,可反映土的矿物成分及含量,用于初步判定是否为膨胀土。

2) 膨胀率

膨胀率指原状土样在一定压力下,处于侧限条件下浸水膨胀后,土样增加的高度与原高度之比。试验时,将原状土置于侧限压缩仪中,根据工程需要确定最大压力,并逐级加荷至最大压力。待下沉稳定后,浸水使其膨胀并测读膨胀稳定值。然后逐级卸荷至零,测定各级压力下膨胀稳定时的土样高度变化值。按下式计算膨胀率 δ_{ep}:

$$\delta_{ep} = \frac{h_w - h_0}{h_0} \tag{7-5}$$

式中:h_w——侧限条件下土样浸水膨胀稳定后的高度(mm);

h_0——土样的原始高度(mm)。

膨胀率 δ_{ep} 可用于评价地基的胀缩等级,计算膨胀土地基的变形量以及测定其膨胀力。

3) 线缩率和收缩系数

膨胀土失水收缩,其收缩性可用线缩率和收缩系数表示。它们是地基变形计算中的两项主要指标。线缩率指土的竖向收缩变形与原状土样高度之比。试验时将土样从环刀中推出后,置于20℃恒温或15~40℃自然条件下干缩,按规定时间测读试样高度,并同时测定其含水率(w)。按下式计算土的线收缩率 δ_s:

$$\delta_s = \frac{h_0 - h_i}{h_0} \times 100\% \tag{7-6}$$

式中:h_i——某含水率 w_i 时的土样高度(mm);

h_0——土样的原始高度(mm)。

根据不同时刻的线缩率及相应的含水率可绘制出收缩曲线如图7-3所示。可以看出,随着含水率的蒸发,土样高度逐渐减小,δ_s 增大。原状土样在直线收缩阶段中含水率每降低1%时,所对应的竖向线缩率的改变值即为收缩系数 λ_s:

$$\lambda_s = \frac{\Delta \delta_s}{\Delta w} \tag{7-7}$$

式中:Δw——收缩过程中,直线变化阶段内两点含水率之差(%);

$\Delta \delta_s$——两点含水率之差对应的竖向线缩率之差(%)。

4) 膨胀力

原状土样在体积不变时,由于浸水产生的最大内应力称为膨胀力 p_e,若以试验结果中各级压力下的膨胀率 δ_{ep} 为纵坐标,压力 p 为横坐标,可得 p-δ_{ep} 关系曲线如图7-4所示,该曲线与横坐标的交点即为膨胀力 p_e。

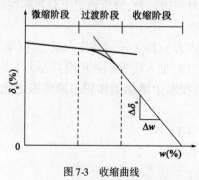

图7-3 收缩曲线

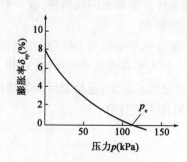

图7-4 p-δ_{ep} 关系曲线

在选择基础形式及基底压力时,膨胀力是个有用的指标,若需减小膨胀变形,则应使基底压力接近 p_e。

2. 膨胀土地基的评价

1) 膨胀土的判别

膨胀土的判别是解决膨胀土地基勘察、设计的首要问题。其主要依据是工程地质特征与自由膨胀率 δ_{ef}。凡 $\delta_{ef} \geqslant 40\%$，且具有上述膨胀土野外特征和建筑物开裂破坏特征，胀缩性能较大的黏性土应判定为膨胀土。

2) 膨胀土的膨胀潜势

不同胀缩性能的膨胀土对建筑物的危害程度明显不同。故判定为膨胀土后，还要进一步确定膨胀土的胀缩性能，即胀缩强弱。研究表明：δ_{ef} 较小的膨胀土，膨胀潜势较弱，建筑物损坏轻微；δ_{ef} 较大的膨胀土，膨胀潜势较强，建筑物损坏严重。因此《膨胀土规范》按 δ_{ef} 大小划分土的膨胀潜势强弱，以判别土的胀缩性高低。

3) 膨胀土地基的胀缩等级

评价膨胀土地基，应根据其膨胀、收缩变形对低层砖混结构的影响程度进行。《膨胀土规范》规定以 50kPa 压力下（相当于一层砖石结构的基底压力）测定的土的膨胀率，计算地基分级变形量 s_e [计算见式(7-8)]，作为划分膨胀土地基胀缩等级的标准（表7-4）。

膨胀土地基的胀缩等级　　表7-4

地基分级变形量 s_e (mm)	级别	地基分级变形量 s_e (mm)	级别
$15 \leqslant s_e < 35$	I	$s_e \geqslant 70$	III
$35 \leqslant s_e < 70$	II		

四、膨胀土地基计算及工程措施

1. 膨胀土地基计算

根据场地的地形、地貌条件，可将膨胀土建筑场地分为：

(1) 平坦场地，地形坡度 <5°，或为 5°~14°，且距坡肩水平距离大于 10m 的坡顶地带；

(2) 坡地场地，地形坡度 ≥5°，或地形坡度 <5°，但同一建筑物范围内局部地形高差大于 1m。

膨胀土地基的胀缩变形量 s_e 可按下式计算：

$$s_e = \psi_e \sum_{i=1}^{n} (\delta_{epi} + \lambda_{si}\Delta w_i) h_i \tag{7-8}$$

式中：ψ_e——计算胀缩变形量的经验系数，可取 0.7；

δ_{epi}——基础底面下第 i 层土在压力 p_i（该层土平均自重应力与附加应力之和）作用下的膨胀率，由室内试验确定；

λ_{si}——第 i 层土的垂直收缩系数；

Δw_i——第 i 层土在收缩过程中可能发生的含水量变化的平均值（小数表示），按《膨胀土规范》公式计算；

h_i——第 i 层土的计算厚度（cm），一般为基底宽度的 0.4 倍；

n——自基底至计算深度内所划分的土层数，计算深度可取大气影响深度，有浸水可能时，可按浸水影响深度确定。

位于平坦场地的建筑物地基，承载力可由现场浸水载荷试验、饱和三轴不排水试验或《膨胀土规范》承载力表确定，变形则按胀缩变形量控制。而位于斜坡场地上的建筑物地基，除上述计算控制外，尚应进行地基的稳定性计算。

2. 膨胀土地基的工程措施

膨胀土地基的工程建设,应根据当地气候条件、地基胀缩等级、场地工程地质和水文地质条件,结合当地建筑施工经验,因地制宜采取综合措施,一般可从以下几方面考虑:

(1)设计措施。

选择场地时应避开地质条件不良地段,如浅层滑坡、地裂发育、地下水位剧烈等地段。尽量布置在地形条件比较简单、地质较均匀、胀缩性较弱的场地。坡地建筑应避免大开挖,依山就势布置,同时应利用和保护天然排水系统,并设置必要的排洪、借流和导流等排水措施,加强隔水、排水,防止局部浸水和渗漏现象。

建筑上力求体型简单,建筑物不宜过长,在地基土不均匀、建筑平面转折、高差较大及建筑结构类型不同处,应设置沉降缝。一般地坪可采用预制块铺砌,块体间嵌柔性材料,大面积地面作分格变形缝;对有特殊要求的地坪可采用地面配筋或地面架空等措施,尽量与墙体脱开。民用建筑层数宜多于两层,以加大基底压力,防止膨胀变形。并应合理确定建筑物与周围树木间距离,避免选用吸水量大、蒸发量大的树种绿化。

结构上应加强建筑物的整体刚度,承重墙体宜采用拉结较好的实心砖墙,不得采用空斗墙、砌块墙或无砂混凝土砌体,避免采用对变形敏感的砖拱结构、无砂大孔混凝土和无筋中型砌块等。基础顶部和房屋顶层宜设置圈梁,其他层隔层设置或层层设置。建筑物的角段和内外墙的连接处,必要时可增设水平钢筋。

加大基础埋深,且不应小于1m。当以基础埋深为主要防治措施时,基底埋置宜超过大气影响深度或通过变形验算确定。较均匀的膨胀土地基,可采用条基;基础埋深较大或条基基底压力较小时,宜采用墩基。

可采用地基处理方法减小或消除地基胀缩对建筑物的危害,常用的方法有换土垫层、土性改良、深基础等。换土应采用非膨胀性黏土,砂石或灰土等材料,厚度应通过变形计算确定,垫层宽度应大于基底宽度。土性改良可通过在膨胀土中掺入一定量的石灰来提高土的强度。也可采用压力灌浆将石灰浆液灌注入膨胀土的裂缝中起加固作用。当大气影响深度较深,膨胀土层较厚,选用地基加固或墩式基础施工困难时,可选用桩基础穿越。

(2)施工措施。

在施工中应尽量减少地基中含水量的变化。基槽开挖施工宜分段快速作业,避免基坑岩土体受到曝晒或浸泡。雨季施工应采取防水措施。当基槽开挖接近基底设计高程时,宜预留150~300mm厚土层,待下一工序开始前挖除;基槽验槽后应及时封闭坑底和坑壁;基坑施工完毕后,应及时分层回填夯实。

由于膨胀土坡地具有多向失水性和不稳定性,坡地建筑比平坦场地的破坏严重,故应尽量避免在坡坎上建筑。若无法避开,首先应采取排水措施,设置支挡和护坡进行治坡,整治环境,再开始兴建建筑。

第五节　山区地基及红黏土地基

山区地基覆盖层厚薄不均,下卧基岩面起伏较大,土岩组合地基在山区较为普遍。当地基下卧岩层为可溶性岩层时,易出现岩溶发育。土洞是岩溶作用的产物,凡具备土洞发育条件的岩溶地区,一般均有土洞发育。红黏土也常分布在岩溶地区,成为基岩的覆盖层。由于地表水和地下水的运动引起冲蚀和潜蚀作用,红黏土中也常有土洞存在。

一、土岩组合地基

当建筑地基的主要受力层范围内存在:下卧基岩表面坡度较大;石牙密布并有出露的地基;大块孤石地基之一时,则属于土岩组合地基。

1. 土岩组合地基的工程特性

土岩组合地基在山区建设中较为常见,其主要特征是地基在水平和垂直方向具有不均匀性,主要工程特性如下。

(1)下卧基岩表面坡度较大。

若下卧基岩表面坡度较大,其上覆土层厚薄不均,将使地基承载力和压缩性相差悬殊而引起建筑物不均匀沉降,致使建筑物倾斜或土层沿岩面滑动而丧失稳定。

如建筑物位于沟谷部位,基岩呈 V 形,岩石坡度较平缓,上覆土层强度较高时,对中小型建筑物,只须适当加强上部结构刚度,不必做地基处理。若基岩呈八字形倾斜,建筑物极易在两个倾斜面交界处出现裂缝,此时可在倾斜交界处用沉降缝将建筑物分开。

(2)石芽密布并有出露的地基。

该类地基多系岩溶的结果,我国贵州、广西和云南等省广泛分布。其特点是基岩表面凹凸不平,起伏较大,石芽间多被红黏土充填(图7-5),即使采用很密集的勘探点,也不易查清岩石起伏变化全貌。其地基变形目前理论上尚无法计算。若充填于石芽间的土强度较高,则地基变形较小;反之变形较大,有可能使建筑物产生过大的不均匀沉降。

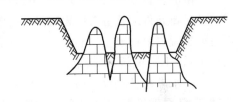

图7-5 石芽密布地基

(3)大块孤石或个别石芽出露地基。

地基中夹杂着大块孤石,多出现在山前洪积层中或冰碛层中。该类地基类似于岩层面相背倾斜及个别石芽出露地基,其变形条件最为不利,在软硬交界处极易产生不均匀沉降,造成建筑物开裂。

2. 土岩组合地基的处理

土岩组合地基的处理,可分为结构措施和地基处理两方面,两者相互协调与补偿。

(1)结构措施。

建造在软硬相差比较悬殊的土岩组合地基,若建筑物长度较大或造型复杂,为减小不均匀沉降所造成的危害,宜用沉降缝将建筑物分开,缝宽 30～50mm。必要时应加强上部结构的刚度,如加密隔墙、增设圈梁等。

(2)地基处理。

地基处理措施可分为两大类:一类是处理压缩性较高部分的地基,使之适应压缩性较低的地基。如采用桩基础、局部深挖、换填或用梁、板、拱跨越,当石芽稳定可靠时,以石芽作支墩基础等方法。此类处理方法效果较好,但费用较高;另一类是处理压缩性较低部分的地基,使之适应压缩性较高的地基。如在石芽出露部位做褥垫(图7-6),也能取得良好效果。褥垫可采用炉渣、中砂、土夹石(其中碎石含量占20%～30%)或黏性土等,厚度宜取 300～500mm,采用分层夯实。

二、岩　溶

岩溶或称喀斯特(Karst)是指可溶性岩石,如石灰岩、白云岩、石膏、岩盐等受水的长期溶蚀作用而形成溶洞、溶沟、裂隙、暗河、石芽、漏斗、钟乳石等奇特的地区及地下形态的总称(图7-7)。我国岩溶分布较广,尤其是碳酸盐类岩溶,西南、东南地区均有分布,贵州、云南、广西壮族自治区等最为发育。

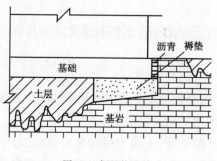
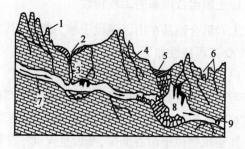

图7-6　褥垫构造图

图7-7　岩溶岩层剖面示意图
1-石芽、石林;2-漏斗;3-落水洞;4-溶蚀裂隙;5-塌陷洼地;6-溶沟、溶槽;7-暗河;8-溶洞;9-钟乳石

1.岩溶发育条件和规律

岩溶的发育与可溶性岩层、地下水活动、气候、地质构造及地形等因素有关,前两项是形成岩溶的必要条件。若可溶性岩层具有裂隙,能透水,而又具有足够溶解能力和足够流量的水,就可能出现岩溶现象。岩溶的形成必须有地下水的活动,因富含 CO_2 的大气降水和地表水渗入地下后,不断更新水质,维持地下水对可溶性岩层的化学溶解能力,从而加速岩溶的发展。若大气降水丰富,地下水源充沛,岩溶发展就快。此外,地质构造上具有裂隙的背斜顶部和向斜轴部、断层破碎带、岩层接触面和构造断裂带等,地下水流动快,有利于岩溶的发育。地形的起伏直接影响地下水的流速和流向,如地势高差大,地表水和地下水流速大,也将加速岩溶的发育。

可溶性岩层不同,岩石的性质和形成条件不同,岩溶的发育速度也就不同。一般情况下,石灰岩、泥灰岩、白云岩及大理岩发育较慢。岩盐、石膏及石膏质岩层发育很快,经常存在有漏斗、洞穴并发生塌陷现象。岩溶的发育和分布规律主要受岩性、裂隙、断层以及不同可溶性岩层接触面的控制。其分布常具有带状和成层性。当不同岩性的倾斜岩层相互成层时,岩溶在平面上呈带状分布。

2.岩溶地基稳定性评价和处理措施

对岩溶地基的评价与处理,是山区工程建设经常遇到的问题,通常,应先查明其发育、分布等情况,作出准确评价,其次是预防与处理。

首先要了解岩溶的发育规律、分布情况和稳定程度。岩溶对地基稳定性的影响主要表现在:

(1)地基主要受力层范围内若有溶洞、暗河等,在附加荷载或振动作用下,溶洞顶板塌陷,地基出现突然下沉。

(2)溶洞、溶槽、石芽、漏斗等岩溶形态使基岩面起伏较大,或分布有软土,导致地基沉降不均匀。

(3)基岩上基础附近有溶沟、竖向岩溶裂痕、落水洞等,可能使基底沿倾向临空面的软弱结构面产生滑动。

(4) 基岩和上覆土层内,因岩溶地区较复杂的水文地质条件,易产生新的工程地质问题,造成地基恶化。

一般情况下,应尽量避免在上述不稳定的岩溶地区进行工程建设,若一定要利用这些地段作为建筑场地,应结合岩溶的发育情况、工程要求、施工条件、经济与安全的原则,采取必要的防护和处理措施,如:

(1) 清爆换填

适用于处理顶板不稳定的浅埋溶洞地基。即清除覆土,爆开顶板,挖去松软填充物,回填块石、碎石、黏土或毛石混凝土等,并分层密实。对地基岩体内的裂隙,可灌注水泥浆、沥青或黏土浆等。

(2) 梁、板跨越

对于洞壁完整、强度较高而顶板破碎的岩溶地基,宜采用钢筋混凝土梁、板跨越,但支承点必须落在较完整的岩面上。

(3) 洞底支撑

适用于处理跨度较大,顶板具有一定厚度,但稳定条件差,若能进入洞内,可用石砌柱、拱或钢筋混凝土柱支撑洞顶。但应查明洞底的稳定性。

(4) 水流排导

地下水宜疏不宜堵,一般宜采用排水隧洞、排水管道等进行疏导,以防止水流通道堵塞,造成动水压力对基坑底板、地坪及道路等的不良影响。

三、土洞地基

1. 概述

土洞是岩溶地区上覆土层在地表水冲蚀或地下水潜蚀作用下形成的洞穴(图7-8)。土洞继续发展,逐渐扩大,则引起地表塌陷。

土洞多位于黏性土层中,砂土和碎石土中少见。其形成和发育与土层的性质、地质构造、水的活动、岩溶的发育等因素有关。且以土层、岩溶的存在和水的活动等三因素最为重要。根据地表或地下水的作用可将土洞分为:地表水形成的土洞,因地表水下渗,内部冲蚀淘空而逐渐形成的土洞;地下水形成的土洞,若地下水升降频繁或人工降低地下水位,水对松软土产生潜蚀作用,使岩土交界面处形成土洞。

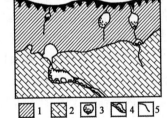

图7-8 土洞剖面示意图
1-土;2-灰岩;3-洞;4-溶洞;5-裂隙

2. 土洞地基的工程措施

在土洞发育地区进行工程建设,应查明土洞的发育程度和分布规律,土洞和塌陷的形状、大小、深度和密度,以提供建筑场地选择、建筑总平面布置所需的资料。

建筑场地最好选择于地势较高或最高水位低于基岩面的地段,并避开岩溶强烈发育及基岩面软黏土厚而集中的地段。若地下水位高于基岩面,在建筑施工或使用期间,应注意因人工降水或取水时形成土洞或发生地表塌陷的可能性。

在建筑物地基范围内有土洞和地表塌陷时,必须认真进行处理。采取以下措施:

(1) 地表、地下水处理

在建筑场地范围内,作好地表水的截流、防渗、堵漏,杜绝地表水渗入,使之停止发育。尤其是对地表水引起的土洞和地表塌陷,可起到根治作用。对形成土洞的地下水,若地质条件许可,可采取截流、改道的办法,防止土洞和塌陷的进一步发展。

(2) 挖填夯实

对于浅层土洞,可先挖除软土,然后用块石或毛石混凝土回填。对地下水形成的土洞和塌陷,可挖除软土和抛填块石后做反滤层,面层用黏土夯实。也可用强夯破坏土洞,加固地基,效果良好。

(3) 灌填处理

适用于埋藏深、洞径大的土洞。施工时在洞体范围的顶板上钻两个或多个钻孔,用水冲法将砂、砾石从孔中(直径 >100mm)灌入洞内,直至排气孔(小孔,直径 50mm)冒砂为止。若洞内有水,灌砂困难时,也可用压力灌注 C15 的细石混凝土等。

(4) 垫层处理

在基底夯填黏土夹碎石作垫层,以扩散土洞顶板的附加压力,碎石骨架还可降低垫层沉降量,增加垫层强度,碎石之间以黏性土充填,可避免地表水下渗。

(5) 梁板跨越

若土洞发育剧烈,可用梁、板跨越土洞,以支承上部建筑物,但需考虑洞旁土体的承载力和稳定性;若土洞直径较小,土层稳定性较好时,也可只在洞顶上部用钢筋混凝土连续板跨越。

(6) 桩基和沉井

对重要建筑物,当土洞较深时,可用桩、沉井或其他深基础穿过覆盖土层,将建筑物荷载传至稳定的岩层上。

四、红黏土地基

1. 红黏土的形成和分布

石灰岩、白云岩等碳酸盐系出露区的岩石在炎热湿润气候条件下,经长期的成土化学风化作用(红土化作用),形成棕红、褐黄等色的高塑性黏土称红黏土。其液限一般大于 50%,具有表面收缩、上硬下软、裂隙发育等特征。

红黏土广泛分布于我国贵州、云南、广西壮族自治区等,湖南、湖北、安徽、四川等部分地区也有分布。通常堆积在山坡、山麓、盆地或洼地中,主要为残积、坡积类型。常为岩溶地区的覆盖层,因受基岩起伏影响,厚度变化较大。若红黏土层受间歇性水流冲蚀,被搬运至低洼处,沉积形成新土层,但仍保留其基本特征,且液限大于 45% 者称为次生红黏土。

2. 红黏土的工程地质特征

1) 矿物化学成分

红黏土的矿物成分主要为石英和高岭石(或伊利石),化学成分以 SiO_2、Fe_2O_3、Al_2O_3 为主。土中基本结构单元除静电引力和吸附水膜连接外,还有铁质胶结,使土体具有较高的连接强度,抑制土粒扩散层厚度和晶格扩展,在自然条件下具有较好的水稳性。由于红黏土分布区气候潮湿多雨,含水量远高于缩限,在自然条件下失水,土粒结合水膜减薄,颗粒距离缩小,使红黏土具有明显的收缩性和裂隙发育等特征。

2) 物理力学性质

红黏土中较高的黏土颗粒含量(55% ~70%)使其孔隙比较大(1.1~1.7),常处于饱和状态($S_r > 85\%$),天然含水率(30%~60%)几乎与液限相等,但液性指数较小(-0.1~0.4),即红黏土以含结合水为主。故其含水量虽高,但土体一般仍处于硬塑或坚硬状态,且具有较高的强度和较低的压缩性。在孔隙比相同时,其承载力约为软黏土的2~3倍。此外,红黏土的各种性能指标变化幅度很大,具有较高的分散性。

3)不良工程特征

从土的性质来说,红黏土是较好的建筑物地基,但也存在一些不良工程特征。

(1)有些地区的红黏土具有胀缩性;

(2)厚度分布不均,常因石灰岩表面石芽、溶沟等的存在,其厚度在短距离内相差悬殊(有的1m之间相差竟达8m);

(3)上硬下软,从地表向下由硬至软明显变化,接近下卧基岩面处,土常呈软塑或流塑状态,土的强度逐渐降低,压缩性逐渐增大;

(4)因地表水和地下水的运动引起的冲蚀和潜蚀作用,岩溶现象一般较为发育,在隐伏岩溶上的红黏土层常有土洞存在,影响场地稳定性。

3. 红黏土地基的评价

1)地基稳定性评价

红黏土在天然状态下,膨胀量很小,但具有强烈的失水收缩性,土中裂隙发育是红黏土的一大特征。坚硬、硬塑红黏土,在靠近地表部位或边坡地带,红黏土裂隙发育,且呈竖向开口状,这种土单独的土块强度很高,但由于裂隙破坏了土体的连续性和整体性,使土体整体强度降低。当基础浅埋且有较大水平荷载,外侧地面倾斜或有临空面时,要首先考虑地基稳定性问题,土的抗剪强度指标及地基承载力都应作相应的折减。另外,红黏土与岩溶、土洞有不可分割的联系,由于基岩岩溶发育,红黏土常有土洞存在,在土洞强烈发育地段,地表坍陷,严重影响地基稳定性。

2)地基承载力评价

由于红黏土具有较高的强度和较低的压缩性,在孔隙比相同时,它的承载力是软黏土的2~3倍,是建筑物良好的地基。它的承载力的确定方法有:现场原位试验,浅层土进行静载荷试验,深层土进行旁压试验;按承载力公式计算,其抗剪强度指标应由三轴试验求得,当使用直剪仪快剪指标时,计算参数应予修正,对c值一般乘以0.6~0.8的系数,对ϕ值乘以0.8~1.0的系数;在现场鉴别土的湿度状态,由经验确定,按相关分析结果,由土的物理指标按有关表格求得。红黏土承载力的评价应在土质单元划分的基础上,根据工程性质及已有研究资料选用上述承载力方法综合确定。由于红黏土湿度状态受季节变化影响,还有地表水体和人为因素影响,在承载力评价时应予充分注意。

3)地基均匀性评价

《岩土工程勘察规范》(GB 50021—2001)按基底下某一临界深度值z范围内的岩土构成情况,将红黏土地基划分为两类:Ⅰ类(全部由红黏土组成)和Ⅱ类(由红黏土和下覆基岩组成)。对于Ⅰ类红黏土地基,可不考虑地基均匀性问题。对于Ⅱ类红黏土地基,根据其不同情况,设检验段验算其沉降差是否满足要求。

4. 红黏土地基的工程措施

在工程建设中,应根据具体情况,充分利用红黏土上硬下软的分布特征,基础尽量浅埋。当红黏土层下部存在局部的软弱下卧层和岩层起伏过大时,应考虑地基不均匀沉降的影响,采取相应的措施。

红黏土地还常存在岩溶和土洞,可按前述方法进行地基处理。为了清除红黏土中地基存在的石芽、土洞和土层不均匀等不利因素的影响,应采取换土、填洞、加强基础和上部结构整体刚度,或采用桩基和其他深基础等措施。

红黏土裂隙发育,在建筑物施工或使用期间均应做好防水排水措施,避免水分渗入地基。对于天然土坡和人工开挖的边坡及基槽,应防止破坏坡面植被和自然排水系统,坡面上的裂隙应加填塞,做好地表水、地下水及生产和生活用水的排泄、防渗等措施,保证土体的稳定性。对基岩面起伏大,岩质坚硬的地基,也可采用大直径嵌岩桩和墩基进行处理。

第六节 冻土地基及盐渍土地基

一、冻 土 地 基

1. 冻土特征及分布

温度为0℃或负温,含有冰且与土颗粒呈胶结状态的土称为冻土。

根据冻土冻结延续时间可分为季节性冻土和多年冻土两大类,土层冬季冻结,夏季全部融化,冻结延续时间一般不超过一个季节,称为季节性冻土层,其下边界线称为冻深线或冻结线;土层冻结延续时间在三年或三年以上称为多年冻土。

季节性冻土在我国分布很广,东北、华北、西北是季节性冻结层厚0.5m以上的主要分布地区;多年冻土主要分布在黑龙江的大小兴安岭一带、内蒙古纬度较大地区,青藏高原部分地区与甘肃、新疆的高山区,其厚度从不足一米到几十米。

2. 冻土地基评价

1) 季节性冻土

季节性冻土地区建筑物的破坏很多是由于地基土冻胀造成的。含黏土和粉土颗粒较多的土,在冻结过程中,由于负温梯度使土中水分向冻结封面迁移积聚;由于水冻结成冰后体积约增大9%,造成冻土的体积膨胀。

土的冻胀由于侧向和下面有土体的约束,主要反映在体积向上的增量上(隆胀)。

对季节性冻土按冻胀变形量大小结合对建筑物的危害程度分为五类,以野外冻胀观测得出的冻胀系数 η 为分类标准。

$$\eta = \frac{\Delta z}{h' - \Delta z} \times 100\% \tag{7-9}$$

式中:Δz——地表冻涨量(mm);
h'——冻层厚度(mm)。

Ⅰ类不冻胀土:$\eta<1\%$,冻结时基本无水分迁移,冻胀变形很小,对各种浅埋基础无任何危害。

Ⅱ类弱冻胀土:$1\%<\eta\leqslant3.5\%$,冻结时水分迁移很少,地表无明显冻胀隆起,对一般浅埋基础也无危害。

Ⅲ类冻胀土:$3.5\%<\eta\leqslant6\%$,冻结时水分有较多迁移,形成冰夹层,如建筑物自重轻、基础埋置过浅,会产生较大的冻胀变形,冻深大时会由于切向冻胀力而使基础上拔。

Ⅳ类强冻胀土,$6\%<\eta\leqslant13\%$,冻结时水分大量迁移,形成较厚冰夹层,冻胀严重,即使基

础埋深超过冻结线,也可能由于切向冻胀力而上拔。

Ⅴ类特强冻胀土 $\eta > 13\%$,冻胀量很大,是使桥梁基础冻胀上拔破坏的主要原因。

2)多年冻土地基

多年冻土的融沉性是评价其工程性质的重要指标,可用融化下沉系数 δ_0 作为分级的直接控制指标。

$$\delta_0 = \frac{h_1 - h_2}{h_1} \times 100\% \tag{7-10}$$

式中:h_1——季节融化层冻土试样冻结时的高度(mm);

h_2——季节融化层冻土试样融化后的高度(mm)。

Ⅰ级(不融沉):$\delta_0 \leq 1\%$,是仅次于岩石的地基土,在其上修筑建筑物时可不考虑冻融问题。

Ⅱ级(弱融沉):$1\% < \delta_0 \leq 3\%$,是多年冻土中较好的地基土,可直接作为建筑物的地基,当控制基底最大融化深度在 3m 以内时,建筑物不会遭受明显融沉破坏。

Ⅲ级(融沉):$3\% < \delta_0 \leq 10\%$,具有较大的融化下沉量而且冬季回冻时有较大冻胀量。作为地基的一般基底融深不得大于 1m,并采取专门措施,如深基、保温防止基底融化等。

Ⅳ级(强融沉):$10\% < \delta_0 \leq 25\%$,融化下沉量很大,因此施工、运营时内不允许地基发生融化,设计时应保持冻土不融或采用桩基础。

Ⅴ级(融陷):$\delta_0 > 25\%$,为含土冰层,融化后呈流动、饱和状态,不能直接作地基,应进行专门处理。

3. 冻土地基工程措施

1)防冻胀措施

目前多从减少冻胀力和改善周围冻土的冻胀性来防治冻胀。

(1)基础四侧换土,采用较纯净的砂、砂砾石等粗颗粒土换填基础四周冻土,填土夯实;

(2)改善基础侧表面平滑度,基础必须浇筑密实,具有平滑表面。基础侧面在冻土范围内还可用工业凡士林、渣油等涂刷以减少切向冻胀力。对桩基础也可用混凝土套管来减除切向冻胀力(图 7-9)。

(3)选用抗冻胀性基础改变基础断面形状,利用冻胀反力的自锚作用增加基础抗冻拔的能力(图 7-10)。

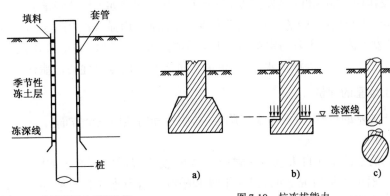

图 7-9 采用混凝土套管的桩

图 7-10 抗冻拔能力

a)混凝土墩式基础;b)锚固扩大基础;c)锚固爆破桩

2) 防融沉措施

多年冻土地区的地基,应根据冻土的稳定状态和修筑建筑物后地基地温、冻深等可能发生的变化,分别采取两种原则设计,即保持冻结原则和容许融化原则,不同设计原则采取不同防融沉措施。

(1) 换填基底土。

对采用融化原则的基底土可换填碎、卵、砾石或粗砂等,换填深度可到季节融化深度或到受压层深度。

(2) 选择好施工季节。

采用保持冻结原则时基础宜在冬季施工,采用融化原则时,最好在夏季施工。

(3) 选择好基础形式。

对融沉、强融沉土宜用轻型墩台,适当增大基底面积,减少压应力,或结合具体情况,加深基础埋置深度。

(4) 注意隔热措施。

采取保持冻结原则时施工中注意保护地表上覆盖植被,或以保温性能较好的材料铺盖地表,减少热渗入量。施工和养护中,保证建筑物周围排水通畅,防止地表水灌入基坑内。

如抗冻胀稳定性不够,可在季节融化层范围内,按前文介绍的防冻胀措施第①、②条处理。

二、盐渍土地基

1. 盐渍土的形成和分布

岩石在风化过程中分离出少量的易溶盐类(氯盐、硫酸盐、碳酸盐),易溶盐被水流带至江河、湖泊洼地或随水渗入地下溶入地下水中,当地下水沿土层的毛细管升高至地表或接近地表,经蒸发作用水中盐分分离出来聚集于地表或地表下土层中,当土层中易溶盐的含量大于 0.5% 时,这种土称为盐渍土,且具有融陷、盐胀、腐蚀等工程特性。

盐渍土分布很广,一般分布在地势较低且地下水位较高的地段,如内陆洼地、盐湖和河流两岸的漫滩、低阶地、牛轭湖以及三角洲洼地、山间洼地等。我国西北地区如青海、新疆有大面积的内陆盐渍土,沿海各省则有滨海盐渍土。此外,在苏联、美国、伊拉克、埃及、沙特阿拉伯、阿尔及利亚、印度以及非洲、欧洲等许多国家和地区均有分布。

盐渍土厚度一般不大,自地表向下 1.5~4.0m,其厚度与地下水埋深、土的毛细作用上升高度以及蒸发作用影响深度(蒸发强度)等有关。其形成受如下因素影响:

(1) 干旱半干旱地区,因蒸发量大,降雨量小,毛细作用强,极利于盐分在表面聚集;

(2) 内陆盆地因地势低洼,周围封闭,排水不畅,地下水位高,利于水分蒸发盐类聚集;

(3) 农田洗盐、压盐、灌溉退水、渠道渗漏等进入某土层也将促使盐渍化。

2. 盐渍土地基的评价

对盐渍土地基的评价,主要考虑溶陷性、盐胀性和腐蚀性三个方面。

(1) 溶陷性

天然状态的盐渍土在自重应力或附加应力下,受水浸湿时所产生的附加变形称为盐渍土的溶陷变形。根据大量研究表明,只有干燥和稍湿的盐渍土才具有溶陷性,且大多为自重溶陷。盐渍土的溶陷性可以用单一的有荷载作用时的溶陷系数 δ 来衡量,δ 的测定与黄土的湿陷系数相似,由室内压缩试验确定:

$$\delta = \frac{h_p - h'_p}{h_0} \times 100\% \tag{7-11}$$

式中：h_p——原状土样在压力 p 作用下，沉降稳定后的高度（mm）；

h'_p——上述加压稳定后的土样，经浸水溶滤下沉稳定后的高度（mm）；

h_0——土样的原始高度（mm）。

溶陷系数也可以通过现场试验确定：

$$\delta = \frac{\Delta_s}{h} \tag{7-12}$$

式中：Δ_s——荷载板压力为 p 时，盐渍土浸水后的溶陷量（mm）；

h——荷载板下盐渍土的湿润深度（mm）。

当 $\delta \geq 0.01$ 时，可判定为溶陷性盐渍土；当 $\delta < 0.01$ 时，则判为非溶陷性盐渍土。

实践表明：干燥和稍湿的盐渍土才具有溶陷性，且盐渍土大都为自重溶陷。

(2) 盐胀性

盐渍土地基的盐胀性一般可分为两类，即结晶膨胀和非结晶膨胀。结晶膨胀是盐渍土因温度降低或失去水分后，溶于孔隙水中的盐浓缩并析出结晶所产生的体积膨胀。当土中的硫酸钠含率超过某一定值（约2%），在低温或含水率下降时，硫酸钠发生结晶膨胀，对于无上覆压力的地面或路基，膨胀高度可达数十毫米至几百毫米，这成了盐渍土地区的一个严重的工程问题。

非结晶膨胀是指盐渍土中存在大量吸附性阳离子，特别是低价的水化阳离子与黏土胶粒相互作用，使扩散层水膜厚度增大而引起土体膨胀。最具代表性的是硫酸盐渍土，含水率增加时，土质泥泞不堪。

在1.5倍标准冻结深度范围内，硫酸钠含量超过1%时，应考虑土的盐胀性。盐胀性可通过现场盐胀试验测定，试验宜在秋后冬初、地温变化不大时进行。

(3) 腐蚀性

盐渍土的腐蚀性是一个十分复杂的问题。盐渍土中含有大量的无机盐，它使土具有明显的腐蚀性，从而对建筑物基础和地下设施构成一种严重的腐蚀环境，影响其耐久性和安全使用。盐渍土的腐蚀性评价见相关规范。

盐渍土中的氯盐是易溶盐，在水溶液中全部离解为阴、阳离子，属于电解质，具有很强的腐蚀作用，对于金属类的管线、设备以及混凝土中的钢筋等都会造成严重损坏。盐渍土中的硫酸盐，主要是指钠盐、镁盐和钙盐，这些都属于易溶盐和中溶盐；硫酸盐对水泥、黏土制品等腐蚀非常严重。

3. 盐渍土地区的工程措施

对盐渍土地基进行处理的目的，主要在于改善盐渍土的力学性质，消除或减少地基因浸水而引起的溶陷或盐胀等。与其他类土的地基处理的目的有所不同，盐渍土地基处理的范围和厚度应根据其含盐类型、含盐量、分布状态、盐渍土的物理力学性质、溶陷等级、盐胀特性及建筑物类型等来选定。

(1) 盐渍土地基的工程措施

当盐渍土地基需要处理时，可采用浸水预溶、强夯法、浸水预溶+强夯法、浸水预溶+预压、换土垫层法、盐化处理、桩基础等方法，地基处理时应先对各种方法进行技术和经济比较后再选择经济、合理、可靠的处理方法。

（2）盐渍土地区的防腐措施

在盐渍土地区进行工程建设，首先要注意提高建筑材料本身的防腐能力，如选用优质水泥、提高密实性、增大保护层厚度、提高钢筋的防腐能力等，同时，还可采取在混凝土或砖石砌体表面做防水层和防腐涂层等方法。

思 考 题

1. 何谓软土地基？它有何特征？在工程中应注意采取哪些措施？
2. 何谓自重和非自重湿陷性黄土？它的主要特征有哪些？工程中应注意哪些问题？
3. 影响黄土湿陷性的因素有哪些？工程中如何判定黄土地基的湿陷等级，并应采取哪些工程措施？
4. 膨胀土具有哪些工程特征？影响膨胀土胀缩变形的主要因素有哪些？
5. 什么是自由膨胀率？如何评价膨胀土地基的胀缩等级？
6. 何谓土岩组合地基？它有何工程特点及相应的工程处理措施？
7. 岩溶和土洞各有什么特点？在这些地区进行工程建设时，应采取哪些工程措施？
8. 什么是红黏土？红黏土地基有何工程特点？
9. 何谓季节性冻土和多年冻土地基？工程上如何划分和处理？
10. 什么是盐渍土地基？它具有何工程特征？
11. 某黄土试样原始高度20mm，加压至200kPa，下沉稳定后的土样高度为19.4mm；然后浸水，下沉稳定后的高度为19.25mm，试判断该土是否为湿陷性黄土。
12. 某膨胀土地基试样原始体积 $V_0 = 10\text{mL}$，膨胀稳定后的体积 $V_w = 15\text{mL}$，该土样原始高度 $h_0 = 20\text{mm}$，在压力 100kPa 作用下膨胀稳定后的高度 $h_w = 21\text{mm}$。试计算该土样的自由膨胀率 δ_{ef} 和膨胀率 δ_{ep}，并确定其膨胀潜势。

附 表

桩置于土中($\alpha h > 2.5$)或基岩($\alpha h \geqslant 3.5$)中的位移系数 A_x

附表1

$\bar{z} = \alpha z$	$\bar{h} = \alpha h$					
	4.0	3.5	3.0	2.8	2.6	2.4
0.0	2.44066	2.50174	2.72658	2.90524	3.16260	3.52562
0.1	2.27873	2.33783	2.55100	2.71847	2.95795	3.29311
0.2	2.11779	2.17492	2.37640	2.53269	2.75429	3.06159
0.3	1.95881	2.01396	2.20376	2.34886	2.55258	2.83201
0.4	1.80273	1.85590	2.03400	2.16791	2.35373	2.60528
0.5	1.65042	1.70161	1.86800	1.99069	2.15859	2.38223
0.6	1.50268	1.55187	1.70651	1.81796	1.96790	2.16355
0.7	1.36024	1.40741	1.55022	1.65037	1.78228	1.94985
0.8	1.22370	1.26882	1.39970	1.48847	1.60223	1.74157
0.9	1.09361	1.13664	1.25543	1.32271	1.42816	1.53906
1.0	0.97041	1.01127	1.11777	1.18341	1.26033	1.34249
1.1	0.85441	0.89303	0.98696	1.04074	1.09886	1.15190
1.2	0.74588	0.78215	0.86315	0.90481	0.94377	0.96724
1.3	0.64498	0.67875	0.74637	0.77560	0.79497	0.78831
1.4	0.55175	0.58285	0.63655	0.65296	0.65223	0.61477
1.5	0.46614	0.49435	0.53349	0.53662	0.51518	0.44616
1.6	0.38810	0.41315	0.43696	0.42629	0.38346	0.28202
1.7	0.31741	0.33901	0.34660	0.32152	0.25654	0.12174
1.8	0.25386	0.27166	0.26201	0.22186	0.13387	−0.03529
1.9	0.19717	0.21074	0.18273	0.12676	0.01487	−0.18971
2.0	0.14696	0.15583	0.10819	0.03562	−0.10114	−0.34221
2.2	0.06461	0.06243	−0.02870	−0.13706	−0.32649	−0.64355
2.4	0.00348	−0.01238	−0.15330	−0.30098	−0.54685	−0.94316
2.6	−0.03986	−0.07251	−0.26999	−0.46033	−0.86553	
2.8	−0.06902	−0.12202	−0.38275	−0.61932		
3.0	−0.08741	−0.16458	−0.49434			
3.5	−0.10495	−0.25866				
4.0	−0.10788					

桩置于土中($\alpha h > 2.5$)或基岩上($\alpha h \geqslant 3.5$)的转角系数 A_φ　　　附表2

$\bar{z} = \alpha z$	$\bar{h} = \alpha h$					
	4.0	3.5	3.0	2.8	2.6	2.4
0.0	−1.62100	−1.64076	−1.75755	−1.86940	−2.04819	−2.32686
0.1	−1.61600	−1.63576	−1.75255	−1.86440	−2.04319	−2.32180
0.2	−1.60117	−1.62024	−1.73774	−1.84960	−2.02841	−2.30705
0.3	−1.57676	−1.59654	−1.71341	−1.82531	−2.00418	−2.28290
0.4	−1.54334	−1.56316	−1.68017	−1.79219	−1.97122	−2.25018
0.5	−1.50151	−1.52142	−1.63874	−1.75099	−1.93036	−2.20977
0.6	−1.46009	−1.47216	−1.59001	−1.70268	−1.88263	−2.16283
0.7	−1.39593	−1.41624	−1.53495	−1.64828	−1.82914	−2.11060
0.8	−1.33398	−1.35468	−1.47467	−1.58896	−1.77116	−2.05445
0.9	−1.26713	−1.28837	−1.41015	−1.52579	−1.70985	−1.99564
1.0	−1.19647	−1.21845	−1.34266	−1.46009	−1.64662	−1.93571
1.1	−1.12283	−1.14578	−1.27315	−1.39289	−1.58257	−1.87583
1.2	−1.04733	−1.07154	−1.20290	−1.32553	−1.51913	−1.81753
1.3	−0.97078	−0.99657	−1.13286	−1.25902	−1.45734	−1.76186
1.4	−0.89409	−0.92183	−1.06403	−1.19446	−1.39835	−1.71000
1.5	−0.81801	−0.84811	−0.99743	−1.13273	−1.34305	−1.66280
1.6	−0.74337	−0.77630	−0.93387	−1.07480	−1.29241	−1.62116
1.7	−0.67075	−0.70699	−0.87403	−0.02132	−1.24700	−1.58551
1.8	−0.60077	−0.64085	−0.81863	−0.97297	−1.20743	−1.55627
1.9	−0.53393	−0.57842	−0.76818	−0.93020	−1.17400	−1.53348
2.0	−0.47063	−0.52013	−0.72309	−0.89333	−1.14686	−1.51693
2.2	−0.35588	−0.41127	−0.64992	−0.83767	−1.11079	−1.50004
2.4	−0.25831	−0.33411	−0.59979	−0.80513	−1.09559	−1.49729
2.6	−0.17849	−0.27104	−0.57092	−0.79158	−1.09307	—
2.8	−0.11611	−0.22727	−0.55914	−0.78943	—	—
3.0	−0.06987	−0.20056	−0.55721	—	—	—
3.5	−0.01206	−0.18372				
4.0	−0.00341					

桩置于土中($\alpha h > 2.5$)或基岩上($\alpha h \geq 3.5$)的弯矩系数 A_M 附表3

$\bar{z} = \alpha z$	$\bar{h} = \alpha h$					
	4.0	3.5	3.0	2.8	2.6	2.4
0.0	0	0	0	0	0	0
0.1	0.09960	0.09959	0.09959	0.09953	0.09948	0.09942
0.2	0.19696	0.19689	0.19660	0.19638	0.19606	0.19561
0.3	0.29010	0.28984	0.28891	0.28818	0.28714	0.28569
0.4	0.37739	0.37678	0.37463	0.37296	0.37060	0.36732
0.5	0.45752	0.45635	0.45227	0.44913	0.44471	0.43859
0.6	0.52938	0.52740	0.52057	0.51534	0.50801	0.49795
0.7	0.59228	0.58918	0.57867	0.57069	0.55956	0.54439
0.8	0.64561	0.64107	0.62588	0.61445	0.59859	0.57713
0.9	0.68926	0.68292	0.66200	0.64642	0.62494	0.59608
1.0	0.72305	0.71452	0.68681	0.66637	0.63841	0.60116
1.1	0.74714	0.73602	0.70045	0.67451	0.63930	0.59285
1.2	0.76183	0.74769	0.70324	0.67120	0.62810	0.57187
1.3	0.76761	0.75001	0.69570	0.65707	0.60563	0.53934
1.4	0.76498	0.74349	0.67845	0.63285	0.57280	0.49654
1.5	0.75466	0.72884	0.65232	0.59952	0.53089	0.44520
1.6	0.73734	0.70677	0.61819	0.55814	0.48127	0.38718
1.7	0.71381	0.67809	0.57707	0.50996	0.42551	0.32466
1.8	0.68488	0.64364	0.53005	0.45631	0.36540	0.26008
1.9	0.65139	0.60432	0.47834	0.39868	0.30291	0.19617
2.0	0.61413	0.56097	0.42314	0.33864	0.24013	0.13588
2.2	0.53160	0.46583	0.30766	0.21828	0.12320	0.03942
2.4	0.44334	0.36518	0.19480	0.11015	0.03527	0.00000
2.6	0.35458	0.26560	0.09667	0.03100	0.00001	
2.8	0.26996	0.17362	0.02686	0.00001		
3.0	0.19305	0.09535	0.00000			
3.5	0.05081	0.00001				
4.0	0.00005					

桩置于土中($\alpha h>2.5$)或基岩上($\alpha h \geq 3.5$)的剪刀系数 A_Q　　　　附表4

$\bar{z}=\alpha z$	$\bar{h}=\alpha h$					
	4.0	3.5	3.0	2.8	2.6	2.4
0.0	1.00000	1.00000	1.00000	1.00000	1.00000	1.00000
0.1	0.98833	0.98803	0.98695	0.98609	0.98487	0.98314
0.2	0.95551	0.95434	0.95033	0.94688	0.94569	0.93569
0.3	0.90468	0.90211	0.89304	0.88601	0.87604	0.86221
0.4	0.83898	0.83452	0.81902	0.80712	0.79034	0.76724
0.5	0.76145	0.75464	0.73140	0.71373	0.68902	0.65525
0.6	0.67486	0.66529	0.63323	0.60913	0.57569	0.53041
0.7	0.58201	0.56931	0.52760	0.49664	0.45405	0.39700
0.8	0.48522	0.46906	0.41710	0.37905	0.32726	0.25872
0.9	0.38689	0.36698	0.30441	0.25932	0.19865	0.11949
1.0	0.28901	0.26512	0.19185	0.13998	0.07114	0.01717
1.1	0.19388	0.16532	0.08154	0.02340	-0.05251	-0.14789
1.2	0.10153	0.06917	-0.02466	-0.08828	-0.16976	-0.26953
1.3	0.01477	-0.02197	-0.12508	-0.19312	-0.27824	-0.37903
1.4	-0.06586	-0.10698	-0.21828	-0.28939	-0.37576	-0.47356
1.5	-0.13952	-0.18494	-0.30297	-0.37549	-0.46025	-0.55031
1.6	-0.20555	-0.25510	-0.37800	-0.44994	-0.52970	-0.60654
1.7	-0.26359	-0.31699	-0.44249	-0.51147	-0.58233	-0.63967
1.8	-0.31345	-0.37030	-0.49562	-0.55889	-0.61637	-0.64710
1.9	-0.35501	-0.41476	-0.53660	-0.59098	-0.62996	-0.62610
2.0	-0.38839	-0.45034	-0.56480	-0.60665	-0.62138	-0.57406
2.2	-0.43174	-0.49154	-0.58052	-0.58438	-0.53057	-0.36592
2.4	-0.44647	-0.50579	-0.53789	-0.48287	-0.32889	-0.00000
2.6	-0.43651	-0.48379	-0.43139	-0.29184	0.00001	
2.8	-0.40641	-0.43066	-0.25462	0.00001		
3.0	-0.36065	-0.34726	0.00000			
3.5	-0.19975	0.00001				
4.0	-0.00002					

桩置于土中($\alpha h > 2.5$)或基岩上($\alpha h \geq 3.5$)的位移系数 B_x 附表5

$\bar{z} = \alpha z$	$\bar{h} = \alpha h$					
	4.0	3.5	3.0	2.8	2.6	2.4
0.0	1.62100	1.64076	1.75755	1.86940	2.04819	2.32680
0.1	1.45094	1.47003	1.58070	1.68555	1.85190	2.10911
0.2	1.29088	1.30930	1.41385	1.51169	1.66561	1.90142
0.3	1.14079	1.15854	1.25697	1.34780	1.43928	1.70368
0.4	1.00064	1.01772	1.11001	1.19383	1.32287	1.51585
0.5	0.87036	0.88676	0.97292	1.04971	1.16629	1.33783
0.6	0.74981	0.76553	0.84553	0.91528	1.01937	1.16941
0.7	0.63885	0.65390	0.72770	0.79037	0.88191	1.01039
0.8	0.53727	0.55162	0.61917	0.67472	0.75364	0.86043
0.9	0.44481	0.45846	0.51967	0.56802	0.63421	0.71915
1.0	0.36119	0.37411	0.42889	0.46994	0.52324	0.58611
1.1	0.28606	0.29822	0.34641	0.38004	0.42027	0.46077
1.2	0.21908	0.23045	0.27187	0.29791	0.32482	0.34261
1.3	0.15985	0.17038	0.20481	0.22306	0.23635	0.23098
1.4	0.10793	0.11757	0.14472	0.15494	0.15425	0.12523
1.5	0.06288	0.07155	0.09108	0.09299	0.07790	0.02464
1.6	0.02422	0.03185	0.04337	0.03663	0.00667	−0.07148
1.7	−0.00847	−0.00199	0.00107	−0.01470	−0.06006	−0.16383
1.8	−0.03572	−0.03049	−0.03643	−0.06163	−0.12298	−0.25214
1.9	−0.05798	−0.05413	−0.06965	−0.10475	−0.18272	−0.34007
2.0	−0.07572	−0.07341	−0.09914	−0.14465	−0.23990	−0.42526
2.2	−0.09940	−0.10069	−0.14905	−0.21696	−0.34881	−0.59253
2.4	−0.11030	−0.11601	−0.19023	−0.28275	−0.45381	−0.75833
2.6	−0.11136	−0.12246	−0.22600	−0.34523	−0.55748	
2.8	−0.10544	−0.12305	−0.25929	−0.40682		
3.0	−0.09471	−0.11999	−0.29185			
3.5	−0.05698	−0.10632				
4.0	−0.01487					

桩置于土中($\alpha h>2.5$)或基岩上($\alpha h \geq 3.5$)的转角系数 B_φ 附表6

$\bar{z}=\alpha z$	$\bar{h}=\alpha h$					
	4.0	3.5	3.0	2.8	2.6	2.4
0.0	−1.75058	−1.75728	−1.81849	−1.88855	−2.01289	−2.22691
0.1	−1.65068	−1.65728	−1.71849	−1.78855	−1.91289	−2.12691
0.2	−1.55069	−1.55739	−1.61861	−1.68868	−1.81303	−2.07707
0.3	−1.45106	−1.45777	−1.51901	−1.58911	−1.71351	−1.92761
0.4	−1.35204	−1.35876	−1.42008	−1.49025	−1.61476	−1.82904
0.5	−1.25394	−1.26069	−1.32217	−1.39249	−1.51723	−1.73186
0.6	−1.15725	−1.16405	−1.22581	−1.29638	−1.42152	−1.63677
0.7	−1.06238	−1.06926	−1.13146	−1.20245	−1.32822	−1.54443
0.8	−0.96978	−0.97678	−1.03965	−1.11124	−1.23795	−1.45556
0.9	−0.87987	−0.88704	−0.95084	−1.02327	−1.15127	−1.37080
1.0	−0.79311	−0.80053	−0.86558	−0.93913	−1.06885	−1.29091
1.1	−0.70981	−0.71753	−0.78422	−0.85922	−0.99112	−1.21638
1.2	−0.63038	−0.63881	−0.70726	−0.78408	−0.91869	−1.14789
1.3	−0.55506	−0.56370	−0.63500	−0.71402	−0.85192	−1.08581
1.4	−0.48412	−0.49338	−0.56776	−0.64942	−0.79118	−1.03054
1.5	−0.41770	−0.42771	−0.50575	−0.59048	−0.73671	−0.98228
1.6	−0.35598	−0.36689	−0.44918	−0.53745	−0.68873	−0.94120
1.7	−0.29897	−0.31093	−0.39811	−0.49035	−0.64723	−0.90718
1.8	−0.24672	−0.25990	−0.35262	−0.44927	−0.61224	−0.88010
1.9	−0.19916	−0.21374	−0.31263	−0.41408	−0.58353	−0.85954
2.0	−0.15624	−0.17240	−0.27808	−0.38468	−0.56088	−0.84498
2.2	−0.08365	−0.10355	−0.22448	−0.34203	−0.53179	−0.83056
2.4	−0.02753	−0.05196	−0.18980	−0.31834	−0.52008	−0.82832
2.6	−0.01415	−0.01551	−0.17078	−0.30888	−0.52821	
2.8	−0.04351	−0.00809	−0.16335	−0.30745		
3.0	−0.06296	−0.02155	−0.12217			
3.5	−0.08294	−0.02947				
4.0	−0.08507					

桩置于土中($\alpha h > 2.5$)或基岩上($\alpha h \geq 3.5$)的弯矩系数 B_M 附表7

$\bar{z} = \alpha z$	$\bar{h} = \alpha h$					
	4.0	3.5	3.0	2.8	2.6	2.4
0.0	1.00000	1.00000	1.00000	1.00000	1.00000	1.00000
0.1	0.99974	0.99974	0.99972	0.99970	0.99967	0.99963
0.2	0.99806	0.99804	0.99789	0.99775	0.99753	0.99719
0.3	0.99382	0.99373	0.99325	0.99279	0.99207	0.99076
0.4	0.98617	0.98598	0.98486	0.98382	0.98217	0.97966
0.5	0.97458	0.97420	0.97209	0.97012	0.96704	0.97236
0.6	0.95861	0.95797	0.95443	0.95056	0.94607	0.93835
0.7	0.93817	0.93718	0.93173	0.92674	0.91900	0.90736
0.8	0.91324	0.91178	0.90390	0.89675	0.88574	0.86927
0.9	0.88407	0.88204	0.87120	0.86145	0.84653	0.82440
1.0	0.85089	0.84815	0.83381	0.82102	0.80160	0.77303
1.1	0.81410	0.81054	0.79213	0.77589	0.75145	0.71582
1.2	0.77415	0.76963	0.74663	0.72658	0.69667	0.65354
1.3	0.73161	0.72599	0.69791	0.67373	0.63803	0.58720
1.4	0.68694	0.68009	0.64648	0.61794	0.57627	0.51781
1.5	0.64081	0.63259	0.59307	0.56003	0.51242	0.44673
1.6	0.59373	0.58401	0.53829	0.50072	0.44739	0.37528
1.7	0.54625	0.53490	0.48280	0.44082	0.38224	0.30497
1.8	0.49889	0.48582	0.42729	0.38115	0.31812	0.23745
1.9	0.45219	0.43729	0.37244	0.32261	0.25621	0.17450
2.0	0.40658	0.38978	0.31890	0.26605	0.19779	0.11803
2.2	0.32025	0.29956	0.21844	0.16255	0.09675	0.03282
2.4	0.24262	0.21815	0.13116	0.07820	0.02654	−0.00002
2.6	0.17546	0.14778	0.06199	0.02101	−0.00004	
2.8	0.11979	0.09007	0.01638	−0.00023		
3.0	0.07595	0.04619	−0.00007			
3.5	0.01354	0.00004				
4.0	0.00009					

桩置于土中($\alpha h>2.5$)或基岩上($\alpha h \geqslant 3.5$)的剪力系数 B_Q 附表8

$\bar{z}=\alpha z$	$\bar{h}=\alpha h$					
	4.0	3.5	3.0	2.8	2.6	2.4
0.0	0	0	0	0	0	0
0.1	-0.00753	-0.00763	-0.00319	-0.00873	-0.00958	-0.01096
0.2	-0.02795	-0.02832	-0.08050	-0.03255	-0.03579	-0.04070
0.3	-0.05820	-0.05903	-0.16373	-0.06814	-0.07506	-0.68567
0.4	-0.09554	-0.09698	-0.10502	-0.11247	-0.12412	-0.14185
0.5	-0.13747	-0.13966	-0.15171	-0.16277	-0.17994	-0.26584
0.6	-0.18191	-0.18498	-0.20159	-0.21668	-0.23991	-0.27464
0.7	-0.22685	-0.23092	-0.25253	-0.27191	-0.30418	-0.34524
0.8	-0.27087	-0.27604	-0.30294	-0.32675	-0.36271	-0.41528
0.9	-0.31245	-0.31882	-0.35118	-0.37941	-0.42152	-0.48223
1.0	-0.35059	-0.35822	-0.39609	-0.42856	-0.47634	-0.51405
1.1	-0.38443	-0.39337	-0.43665	-0.47302	-0.5257	-0.59882
1.2	-0.41335	-0.42364	-0.47207	-0.51187	-0.56841	-0.64486
1.3	-0.43690	-0.44856	-0.50172	-0.54429	-0.60333	-0.68054
1.4	-0.45486	-0.46788	-0.52520	-0.56969	-0.62957	-0.70445
1.5	-0.46715	-0.48150	-0.54220	-0.58757	-0.64630	-0.71521
1.6	-0.47378	-0.48939	-0.55250	-0.59747	-0.65272	-0.71143
1.7	-0.47496	-0.49174	-0.55604	-0.59917	-0.64819	-0.69188
1.8	-0.47103	-0.48883	-0.55289	-0.59243	-0.63211	-0.65562
1.9	-0.46223	-0.48092	-0.54299	-0.57695	-0.60374	-0.60035
2.0	-0.44914	-0.46839	-0.52644	-0.55254	-0.56243	-0.52562
2.2	-0.41179	-0.43127	-0.47379	-0.47608	-0.43825	-0.31124
2.4	-0.36312	-0.38101	-0.39538	-0.36078	-0.25325	-0.00002
2.6	-0.30732	-0.32104	-0.29102	-0.20346	-0.00003	
2.8	-0.24853	-0.25452	-0.15980	-0.00018		
3.0	-0.19052	-0.18411	-0.00004			
3.5	-0.01672	-0.00001				
4.0	-0.00045					

桩嵌固于基岩内($\alpha h > 2.5$)土的侧向位移系数 A_x^0 附表9

$\bar{z} = \alpha z$	$\bar{h} = \alpha h$					$\bar{z} = \alpha z$	$\bar{h} = \alpha h$				
	4.0	3.5	3.0	2.8	2.6		4.0	3.5	3.0	2.8	2.6
0	2.401	2.389	2.385	2.371	2.330	1.4	0.543	0.553	0.547	0.524	0.480
0.1	2.248	2.230	2.230	2.210	2.170	1.5	0.460	0.471	0.466	0.443	0.399
0.2	2.080	2.075	2.070	2.055	2.010	1.6	0.380	0.397	0.391	0.369	0.326
0.3	1.926	1.916	1.913	1.896	1.853	1.7	0.317	0.332	0.325	0.303	0.260
0.4	1.773	1.765	1.763	1.745	1.703	1.8	0.257	0.273	0.267	0.244	0.203
0.5	1.622	1.618	1.612	1.596	1.552	1.9	0.203	0.221	0.215	0.192	0.153
0.6	1.475	1.473	1.468	1.450	1.407	2.0	0.157	0.176	0.170	0.148	0.111
0.7	1.336	1.334	1.330	1.314	1.267	2.2	0.082	0.104	0.099	0.078	0.048
0.8	1.202	1.202	1.196	1.178	1.133	2.4	0.030	0.057	0.050	0.032	0.012
0.9	1.070	1.071	1.070	1.050	1.005	2.6	−0.004	0.023	0.020	0.008	0
1.0	0.952	1.956	0.951	0.930	0.885	2.8	−0.022	0.006	0.004	0	
1.1	0.831	0.844	0.831	0.818	0.772	3.0	−0.028	−0.001	0		
1.2	0.732	0.740	0.713	0.712	0.667	3.5	−0.015	0			
1.3	0.634	0.642	0.636	0.614	0.570	4.0	0				

桩嵌固于基岩内($\alpha h > 2.5$)土的侧向位移系数 B_x^0 附表10

$\bar{z} = \alpha z$	$\bar{h} = \alpha h$					$\bar{z} = \alpha z$	$\bar{h} = \alpha h$				
	4.0	3.5	3.0	2.8	2.6		4.0	3.5	3.0	2.8	2.6
0	1.600	1.584	1.586	1.593	1.596	1.4	0.113	0.128	0.157	0.169	0.172
0.1	1.430	1.420	1.426	1.430	1.430	1.5	0.070	0.087	0.119	0.129	0.134
0.2	1.275	1.260	1.270	1.275	1.280	1.6	0.034	0.053	0.086	0.097	0.101
0.3	1.127	1.117	1.123	1.130	1.137	1.7	0.003	0.027	0.059	0.070	0.074
0.4	0.988	0.980	0.990	0.998	1.025	1.8	0.002	0.001	0.037	0.048	0.052
0.5	0.858	0.854	0.866	0.874	0.878	1.9	−0.042	−0.017	0.021	0.032	0.035
0.6	0.740	0.737	0.752	0.760	0.763	2.0	−0.058	−0.031	0.008	0.010	0.023
0.7	0.630	0.630	0.643	0.654	0.659	2.2	−0.077	−0.046	−0.006	0.004	0.007
0.8	0.531	0.533	0.550	0.561	0.564	2.4	−0.083	−0.048	−0.010	−0.001	0.001
0.9	0.440	0.444	0.464	0.473	0.478	2.6	−0.080	−0.043	−0.007	−0.001	0
1.0	0.359	0.364	0.386	0.396	0.400	2.8	−0.070	−0.032	−0.003	0	
1.1	0.285	0.294	0.318	0.327	0.332	3.0	−0.056	−0.002	0		
1.2	0.220	0.230	0.257	0.267	0.271	3.5	−0.018	0			
1.3	0.163	0.176	0.203	0.214	0.218	4.0	0				

注：表列为 $\bar{z} = \alpha z = 0$ 的系数值，$\bar{z}$ 为其他值的系数不常应用，此处从略。

桩嵌固于基岩内计算 $\varphi_{z=0}$ 系数 A_φ^0、B_φ^0 附表11

$\bar{z} = \alpha z$	$\bar{h} = \alpha h$				
	4.0	3.5	3.0	2.8	2.6
$A_\varphi^0 = -B_x^0$	−1.600	−1.584	−1.586	−1.593	−1.596
B_φ^0	−1.732	−1.711	−1.691	−1.687	−1.686
A_x^0	2.401	2.389	2.385	2.371	2.330

注：1. 表列为 $\bar{z} = \alpha z = 0$ 的系数值，$\bar{z}$ 为其他值的系数不常应用，此处从略。

2. A_Q^0、B_Q^0 系数不常应用，此处从略。

桩置于基岩内（$\alpha h > 2.5$）的弯矩系数 A_M^0、B_M^0 附表 12

$\bar{z} = \alpha z$	$\bar{h} = \alpha h$									
	4.0		3.5		3.0		2.8		2.6	
	A_M^0	B_M^0	A_M^0	B_M^0	A_M^0	B_M^0	A_M^0	B_M^0	A_M^0	B_M^0
0	0	1.000	0	1.000	0	1.000	0	1.000	0	1.000
0.1	0.100	1.000	0.100	1.000	0.100	1.000	0.100	1.000	0.100	1.000
0.2	0.197	0.998	0.197	0.998	0.197	0.998	0.197	0.998	0.197	0.998
0.3	0.290	0.994	0.290	0.994	0.290	0.994	0.290	0.994	0.291	0.994
0.4	0.378	0.986	0.378	0.986	0.378	0.986	0.378	0.986	0.379	0.986
0.5	0.458	0.975	0.459	0.975	0.458	0.975	0.458	0.975	0.460	0.975
0.6	0.531	0.959	0.531	0.960	0.531	0.959	0.532	0.959	0.533	0.959
0.7	0.594	0.939	0.595	0.939	0.595	0.939	0.596	0.939	0.598	0.939
0.8	0.648	0.914	0.649	0.915	0.649	0.914	0.651	0.914	0.654	0.913
0.9	0.693	0.886	0.694	0.886	0.694	0.885	0.696	0.884	0.701	0.884
1.0	0.728	0.853	0.729	0.854	0.729	0.852	0.732	0.850	0.739	0.850
1.1	0.753	0.817	0.754	0.817	0.755	0.815	0.759	0.813	0.769	0.810
1.2	0.770	0.777	0.770	0.778	0.772	0.774	0.777	0.771	0.789	0.770
1.3	0.777	0.735	0.778	0.736	0.779	0.730	0.786	0.727	0.802	0.725
1.4	0.776	0.691	0.777	0.691	0.779	0.684	0.788	0.680	0.808	0.678
1.5	0.768	0.645	0.768	0.645	0.771	0.635	0.782	0.630	0.806	0.628
1.6	0.753	0.598	0.752	0.597	0.756	0.585	0.769	0.578	0.799	0.576
1.7	0.731	0.551	0.730	0.549	0.734	0.533	0.750	0.525	0.786	0.522
1.8	0.705	0.503	0.703	0.500	0.707	0.480	0.727	0.471	0.769	0.467
1.9	0.673	0.456	0.670	0.451	0.676	0.427	0.699	0.416	0.749	0.411
2.0	0.638	0.410	0.633	0.402	0.640	0.373	0.667	0.360	0.725	0.355
2.2	0.559	0.321	0.549	0.307	0.558	0.265	0.595	0.247	0.672	0.246
2.4	0.472	0.239	0.457	0.216	0.468	0.157	0.517	0.135	0.615	0.126
2.6	0.383	0.165	0.358	0.129	0.373	0.051	0.435	0.022	0.556	0.010
2.8	0.294	0.099	0.258	0.047	0.276	−0.055	0.352	−0.091		
3.0	0.207	0.041	0.156	0.032	0.179	−0.161				
3.5	0.005	−0.079	−0.096	−0.221						
4.0	−0.184	−0.181								

确定桩身最大弯矩及其位置的系数　　　　附表 13

$\bar{z} = \alpha z$	$\bar{h} = \alpha h$											
	4.0		3.5		3.0		2.8		2.6		2.4	
	C_Q	K_M	C_Q	K_M	C_Q	K_M	C_Q	K_M	C_Q	K_M	C_Q	K_M
0.0	∞	1.000	∞	1.000	∞	1.000	∞	1.000	∞	1.000	∞	1.000
0.1	131.252	1.001	129.489	1.001	120.507	1.001	112.594	1.001	102.805	1.001	90.196	1.000
0.2	34.186	1.004	33.699	1.004	31.158	1.004	19.09	1.005	26.326	1.005	22.939	1.006
0.3	15.544	1.012	15.282	1.013	14.013	1.015	13.003	1.014	11.671	1.017	10.064	1.019
0.4	8.871	1.029	8.605	1.030	7.799	1.033	7.176	1.036	6.368	1.040	5.409	1.047
0.5	5.539	1.057	5.403	1.059	4.821	1.066	4.385	1.073	3.829	1.083	3.183	1.100
0.6	3.710	1.010	3.597	1.105	3.141	1.120	2.811	1.134	2.400	1.158	1.931	1.196
0.7	2.566	1.169	2.465	1.176	2.089	1.209	1.826	1.239	1.506	1.291	1.150	1.380
0.8	1.791	1.274	1.699	1.289	1.377	1.358	1.160	1.426	0.902	1.549	0.623	1.795
0.9	1.238	1.441	1.151	1.475	0.867	1.635	0.683	1.807	0.471	2.173	0.248	3.230
1.0	0.824	1.728	0.740	1.814	0.484	2.252	0.327	2.861	0.149	5.076	-0.032	-18.277
1.1	0.503	2.299	0.420	2.562	0.1870	4.543	0.049	14.411	-0.100	-5.649	-0.247	-1.684
1.2	0.246	3.876	0.163	5.349	-0.052	-12.716	-0.172	-3.165	-0.299	-1.406	-0.416	-0.174
1.3	0.034	23.438	-0.049	-14.587	-0.249	-2.093	-0.355	-1.178	-0.465	-0.675	-0.557	-0.381
1.4	-0.145	-4.596	-0.299	-2.572	-0.416	-0.986	-0.508	-0.628	-0.597	-0.383	-0.672	-0.220
1.5	-0.299	-1.876	-0.384	-1.265	-0.559	-0.574	-0.639	-0.378	-0.712	-0.233	-0.769	-0.131
1.6	-0.434	-1.128	-0.521	-0.772	-0.684	-0.365	-0.753	-0.240	-0.812	-0.146	-0.853	-0.078
1.7	-0.555	-0.740	-0.645	-0.517	-0.796	-0.242	-0.854	-0.157	-0,898	-0.091	-0.925	-0.046
1.8	-0.655	-0.530	-0.756	-0.366	-0.896	-0.164	-0.943	-0.103	-0.975	-0.057	-0.987	-0.026
1.9	-0.768	-0.396	-0.862	-0.263	-0.988	-0.112	-1.024	-0.067	-1.034	-0.034	-1.043	-0.014
2.0	-0.865	-0.304	-0.961	-0.194	-1.073	-0.076	-1.098	-0.042	-1.105	-0.02	-1.092	-0.006
2.2	-1.048	-0.187	-1.148	-0.106	-1.225	-0.033	-1.227	-0.015	-1.210	-0.005	-1.176	-0.001
2.4	-1.230	-0.118	-1.328	-0.057	-1.360	-0.012	-1.338	-0.004	-1.299	-0.001	0	0
2.6	-1.420	-0.074	-1.507	-0.028	-1.482	-0.003	-1.434	-0.001	0.333	0		
2.8	-1.635	-0.045	-1.692	-0.013	-4.593	-0.001	-0.056	0				
3.0	-1.893	-0.026	-1.886	-0.004	0	0						
3.5	-2.994	-0.003	1.000	0								
4.0	-0.045	-0.011										

桩置于土中($\alpha h > 2.5$)或基岩上($\alpha h \geq 3.5$)的桩顶位移系数 A_{x1}　　　附表 14

$\bar{l}_0 = \alpha l_0$	$\bar{h} = \alpha h$					
	4.0	3.5	3.0	2.8	2.6	2.4
0.0	2.44066	2.50174	2.72658	2.90524	3.16260	3.52562
0.2	3.16175	3.23100	3.50501	3.73121	4.06506	4.54808
0.4	4.03889	4.11685	4.44491	4.72426	5.14455	5.76476
0.6	5.08807	5.17527	5.56230	5.90040	6.41707	7.19147
0.8	6.32530	6.42228	6.87316	7.27562	7.89862	8.84439
1.0	7.76657	7.87387	8.39350	8.86592	9.60520	10.73946
1.2	9.42790	9.54605	10.13933	10.68731	11.55282	12.89269
1.4	11.31526	11.45480	12.12663	12.75578	13.75746	15.32007
1.6	13.47468	13.61614	14.37141	15.08734	16.23514	18.03760
1.8	15.89214	16.04606	16.88967	17.69798	19.00185	21.06129
2.0	18.59365	18.76057	19.69741	20.60371	22.07359	24.40713
2.2	21.59520	21.77565	22.81062	23.82052	25.46636	28.09112
2.4	24.91280	25.10732	26.24532	27.36441	29.19616	32.12926
2.6	28.56245	28.77157	30.01750	31.25138	33.27899	36.53756
2.8	32.56014	32.78440	34.14315	35.49745	37.73085	41.33201
3.0	36.92188	37.16182	38.63829	40.11859	42.56775	46.52861
3.2	41.66367	41.91982	43.51890	45.13082	47.80568	52.14336
3.4	46.80150	47.07440	48.80100	50.55013	53.46063	58.19227
3.6	52.35138	52.64156	54.50057	56.39253	59.54862	64.69133
3.8	58.32930	58.63731	60.63362	62.67401	66.08564	71.65655
4.0	64.75127	65.07763	67.21615	69.41057	73.08769	79.10391
4.2	71.63329	71.97854	74.26416	76.61822	80.57378	87.04943
4.4	78.99135	79.35603	81.89365	84.31295	88.55089	95.50910
4.6	86.84147	87.22611	89.82062	92.51077	97.04403	104.49893
4.8	95.19962	95.60477	98.36107	101.22767	106.06621	114.03491
5.0	104.08183	104.50801	107.43100	110.47965	115.63342	124.13304
5.2	113.50408	113.95183	117.04640	120.28273	125.76165	134.80932
5.4	123.48237	123.95223	127.22329	130.65288	136.46692	146.07976
5.6	134.03271	134.52522	137.97765	141.60611	147.76522	157.96034
5.8	145.17110	145.68679	149.32550	153.15844	159.67256	170.46709
6.0	156.91354	157.45294	161.28282	165.32584	172.20492	183.61598
6.4	182.27455	182.86299	187.08990	191.56990	199.20874	211.90423
6.8	210.24375	210.88337	215.52690	220.46630	228.90468	242.95308
7.2	240.94913	241.64208	246.72182	252.14303	261.42075	276.89055
7.6	274.51869	275.26712	280.80266	286.72810	296.88495	313.84463
8.0	311.08045	311.88649	317.89741	324.34951	335.42527	353.94333
8.5	361.18540	362.06647	368.69917	375.84111	388.12147	408.68380
9.0	416.41564	417.37510	424.66017	432.52699	446.07411	468.78773
9.5	477.02117	478.06237	486.03042	494.65714	509.53320	534.50511
10.0	543.25199	544.37827	553.05991	562.48157	578.79873	606.08595

桩置于土中($\alpha h > 2.5$)或基岩上($\alpha h \geqslant 3.5$)的桩顶转角(位移)$A_{\varphi 1} = B_{x1}$ 　　附表 15

$\bar{l}_0 = \alpha l_0$	$\bar{h} = \alpha h$					
	4.0	3.5	3.0	2.8	2.6	2.4
0.0	1.62100	1.64076	1.75755	1.86949	2.04819	2.32680
0.2	1.99112	2.01222	2.14125	2.26711	2.47077	2.79218
0.4	2.40123	2.42367	2.56495	2.70482	2.93335	3.29756
0.6	2.85135	2.87513	3.02864	3.18253	3.43592	3.84295
0.8	3.34146	3.36658	3.53234	3.70024	3.97850	4.42833
1.0	3.87158	3.89804	4.07604	4.25795	4.50108	5.05371
1.2	4.44170	4.46950	4.65974	4.85566	5.18366	5.71909
1.4	5.05181	5.08095	5.28344	5.49337	5.84624	6.42447
1.6	5.70193	5.73241	5.94713	6.17108	6.52881	7.16986
1.8	6.39204	6.42386	6.65083	6.88879	7.2919	7.95524
2.0	7.12216	7.15532	7.39453	7.64650	8.07397	8.18062
2.2	7.89228	7.92678	8.17823	8.44421	8.89655	9.64600
2.4	8.70239	8.73823	9.00193	9.28192	9.75913	10.56138
2.6	9.55251	9.58969	9.86562	10.15963	10.66170	11.49677
2.8	10.44262	10.48114	10.76932	11.07734	11.60428	12.48215
3.0	11.37274	11.41260	11.71302	12.03505	12.58686	13.50753
3.2	12.34286	12.38406	12.69672	13.03276	13.60944	14.57291
3.4	13.35297	13.39551	13.70242	14.07047	14.67202	15.67829
3.6	14.40309	14.44697	14.78411	15.14818	15.77459	16.82368
3.8	15.49320	15.53842	15.88781	16.26589	16.91717	18.00906
4.0	16.62332	16.66988	17.03151	17.42360	18.09975	19.23444
4.2	17.79344	17.84134	18.21521	18.62131	19.32233	20.49982
4.4	19.00355	19.05279	19.43891	19.86902	20.58491	21.30520
4.6	20.25367	20.30425	20.70260	21.13673	21.88748	23.19059
4.8	21.54378	21.59570	22.00630	22.45444	23.23006	24.53597
5.0	22.87390	22.92716	23.35000	23.81215	24.61264	25.96135
5.2	24.24402	24.29862	24.73370	25.20986	26.03522	27.42673
5.4	25.65413	25.71007	26.15740	26.64757	27.49780	28.93211
5.6	27.10436	27.16153	27.62109	28.12528	29.00037	30.47750
5.8	28.59436	28.65298	29.12479	29.64299	30.54295	32.05288
6.0	30.12448	30.18444	30.66849	31.20070	32.12553	38.68826
6.4	33.30471	33.36735	33.87589	34.48612	35.41069	37.05902
6.8	36.64494	37.71062	37.24328	37.83154	38.85584	40.58979
7.2	40.14518	40.21318	40.77068	41.38696	42.46100	44.28055
7.6	43.80541	44.87606	44.45807	45.10238	46.22615	48.13132
8.0	47.62564	48.69900	48.30547	48.97780	50.15131	52.14208
8.5	52.62593	52.70264	53.33972	54.04708	54.28276	57.38054
9.0	57.87622	57.95628	58.62396	59.36635	60.66420	62.86899
9.5	63.37651	63.45992	64.15821	64.93563	66.29565	68.60745
10.0	69.12680	69.21356	69.94245	70.75490	72.17709	74.59590

桩置于土中($\alpha h > 2.5$)或基岩上($\alpha h \geq 3.5$)的桩顶转角系数 B_{φ_1} 附表16

$\bar{l}_0 = \alpha l_0$	$\bar{h} = \alpha h$					
	4.0	3.5	3.0	2.8	2.6	2.4
0.0	1.75058	1.75728	1.81849	1.88855	2.01289	2.22691
0.2	1.95058	1.95728	2.01849	2.08855	2.21289	2.42691
0.4	2.15058	2.15728	2.21849	2.28855	2.41289	2.62691
0.6	2.35058	2.35728	2.41849	2.48855	2.61289	2.82691
0.8	2.55058	2.55728	2.61849	2.68855	2.81289	3.02691
1.0	2.75058	2.75728	2.81849	2.88855	2.01289	3.22691
1.2	2.95058	2.95728	3.01849	3.08855	3.21289	3.42691
1.4	3.15058	3.15728	3.21849	3.28855	3.41289	3.62691
1.6	3.35058	3.35728	3.41849	3.48855	3.61289	3.82691
1.8	3.55058	3.55728	3.61849	3.68855	3.81289	4.02691
2.0	3.75058	3.75728	3.81849	3.88855	4.01289	4.22691
2.2	3.95058	3.95728	4.01849	4.08855	4.21289	4.42691
2.4	4.15058	4.15728	4.21849	4.28855	4.41289	4.62691
2.6	4.35058	4.35728	4.41849	4.48855	4.61289	4.82691
2.8	4.55058	4.55728	4.61849	4.68855	4.81289	5.02691
3.0	4.75058	4.75728	4.81849	4.88855	5.01289	5.22691
3.2	4.95058	4.95728	5.01849	5.08855	5.21289	5.42691
3.4	5.15058	5.15728	5.21849	5.28855	5.41289	5.62691
3.6	5.35058	5.35728	5.41849	5.48855	5.61289	5.82691
3.8	5.55058	5.55728	5.61849	5.68855	5.81289	6.02691
4.0	5.75058	5.75728	5.81849	5.88855	6.01289	6.22691
4.2	5.95058	5.95728	6.01849	6.08855	6.21289	6.42691
4.4	6.15058	6.15728	6.21849	6.28855	6.41289	6.62691
4.6	6.35058	6.35728	6.41849	6.48855	6.61289	6.82691
4.8	6.55058	6.55728	6.61849	6.68855	6.81289	7.02691
5.0	6.75058	6.75728	6.81849	6.88855	7.01289	7.22691
5.2	6.95058	6.95728	7.01849	7.08855	7.21289	7.42691
5.4	7.15058	7.15728	7.21849	7.28855	7.41289	7.62691
5.6	7.35058	7.35728	7.41849	7.48855	7.61289	7.82691
5.8	7.55058	7.55728	7.61849	7.68855	7.81289	8.02691
6.0	7.75058	7.75728	7.81849	7.88855	8.01289	8.22691
6.4	8.15058	8.15728	8.21849	8.28855	8.41289	8.62691
6.8	8.55058	8.55728	8.61849	8.68855	8.81289	9.02691
7.2	8.95058	8.95728	9.01849	9.08855	9.21289	9.42691
7.6	9.35058	9.35728	9.41849	9.48855	9.61289	9.82691
8.0	9.75058	9.75728	9.81849	9.88855	10.01289	10.22691
8.5	10.25058	10.25728	10.31849	10.38855	10.51289	10.72691
9.0	10.75058	10.75728	10.81849	10.88855	11.01289	11.22691
9.5	11.25058	11.25728	11.31849	11.38855	11.51289	11.72691
10.0	11.75058	11.75728	11.81849	11.88855	12.01289	12.22691

多排桩计算 ρ_{HH} 系数 x_Q 附表 17

$\bar{l}_0 = \alpha l_0$	$\bar{h} = \alpha h$					
	4.0	3.5	3.0	2.8	2.6	2.4
0.0	1.06423	1.03117	0.97283	0.94805	0.92722	0.91370
0.2	0.88555	0.86036	0.81068	0.78723	0.76549	0.74870
0.4	0.73649	0.71741	0.67595	0.65468	0.63352	0.61528
0.6	0.61377	0.59933	0.56511	0.54634	0.52663	0.50831
0.8	0.51342	0.50244	0.47437	0.45809	0.44024	0.42269
1.0	0.43157	0.42317	0.40019	0.38619	0.37032	0.35401
1.2	0.36476	0.35829	0.33945	0.32749	0.31353	0.29866
1.4	0.31105	0.30505	0.28957	0.27938	0.26717	0.25380
1.6	0.26516	0.26121	0.24843	0.32975	0.22912	0.21717
1.8	0.22807	0.22494	0.21435	0.20694	0.19769	0.18707
2.0	0.19728	0.19478	0.18595	0.17961	0.17157	0.16215
2.2	0.17157	0.16956	0.16216	0.15673	0.14972	0.14138
2.4	0.15000	0.14836	0.14213	0.13746	0.13134	0.12895
2.6	0.13178	0.13044	0.12516	0.12113	0.11578	0.10924
2.8	0.11633	0.11522	0.11072	0.10723	0.10254	0.09673
3.0	0.10314	0.10222	0.09837	0.09533	0.09121	0.08604
3.2	0.09183	0.09105	0.08775	0.08510	0.08147	0.07686
3.4	0.08208	0.08143	0.07857	0.07625	0.07304	0.06893
3.6	0.07364	0.07309	0.07061	0.06857	0.06572	0.06204
3.8	0.06630	0.06583	0.06367	0.06187	0.05934	0.05604
4.0	0.05989	0.05949	0.05760	0.05600	0.05375	0.05079
4.2	0.05427	0.05392	0.05226	0.05085	0.04883	0.04616
4.4	0.04932	0.04902	0.04756	0.04630	0.04449	0.04209
4.6	0.04495	0.04469	0.04339	0.04227	0.04065	0.03847
4.8	0.04108	0.04085	0.03970	0.03869	0.03723	0.03526
5.0	0.03763	0.03743	0.03641	0.03550	0.03419	0.03239
5.2	0.03455	0.03438	0.03346	0.03265	0.03146	0.02983
5.4	0.03180	0.03165	0.03083	0.03010	0.02901	0.02753
5.6	0.02933	0.02920	0.02846	0.02780	0.02682	0.02546
5.8	0.02711	0.02699	0.02633	0.02573	0.02483	0.02359
6.0	0.02511	0.02500	0.02440	0.02385	0.02304	0.02190
6.4	0.02165	0.02156	0.02107	0.02062	0.01994	0.01897
6.8	0.01880	0.01873	0.01832	0.01784	0.01736	0.01655
7.2	0.01642	0.01686	0.01600	0.01550	0.01522	0.01452
7.6	0.01443	0.01438	0.01438	0.01382	0.01341	0.01280
8.0	0.01275	0.01271	0.01246	0.01223	0.01187	0.01135
8.5	0.01099	0.01096	0.01076	0.01056	0.01027	0.00983
9.0	0.00954	0.00951	0.00935	0.00919	0.00894	0.00857
9.5	0.00832	0.00831	0.00817	0.00804	0.00783	0.00751
10.0	0.00732	0.00730	0.00719	0.00707	0.00689	0.00662

多排桩计算 ρ_{MH} 系数 x_M 附表 18

$\bar{l}_0 = \alpha l_0$	$\bar{h} = \alpha h$					
	4.0	3.5	3.0	2.8	2.6	2.4
0.0	0.98545	0.96279	0.94023	0.93844	0.94348	0.95469
0.2	0.90395	0.88451	0.85998	0.85454	0.85469	0.86138
0.4	0.82232	0.80600	0.78152	0.77377	0.77017	0.72552
0.6	0.74453	0.73099	0.70767	0.69870	0.69251	0.69101
0.8	0.67262	0.66145	0.63993	0.63048	0.62266	0.61839
1.0	0.60746	0.59825	0.57875	0.56928	0.56061	0.55442
1.2	0.54910	0.54150	0.52402	0.51487	0.50584	0.49843
1.4	0.49875	0.49092	0.47536	0.46669	0.45766	0.44956
1.6	0.45125	0.44601	0.43220	0.42411	0.41530	0.40688
1.8	0.41058	0.40620	0.39397	0.38648	0.37804	0.36956
2.0	0.37462	0.37093	0.36009	0.35319	0.34519	0.33684
2.2	0.34276	0.33964	0.33002	0.32370	0.31617	0.30807
2.4	0.31450	0.31184	0.30329	0.29750	0.29046	0.28267
2.6	0.28936	0.28709	0.27947	0.27417	0.26761	0.26018
2.8	0.26694	0.26499	0.25819	0.25335	0.24724	0.24019
3.0	0.24691	0.24521	0.23912	0.23470	0.22903	0.22236
3.2	0.22894	0.22747	0.22200	0.21268	0.21268	0.20639
3.4	0.21279	0.21150	0.20658	0.19798	0.19798	0.19206
3.6	0.19822	0.19709	0.19265	0.18471	0.18471	0.17914
3.8	0.18505	0.18406	0.18004	0.17270	0.17270	0.16746
4.0	0.17312	0.17224	0.16859	0.16180	0.16180	0.15688
4.2	0.16227	0.16149	0.15817	0.15551	0.15188	0.14725
4.4	0.15238	0.15168	0.14866	0.14621	0.14282	0.13848
4.6	0.14336	0.14273	0.13996	0.13770	0.13454	0.13046
4.8	0.13509	0.13452	0.13199	0.12990	0.12695	0.12311
5.0	0.12750	0.12700	0.12467	0.12273	0.11998	0.11636
5.2	0.12053	0.12007	0.11793	0.11612	0.11356	0.11015
5.4	0.11410	0.11368	0.11171	0.11003	0.10763	0.10442
5.6	0.10817	0.10779	0.10597	0.10440	0.10215	0.09913
5.8	0.10268	0.10232	0.10064	0.09919	0.09708	0.09422
6.0	0.09759	0.09727	0.09571	0.09435	0.09237	0.08967
6.4	0.08847	0.08821	0.08686	0.08566	0.08391	0.08150
6.8	0.08256	0.08034	0.07916	0.07811	0.07656	0.07440
7.2	0.07366	0.07530	0.07244	0.07151	0.07647	0.06271
7.6	0.06760	0.06744	0.06653	0.06571	0.07013	0.06818
8.0	0.06225	0.06211	0.06131	0.06058	0.05946	0.05787
8.5	0.05641	0.05629	0.05560	0.05496	0.05398	0.05258
9.0	0.05135	0.05125	0.05065	0.05009	0.04922	0.04797
9.5	0.04694	0.04685	0.04633	0.04583	0.04507	0.04395
10.0	0.04307	0.04299	0.04253	0.04210	0.04141	0.04041

多排桩计算 ρ_{MM} 系数 φ_M 附表 19

$\bar{l}_0 = \alpha l_0$	$\bar{h} = \alpha h$					
	4.0	3.5	3.0	2.8	2.6	2.4
0.0	1.48375	1.46802	1.45863	1.45683	1.45683	1.44656
0.2	1.43541	1.42026	1.40770	1.40640	1.40619	1.40307
0.4	1.38316	1.36908	1.25432	1.35147	1.35074	1.35022
0.6	1.32858	1.31580	1.21969	1.29538	1.29336	1.29311
0.8	1.27325	1.26182	1.24517	1.23965	1.23619	1.23507
1.0	1.21858	1.20844	1.19111	1.18536	1.18059	1.77818
1.2	1.16551	1.15655	1.14024	1.13323	1.12757	1.12363
1.4	1.11713	1.10675	1.09104	1.08367	1.07697	1.07203
1.6	1.06637	1.05940	1.04442	1.03688	1.02957	1.02362
1.8	1.02081	1.01465	1.00048	0.99290	0.98518	0.97841
2.0	0.97801	0.97255	0.95920	0.95169	0.94372	0.93631
2.2	0.93788	0.93304	0.92050	0.91313	0.90504	0.89715
2.4	0.90032	0.89600	0.88425	0.87708	0.86896	0.86074
2.6	0.86519	0.86133	0.85032	0.84337	0.83531	0.82687
2.8	0.83233	0.82886	0.81855	0.81185	0.80389	0.79533
3.0	0.80158	0.79846	0.78880	0.78235	0.77454	0.76593
3.2	0.77279	0.76997	0.76092	0.75473	0.74709	0.73849
3.4	0.74580	0.74325	0.73475	0.72882	0.72138	0.71284
3.6	0.72049	0.71816	0.71019	0.70450	0.69727	0.68883
3.8	0.69670	0.69458	0.68909	0.68165	0.67463	0.66632
4.0	0.67433	0.67239	0.66535	0.66014	0.66334	0.64517
4.2	0.65327	0.65149	0.64485	0.63987	0.63329	0.62528
4.4	0.63341	0.63177	0.62552	0.62074	0.61439	0.60655
4.6	0.61467	0.61315	0.60724	0.60268	0.59653	0.58888
4.8	0.58694	0.59555	0.58996	0.58559	0.57965	0.57518
5.0	0.58017	0.57888	0.57359	0.56941	0.56367	0.55638
5.2	0.56429	0.56308	0.55807	0.55406	0.54853	0.54142
5.4	0.54921	0.54809	0.54334	0.53949	0.53415	0.52723
5.6	0.53489	0.53385	0.52934	0.52565	0.52049	0.51375
5.8	0.52128	0.52031	0.51602	0.51248	0.50749	0.50094
6.0	0.50833	0.50741	0.50333	0.49993	0.49511	0.48874
6.4	0.48421	0.48840	0.47969	0.47655	0.47205	0.46602
6.8	0.46222	0.46151	0.45812	0.45522	0.45101	0.44531
7.2	0.44211	0.44147	0.43838	0.43568	0.43174	0.42634
7.6	0.42364	0.42307	0.42023	0.41772	0.41403	0.40892
8.0	0.40663	0.40612	0.40350	0.40116	0.39970	0.39286
8.5	0.38718	0.38672	0.38434	0.28220	0.37899	0.37446
9.0	0.36947	0.36901	0.36690	0.36493	0.36195	0.35771
9.5	0.35330	0.35294	0.35096	0.34914	0.34637	0.34239
10.0	0.33847	0.33915	0.33633	0.33464	0.33206	0.32832

桩置于土中（$\alpha h \geq 2.5$）或基岩上（$\alpha h > 3.5$）桩顶弹性嵌固时的位移系数 A_{x_a} 附表20

$\bar{l}_0 = \alpha l_0$	$\bar{h} = \alpha h$					
	4.0	3.5	3.0	2.8	2.6	2.4
0.0	0.93965	0.96977	1.02793	1.05462	1.07849	1.09445
0.2	1.12925	1.16230	1.23353	1.27027	1.30636	1.33565
0.4	1.35780	1.39390	1.47939	1.52745	1.57848	1.62533
0.6	1.62927	1.66853	1.76958	1.83036	1.89888	1.96730
0.8	1.94773	1.99028	2.10804	2.18300	2.27150	2.36580
1.0	2.31713	2.36311	2.49882	2.58937	2.88085	2.82477
1.2	2.74152	2.79105	2.94594	3.05349	3.18953	3.34823
1.4	3.21492	3.27812	3.45339	3.57936	3.74292	3.94019
1.6	3.77128	3.82830	4.02522	4.17099	4.43071	4.60460
1.8	4.38467	4.44563	4.66536	4.83237	5.05852	5.34556
2.0	5.06882	5.13406	5.37786	5.56752	5.82869	6.49800
2.2	5.82838	5.89761	6.16633	6.38043	6.67911	7.07300
2.4	6.66677	6.74034	7.03590	7.27509	7.61379	8.02186
2.6	7.58813	7.66617	7.98951	8.25552	8.63677	9.15447
2.8	8.59653	8.67917	9.03142	9.32572	9.75196	10.33801
3.0	9.69590	9.78327	10.16571	10.48968	10.96593	10.62207
3.2	10.89027	10.98250	11.39635	11.75140	12.27513	13.01065
3.4	12.18369	12.28093	12.72736	13.11489	13.69109	14.50777
3.6	13.58007	13.68243	14.06268	14.58415	15.21537	16.11735
3.8	15.08350	15.19115	15.70651	16.16318	16.85184	17.84353
4.0	16.69790	16.81093	17.36261	17.85597	18.60458	19.69022
4.2	18.42730	18.54586	19.13507	19.66653	20.48058	21.66146
4.4	20.27567	20.40000	21.12790	21.53569	22.47483	24.00000
4.6	22.24719	22.37722	23.04516	23.65697	24.60040	25.72193
4.8	24.34567	24.48164	25.19072	25.84483	26.85817	28.36299
5.0	26.57511	26.71714	27.46865	28.16647	29.25219	30.87165
5.2	28.93955	29.08778	29.88293	30.62944	31.78646	33.52554
5.4	31.44307	31.59763	32.44050	33.22706	34.46500	36.32797
5.6	34.08871	34.25057	35.13669	35.97399	37.29198	39.28285
5.8	36.88307	37.05071	37.98409	38.87072	40.27093	42.47424
6.0	39.82755	40.07973	40.98385	41.92390	43.40624	45.90000
6.4	46.18562	46.37386	47.67556	48.08371	50.16163	52.70807
6.8	53.19573	53.39838	54.58665	55.74084	57.59013	60.43979
7.2	60.88980	61.10738	62.40623	63.67727	65.72358	68.89375
7.6	69.29998	69.53333	70.94737	72.34079	74.59416	78.10176
8.0	78.45823	78.70730	80.24188	81.76340	84.23367	88.09602
8.5	91.00669	91.27653	92.96835	94.65780	97.41325	101.7430
9.0	104.83647	105.1279	106.9847	108.8509	111.9070	116.7309
9.5	120.01006	120.3240	122.3533	124.4049	127.7773	133.1221
10.0	136.58998	136.9272	139.1328	141.3826	145.1369	150.9793

参 考 文 献

[1] 王晓谋. 基础工程[M]. 4版. 北京:人民交通出版社,2010.
[2] 李克钏. 基础工程[M]. 2版. 北京:中国铁道出版社,2000.
[3] 范立础. 桥梁工程(上册)[M]. 3版. 北京:人民交通出版社股份有限公司,2017.
[4] 赵明华. 基础工程[M]. 3版. 北京:高等教育出版社,2017.
[5] 中华人民共和国交通运输部. 公路桥涵设计通用规范:JTG D60—2015[S]. 北京:人民交通出版社股份有限公司,2015.
[6] 中华人民共和国交通运输部. 公路桥涵地基与基础设计规范:JTG 3363—2019[S]. 北京:人民交通出版社股份有限公司,2020.
[7] 中华人民共和国交通运输部. 公路钢筋混凝土及预应力混凝土桥涵设计规范:JTG 3362—2018[S]. 北京:人民交通出版社股份有限公司,2018.
[8] 中华人民共和国交通部. 公路圬工桥涵设计规范:JTG D61—2005[S]. 北京:人民交通出版社,2005.
[9] 中华人民共和国交通运输部. 公路桥涵施工技术规范:JTG/T F50—2011[S]. 北京:人民交通出版社,2011.
[10] 中华人民共和国住房和城乡建设部. 建筑基桩检测技术规范:JGJ 106—2014[S]. 北京:中国建筑工业出版社,2014.
[11] 中华人民共和国住房和城乡建设部. 建筑桩基技术规范:JGJ 94—2008[S]. 北京:中国建筑工业出版社,2008.
[12] 胡人礼. 桥梁桩基计算与检测[M]. 北京:人民交通出版社,2001.
[13] 袁聚云. 土质学与土力学[M]. 4版. 北京:人民交通出版社,2009.
[14] 张宏. 灌注桩检测与处理[M]. 北京:人民交通出版社,2001.
[15] 中华人民共和国住房和城乡建设部. 湿陷性黄土地区建筑规范:GB 50025—2018[S]. 北京:中国建筑工业出版社,2019.
[16] 中华人民共和国住房和城乡建设部. 膨胀土地区建筑技术规范:GB 50112—2013[S]. 北京:中国建筑工业出版社,2013.
[17] 杨晓华. 地基处理[M]. 北京:人民交通出版社股份有限公司,2017.
[18] 中华人民共和国交通运输部. 公路桥梁抗震设计细则:JTG/T B02-01—2008[S]. 北京:人民交通出版社,2008.
[19] 牛志荣. 复合地基处理及工程实例[M]. 北京:中国建材工业出版社,2000.
[20] 赵明华. 桥梁地基与基础[M]. 北京:人民交通出版社,2004.

[21] 刘自明.桥梁深水基础[M].北京:人民交通出版社,2003.
[22] 易建国.混凝土简支梁(板)桥[M].3版.北京:人民交通出版社,2006.
[23] 杨小平.基础工程[M].广州:华南理工大学出版社,2010.
[24] 曹云.基础工程[M].北京:北京大学出版社,2012.